中等职业教育大数据技术应用专业系列教材

# 操作系统应用

## CAOZUO XITONG YINGYONG

主　编　黄文胜　　周宪章

主　审　武春岭

技术顾问　陈　继

重庆大学出版社

# 内容简介

　　操作系统应用是职业院校中高本一体化课程体系中大数据技术应用专业核心课程之一，本书把"行动导向"教学法的先进理念融入教材中，基于工作过程导向课程设计思想安排教材内容，实现了工作内容与学习内容的有机统一，对于每个学习项目则按照"行动导向"教学法的六个环节"资讯、计划、决策、实施、检查、评价"组织教学内容。本书体例结构新颖，内容呈现形式简明、准确、层次分明、逻辑性强。本书以开源操作系统Linux作为教学平台，不但能及时反映操作系统的新知识、新技术和新规范，同时它还是大数据处理框架Hadoop所依赖的原生操作系统。本书内容由部署操作系统、维护系统基础环境、运用网络基础服务、部署网络应用服务共四个项目组成。

　　本书适合中等职业学校大数据相关专业的学生使用，也适合想了解大数据相关技术的初学者使用。

**图书在版编目（CIP）数据**

操作系统应用 / 黄文胜，周宪章主编. ‐‐重庆：
重庆大学出版社，2024.10.‐‐(中等职业教育大数据技术应用专业系列教材).‐‐ ISBN 978‐7‐5689‐4573‐8
I . TP316
中国国家版本馆CIP数据核字第2024FZ9403号

中等职业教育大数据技术应用专业系列教材

**操作系统应用**

主　编　黄文胜　周宪章
责任编辑：陈一柳　　版式设计：陈一柳
责任校对：谢　芳　　责任印制：赵　晟

\*

重庆大学出版社出版发行
出版人：陈晓阳
社址：重庆市沙坪坝区大学城西路21号
邮编：401331
电话：（023）88617190　88617185（中小学）
传真：（023）88617186　88617166
网址：http://www.cqup.com.cn
邮箱：fxk@cqup.com.cn（营销中心）
全国新华书店经销
重庆市国丰印务有限责任公司印刷

\*

开本：787mm×1092mm　1/16　印张：19.25　字数：434千
2024年10月第1版　2024年10月第1次印刷
ISBN 978‐7‐5689‐4573‐8　定价：49.00元

+

QIANYAN

# 前 言

在当今高速发展的信息社会里，人们清楚地认识到大规模数据蕴藏的价值，大数据已然成为企业组织又一重要资产，掌握运用大数据的能力则成为企业组织的重要社会竞争力。大数据技术迅速成为各行各业追捧的热门技术，由此形成了大数据技术人才的巨大空缺。为培养大数据技术紧缺人才和满足对人才的梯级需求，完善大数据人才培养体系，教育部在2021年发布的《职业教育专业目录》中，为高等职业教育本科、高等职业教育专科和中等职业教育分别新增了大数据工程技术、大数据技术和大数据技术应用专业。2021年全国职业教育大会指出，要一体化设计中等职业教育、专科层次职业教育、本科层次职业教育培养体系，深化"三教"改革，"岗课赛证"综合育人，提升教育质量。2021年中共中央办公厅、国务院办公厅印发的《关于推动现代职业教育高质量发展的意见》指出："一体化设计职业教育人才培养体系，推动各层次职业教育专业设置、培养目标、课程体系、培养方案衔接"。这为职业教育进一步优化类型定位、强化类型特色，探索构建职业教育一体化人才培养体系指明了方向。为此，重庆市教育科学研究院职业教育与成人教育研究所（简称"重庆市教育科学院职成所"）组织部分具有丰富教改经验和较强研究能力的中职学校、高职院校、职业教育本科院校、大数据企业和教育研究机构（校企研三元）以大数据技术专业建设为突破口，根据高素质技术技能人才的成长规律和培养目标，注重岗位标准向专业标准转化、专业标准向能力标准转化、能力标准向课程标准转化，开展"三阶贯通、循序渐进、通专融合"的一体化课程体系的整体构建，实现分段人才培养目标的有机衔接，课程内容和结构的递进与延展。对能力开发、教学标准、人培方案、课程标准、评价制度等进行一体化设计与开发，构建起中高本无缝衔接的"基础+平台+专项+拓展"的一体化课程体系，为向社会各行业高效、高质地培养各级各类专业技术人才提供基本遵循。

操作系统应用是职业院校中高本一体化课程体系中大数据技术应用专业核心课程之

一，是重庆市教育科学"十四五"规划2021年度重点课题《课堂革命下重庆市中职信息技术"三教"改革路径研究》（课题编号：2021-00-285)以及重庆市教育委员会2022年职业教育教学改革研究重大项目《职业教育中高本一体化人才培养模式研究与实践》（项目编号：ZZ221017）的研究成果。

中等职业教育已从注重规模发展转变为走内涵发展之路，提高教学质量水平是内涵发展的重要内容，因此，以教材、教师、教法为内容的"三教"改革是中等职业教育改革的长期任务。中等职业教育经过多年的改革发展基本上形成了"以学生为中心、能力为本位"的职业教育理念，但要真正做到全面实施能力本位课堂教学模式，让学生在"做中学，学中做"，教材是基础，教师是根本，教法是途径。教材尤其是中等职业教育教材不应仅是知识的简单静态载体，还必须是有教育思想、有灵魂的活教材。

本书在开发设计时，把"行动导向"教学法的先进理念融入教材中，基于工作过程导向课程设计思想安排教材内容，实现了工作内容与学习内容的有机统一，对于每个学习项目则按照"行动导向"教学法的六个环节"资讯、计划、决策、实施、检查、评价"组织教学内容。本书体例结构新颖，内容呈现形式简明、准确、层次分明、逻辑性强，为教师和学习者提供一种有别于传统教材的全新教法和学法体验，能有效促进教师改进教法，提升教学能力水平，促使学习者"做中学，学中做"，提高学习效益和学习获得感。

本书以开源操作系统Linux（简称Linux系统）作为教学平台，不但能及时反映操作系统的新知识、新技术和新规范，同时它还是大数据处理框架Hadoop所依赖的原生操作系统。Linux系统在企业级应用、嵌入应用、移动应用占有其他操作系统不可企及的市场份额，同时在桌面应用方面发展迅猛。Linux系统已广泛应用于电信、金融、政府、教育、银行、能源等各个行业。Linux将给学习者带来光明的职业前景。在教材开发中，我们邀请重庆翰海睿智大数据科技股份有限公司的陈继总裁、重庆电子科技职业大学人工智能与大数据学院院长武春岭教授深度参与《操作系统应用》课程标准开发设计。

本书同时参考了教育部1+X项目《云服务操作管理》《大数据平台管理与开发》职业技能等级标准和RHCSA的认证内容及要求，把课程的教学目标定位于培养Linux系统管理员（初级）职业资格所需要的职业素养和技能。本书的教学项目来源于重庆翰海睿智大数据科技股份有限公司提供的真实项目，为适应教学作了适应性调整，能更有利于开展教学并让学习者形成Linux系统管理员（初级）职业能力。本书内容由部署操作系统、维护系统基础环境、运用网络基础服务、部署网络应用服务共四个项目组成。

**项目一　部署操作系统**　介绍Linux系统的基本功能和基本特性，部署Linux系统的规划和安装实施技术流程，以及Linux系统的基本使用方法，为初学者建立起对Linux系统的基本认识。

**项目二　维护系统基础环境**　重点介绍了Linux系统管理的基础工作，包括对文件资源、账户、进程与作业、存储系统的管理，计划任务的实施，网络连接的配置，程序的安装与卸载，系统运行监测和使用Shell编程实现管理自动化等内容，为学习者构建起管理Linux系统的基础能力。

**项目三　运用网络基础服务**　介绍了动态主机配置协议DHCP、域名服务系统DNS、网络文件系统NFS和Samba服务，并介绍了保障系统安全的PAM、SSH、TCP Wrappers和防火墙技术，促进学习者形成Linux系统的网络管理与安全维护能力。

**项目四　部署网络应用服务**　介绍了基于互联网的WWW服务、FTP服务、电子邮件系统的基本组成架构和安装部署技术流程，以及MySQL数据库管理系统的安装方法，培养学习者常用网络服务的系统管理和维护能力。

参加本书开发设计和编写工作的人员有重庆市商务学校黄文胜、重庆市教育科学院职成所教研员周宪章、重庆电子工程职业学院武春岭、重庆翰海睿智大数据科技股份有限公司陈继。

本书由黄文胜、周宪章担任主编。项目一、项目二由周宪章编写，项目三、项目四由黄文胜编写。陈继为教材提供技术支持，武春岭审核全书内容。

编者以审慎的态度对待编写工作的每个细节，但书中仍可能有不足之处，我们将虚心接受专家和读者的批评、指正。

编　者<br>2024年1月

+

# MULU
# 目 录

# 项目一 / 部署操作系统

　　信息基础设施的建设是推进信息化的前提，其中，计算机是重要的信息设备之一。与其他设备不同的是计算机需要安装操作系统后才能投入使用。安装操作系统是一项技术性强的工作，尤其在企业信息应用领域中，需要经过专业训练的信息技术工程师才能胜任此工作。

**本项目将向你提供以下技术资讯：**

- 操作系统及其功能
- Linux系统的特性及应用领域
- Linux的安装方法与流程
- Linux的初步使用

# [ 任务一 ]

# 安装Linux系统

## 资讯 ①

## 任务描述

四方科技有限公司是一家从事物联网相关产品生产的高新技术企业，他们计划实施生产和管理的信息化，出于信息化成本和安全的考虑，他们决定在企业使用的服务器计算机上部署Linux操作系统。本任务需要你：

①知道操作系统及其功能；

②能说明Linux系统的特性；

③能规划并安装Linux系统。

## 知识准备

### 一、操作系统及其功能

#### 1.认识操作系统

计算机系统是由硬件系统和软件系统两大子系统共同构成。早期的电子计算机被发明制造出来的时候，还没有独立的软件系统，它们主要由一堆机械的、电子的部件组成，实现数据运算、数据存储和数据输入/输出功能。换句话说，这种计算机仅有硬件系统，又称为"裸机"。这样的计算机很难使用，用户必须直接与计算机硬件打交道，并负责管理计算机的计算资源、存储资源的分配与回收，控制数据的输入输出操作，效率极低。为了提高计算资源的使用效率，减少计算机等待的空闲时间，并为用户使用计算机提供友好的操作界面，人们设计了专门的程序来自动管理计算资源和作业程序的有序运行。最早出现的是单道批处理系统，它负责将用户程序包括运行需要的数据（即作业）以脱机方式输入纸带或磁带存储器中，这样一批作业在一个专门的监视程序的控制下加载到计算机内存中运行，一个接一个，直到这一批作业全部执行完成。由于内存中始终只有一个作业在运行，所以叫单道批处理系统。单道批处理系统减少了人工管理方式下计算机的等待时间，极大地提高了计算机资源的利用率。随着硬件技术的革新，硬件性能的加速提升，为进一步提高计算机资源利用率，随后又开发出了多道批处理操作系统，可以在内存中同时运行多个作业。20世纪70年代，大规模集成电路飞速发展，计算机的硬件性能按"摩尔定律"不断提升，作业管理系统的结构也越来越复杂，功能越来越强大，逐渐形成了一类专门的软件系统，它专注于管理计算机的硬件与软件资源，并为用户提供方便使用计算机的友好用户界面，这就是操作系统。现代著名的操作系统就有Unix、DOS、MacOS、Windows、Linux、Harmony OS、IOS、Android等。如图1-1所示是操作系统的进化示意图。

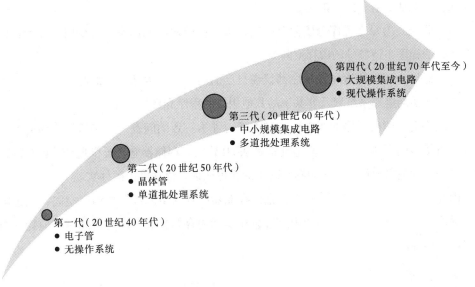

图 1-1　操作系统进化

### 2.操作系统的基本功能

不论是广为人知的Windows系统，还是在企业应用中使用较多的Unix、Linux系统，它们都具有相同的基本功能，如管理计算机系统的软、硬件资源，提供用户界面以及为程序设计提供调用接口，控制程序的运行等，主要包括：处理器管理、存储器管理、设备管理、文件管理、接口、系统安全管理、网络功能和服务等。

（1）处理器管理

处理器管理的主要任务包括进程控制、进程同步、进程通信和调度。

进程控制：为作业创建进程，并分配资源；进程结束时，撤销进程并回收资源；控制进程在运行过程中的状态转换；在支持线程的操作系统中，为一个进程创建若干个线程，以提高系统的并发性。

进程同步：协调多个进程（含线程）的运行，有互斥和同步两种协调方式。在多进程进行访问打印机、磁带机等临界资源时，采用互斥方式；在多进程合作完成任务时，则采用同步方式由同步机构使用信号量机制协调执行次序。

进程通信：保障进程间进行安全有效的信息交换。

调度：分为作业调度与进程调度两种。作业调度是从后备队列中选择若干作业调入内存并建立进程，将它们插入就绪队列。进程调度是从进程的就绪队列中选出一个进程，分配处理机资源并运行。

（2）存储器管理

存储器管理的主要任务是为多道程序的运行提供安全的、必需的内存储环境，提高存储器的利用率，方便用户使用，并能从逻辑上扩充内存。它的具体工作有内存分配、内存保护、地址映射、内存扩充等。

内存分配：为每道程序分配内存空间，提高存储器的利用率，减少内存碎片，允许正在运行的程序申请额外的内存空间

内存保护：确保每道用户程序都仅在自己的内存空间内运行，彼此互不干扰；不允许用户程序访问操作系统以及非共享的其他用户的程序和数据。

地址映射：解决程序的逻辑地址和物理地址不一致的问题。在多道程序环境下，经编译和链接后的可执行程序，其地址都是从0开始的。存储器管理提供地址映射功能，将地址空间中的逻辑地址转换为内存空间中的物理地址。该功能由硬件实现。

内存扩充：借助虚拟存储技术，把外存储器的存储空间虚拟成内存空间，从逻辑上扩充内存容量，使用户能使用的内存容量比实际内存容量大，以运行超过当前物理内存容量的大型程序。

（3）设备管理

设备管理的主要任务：响应用户进程提出的I/O请求，为之分配所需设备，并启动设备，完成相应的I/O操作；通过缓冲技术，提高CPU和I/O设备的利用率并提高I/O速度；通过虚拟化技术共享独占设备。

（4）文件管理

文件管理的主要任务是对用户文件和系统文件进行管理，并保证其安全性，具体为文件存储空间管理、目录管理、文件的读/写管理和文件保护。

文件存储空间的管理是为每个文件分配必要的外存空间，提高文件系统的存、取速度。

目录管理是为每个文件建立一个目录项，包括文件名、文件属性、文件在磁盘上的物理位置等信息，以实现方便的按名存取，以及实现文件共享。

文件的读/写管理是根据用户的请求，从外存储器中读取数据，或将数据写入外存。

文件保护可防止未经核准的用户存取文件，防止冒名顶替存取文件，防止以不正确的方式使用文件。

（5）接口

接口是为用户使用计算机提供的操作界面，包括用户接口和程序接口。

用户接口允许用户向作业发出命令以控制作业的运行。其中联机用户接口由一组键盘操作命令及命令解释程序组成，它可以是命令行界面（CLI）也可是图形用户界面（GUI）；而脱机用户接口的用户需要把控制命令事先写在作业说明书上，然后将它与作业一起递交给系统，个人用户几乎不使用脱机用户接口。

程序接口是为用户程序在执行中访问系统设置资源，是用户程序取得操作系统服务的唯一途径。它是由一组系统调用组成的，每一个系统调用都是一能完成特定功能的子程序。

（6）系统安全管理

系统安全管理包括使用认证技术来确认系统用户的合法性；通过访问控制技术对合法用户访问系统资源的权限进行检查与控制；使用加密技术对系统中存储和传输的数据进行加密，只有指定的用户才能解密；使用反病毒技术防止计算机病毒占用系统的存储空间和处理机时间，对系统中的文件造成破坏，使机器运行发生异常。

（7）网络功能和服务

网络功能和服务主要用于实现网络通信和资源共享与管理，以及提供或获取互联网服务的手段。

现代操作系统的结构如图1-2所示。

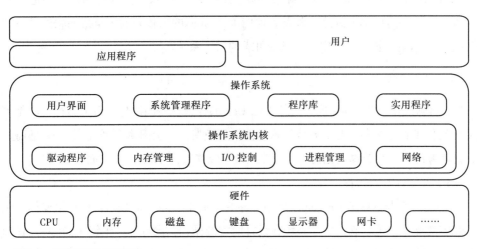

图1-2 现代操作系统的结构

## 二、认识Linux系统

### 1.Linux的来历

软件分为商业软件和开源软件两大流派。

Windows操作系统是一个商业软件，由微软公司出品，其源程序代码不公开，采用付费使用形式。当系统出现问题时，只能由微软及其授权组织来提供技术支持。使用该商业软件后的企业在技术上几乎没有自主选择权，必须与商业软件的出品公司捆绑在一起，使用成本高昂。

开源软件又称为自由软件，它是开放源程序的软件，任何个人或组织可以免费使用，自由复制源程序代码，并可修改后重新分发，但必须保证修改后的代码也是公开且可自由复制、修改的。这种软件开发、分发和使用模式是由自由软件创始人理查德·斯托曼在1985年建立的自由软件基金会（Free Software Foundation，FSF）致力于推广的。自由软件基金会是非营利性组织，其主要工作是执行GNU计划。GNU是一个自由的操作系统，GNU是GNU's Not Unix的缩写，GNU类似Unix，但不包含有著作权的Unix代码。理查德·斯托曼为GNU项目拟定的 GPL（GNU General Public License，GNU通用公共许可证）协议，允许用户自由地运行、研究、分享和修改源代码。凡使用GPL的软件就称为自由软件。目前GNU操作系统的核心直接使用了Linux内核，Linux操作系统包涵了Linux内核与其他自由软件项目中的GNU组件和软件，被称为GNU/Linux。因此，Linux操作系统是自由软件，是免费的、开放源代码的，是任何人可以自由使用的类Unix操作系统。

Linux的内核是林纳斯·本纳第克特·托瓦兹在1991年按GPL协议发布在互联网上的。当时，他还是芬兰赫尔辛基大学计算机系的学生，他认为Unix的内核代码太多繁杂、影响执行效率。于是，他在基于Intel i386架构的个人计算机上设计了一个类似于Unix操作系统的内核。Linux的内核一经发布就受到全球自由软件爱好者和组织的追捧与支持，进而硬件厂商也加入到这一阵营，他们围绕Linux的内核开发了丰富的软件，不到三年时间，Linux就成长为功能完善、稳定可靠的操作系统。

### 2.Linux的特点

Linux具有Unix 的全部功能，但却不像 Unix那样只在专门硬件平台上运行，而是可以在多种硬件平台上运行。Linux 是开源软件，是免费的、公开源代码的，Unix 是商业软件，是闭源的，需要较高的拥有成本。Linux的典型特点有以下几个方面。

（1）开放性与兼容性

Linux是一个与POSIX（Portable Operating System Interface of Unix，可移植操作系统接口）兼容的操作系统，它的各子系统在设计时均遵循相关国际标准组织（如ISO、ANSI、IEEE、W3C等）制定的业界标准，能很好与各硬件厂商的产品兼容，并与其他任何信息系统实现互连。Linux是基于GPL协议的自由软件，不但可以低成本使用，还可以控制修改其源代码来满足企业或组织的实际需要，建立自己独具的扩展功能。

（2）多用户与多任务

系统资源可以为不同用户各自拥有和使用，每个用户对自己的资源有特定的权限，互不影响。Linux可以同时执行多个程序，各个程序在自己的环境中独立运行。与Windows单用户、伪多任务系统不同的是Linux实现了真正的多用户、多任务作业，并且允许不同用户在同一时间登录系统，同时使用系统资源，大大提高系统的使用效率。

（3）速度性能出色

Linux系统对硬件需求低，它不像Windows系统那样频繁地淘汰硬件系统，它可以在普通硬件上流畅稳定地运行。Linux功能强大稳定，它是基于Unix发展而来操作系统，具有与Unix相同的稳定、高效的特性，且它的性能比Unix更强大，完全支持服务器7×24小时的作业要求。

（4）友好的用户界面

Linux为用户提供了交互式的命令行界面（CLI）、图形用户界面（GUI）与系统调用界面。对于熟练的Linux管理员，使用命令行界面有极高的工作效率；Linux的图形用户界面让初学者能轻松上手；系统调用界面为开发Linux环境下的应用程序提供了系统调用接口。

（5）高安全性

Linux采取了众多的安全技术措施，如文件权限控制、审计跟踪、核心授权、带保护的子系统等技术来为网络多用户环境的用户提供必需的安全保障。Linux系统同Windows系统一样有系统漏洞且面临安全问题，但由于它是开源项目，众多的机构、团体和个人积极参与使系统漏洞可以被及时发现和修补从而保证系统的安全性。

（6）可移植性

Linux是一种可移植操作系统，能够在嵌入设备平台、微型计算机平台、大型计算机平台等环境中良好运行。可移植性让运行Linux的不同计算机平台之间能够准确、高效地进行通信，而无需增加特殊的专用通信接口。

3.Linux系统的组成

Linux系统一般由内核、Shell、文件系统和应用程序系统组成。

（1）内核

内核是操作系统的核心组件程序，由硬件驱动程序、进程管理程序、内存管理程序、I/O控制程序等组成，内核屏蔽了底层硬件的差异，并为应用和服务提供统一的访问接口。当前，Linux内核仍由林纳斯·本纳第克特·托瓦兹带领的团队进行升级维护。

（2）Shell

Shell位于内核之上，是一套供用户和内核交互的程序，它为用户提供的正是命令行用户界面。用户输入的各类命令经Shell提交到内核进行执行以实现对计算机系统的操作和管理。Shell还提供编程特性，允许用户设计Shell程序来实现管理智能化和自动化。

（3）文件系统

文件系统是操作系统的重要功能模块，它定义了文件在外存储器组织和存储的方法。Linux系统能支持多种文件系统，如EXT、XFS、VFAT、ISO9660、CIFS、NFS等。通过这些丰富的文件系统，Linux系统能方便地与其他信息系统交换数据。

（4）应用程序系统

与Windows不同的是，标准的Linux系统都配备了一套丰富的应用程序系统，包括办公套件、文字编辑、程序设计、网络及应用服务器组件、数据库、多媒体应用等。

4.Linux系统的发行版本

Linux系统的发行版本分为社区发行版和商业发行版两类。社区发行版由社区组织维护的发行版本，如CentOS、Debian等，该版本技术最活跃，但由于一些新技术未经实践检验，其稳定性、可靠性、兼容性略有瑕疵。该版本技术可免费使用，对使用者的技术背景要求较高，不过绝大多数问题能在社区中得到有效的帮助。商业发行版是商业公司维护的发行版本，如RHEL是Red Hat 公司发行的等。商业发行版有更好的稳定性、可靠性、兼容性，但技术更新稍有滞后，需要付费使用，但技术支持有保障，适合在企业应用环境中部署。表1-1所示为Linux系统当前主流的发行版本。

表1-1　Linux系统主流的发行版本

| 类型 | 版本 | 说明 |
| --- | --- | --- |
| 社区版 | CentOS | 是以RHEL的源代码为基础构建的社区发行版，被认为是一个可靠的服务器发行版，以可靠性和稳定性见长，但新技术支持相对滞后 |
| | Ubuntu | 最受欢迎的桌面Linux发行版，是专有桌面操作系统强有力的竞争者，且是完全免费的 |
| | Debian | 最具影响力的发行版，知名发行版Ubuntu、Knoppix和Linux Mint均是基于它发行的。Debian为用户提供了桌面、稳定性、新颖性等多种特性的选择 |
| | openSUSE | SUSE Enterprise Linux的社区版 |
| | Fedora | Red Hat赞助的面向社区的发行版，是最具创新性的发行版，深受Linux爱好者的推崇 |
| | Gentoo | 是Linux最年轻的发行版本，使用Portage包管理器坚持基于源代码分发，所有软件都必须在本地机器上编译，经过定制的编译参数优化后，能将机器的硬件性能发挥到极致，是在相同硬件环境下运行最快的Linux版本 |
| 商业版 | Red Hat Enterprise Linux(RHEL) | Red Hat公司发行维护的面向企业用户的Linux发行版 |
| | SUSE Enterprise Linux | SuSE Linux AG公司发行维护的面向企业用户的Linux发行版 |
| | Mandriva Linux | Mandriva S.A.发行，以易用性著称，面向个人和职业用户，提供了Linux的所有功能和稳定性 |

不论是社区发行版还是商业发行版，它们都是基于Linux的某个内核版本，集成了桌面

环境、办公套件、多媒体工具、数据库等软件系统组成的完善的操作系统可交付版本。内核相同的不同发行版本，它们的基本功能相同，主要区别在集成的软件包数量、品类的不同，软件包的管理方式不同。用户需要根据应用需要决定选择恰当的发行版本。

5.Linux的应用

GNU/Linux是随着互联网迅猛成长起来的开源操作系统，GNU所倡导的开放、自由、创新精神，符合人类的理想追求，因此，Linux操作系统一经诞生就在世界范围内各个领域得到广泛的应用。Linux常见的应用见表1-2。

表1-2　Linux的应用

| 序号 | 应用场景 | 说明 |
|---|---|---|
| 1 | 服务器市场 | 服务器市场由Linux、Unix、Windows三分天下，Linux系统以其高稳定性和高可靠性，且无须考虑商业软件的版权问题的特性，不断地扩大市场份额，对Windows及Unix服务器市场的地位构成严重威胁。如今Linux已占有超过80%的服务器市场份额，Linux已经渗透电信、金融、政府、教育、银行、石油等各个行业。同时，大型、超大型互联网企业(百度、腾讯、淘宝等)都使用Linux系统作为其服务器平台，全球及国内排名前十的网站使用的几乎都是Linux系统，Linux已经逐步渗透到了各个领域的企业应用中 |
| 2 | 嵌入式领域 | 由于Linux系统开放源代码，硬件要求低、功能强大、可靠性、稳定性高、灵活而且具有极大的伸缩性，再加上它广泛支持大量的微处理器体系结构、硬件设备、图形支持和通信协议，因此，在嵌入式应用的领域里，从网络设备（交换机、路由器、防火墙等）到个人数字终端（手机、PDA、平板电脑等），再到专用的控制系统（ATM、自动售货机、车载电脑、智能家电、物联网设备等），Linux 操作系统已占据了90%以上的份额，成功晋级为主流嵌入式开发平台。Android就是基于Linux的移动操作系统 |
| 3 | 桌面应用 | 长期以来桌面应用领域以Windows和MacOS（基于Unix）为主，Linux还是一个新队员。Linux发行版中的Ubuntu、Linux Mint和PCLinuxOS深耕个人应用市场，从易用性、桌面精美度已不输Windows，集成了丰富的桌面应用软件，完全能满足个人用户方方面面的需求。特别是Ubuntu已成为最受欢迎的桌面Linux发行版，是专有桌面操作系统强有力的竞争者。它们已在桌面市场上占据一席之地，虽然还不能与Windows正面竞争，这不是因为Linux桌面系统产品本身，而是因为用户的使用观念、使用习惯和应用技能等各方面原因。但随着人们对版权意识的提高，对开源软件观念的转变，对技术能力的增进，对Linux桌面生态的进一步完善，Linux在桌面应用领域也能迎来强劲的发展 |
| 4 | 云计算与大数据 | 云计算对Linux系统有不可撼动的依赖性。著名的云计算平台如OpenStack、CloudStak、OpenNebula、Eucalyptus等无一不是构建在Linux系统之上。大数据应用平台也是依赖于Linux平台的，作为大数据事实工业标准的Hadoop就是部署在Linux平台上的。学习大数据技术的前提之一就是要掌握Linux操作系统 |

续表

| 序号 | 应用场景 | 说明 |
|---|---|---|
| 5 | 超算领域 | 超级计算机功能超强、运算速度超快、存储容量超大，多用于国家高科技领域和尖端技术研究，如气象、气候、地理、物理、航天、生物、医药、人工智能、探测等，它是国家科技发展水平和综合国力的重要标志。我国的超算"神威·太湖之光"和"天河二号"曾分别位列全球超算TOP500榜单第三、第四名。从2017年以来，TOP500的超级计算机无一例外都运行的是Linux操作系统 |
| 6 | 影视产业 | Linux具有商业软件不具备的功能定制化特点，能满足电影厂商依据自己的制片需要定制影视后期处理平台。在过去，SGI图形工作站支配了整个电影产业，所有电影公司都得看SGI的脸色。1997年，迪士尼宣布全面采用Linux，宣告了SGI的没落，Linux开始全面占领影视工业市场。1998年，《泰坦尼克号》那些看起来真实、震撼的豪华巨轮与冰山相撞最终沉没的场面归功于电影特技效果公司用于处理数据的100多台Linux服务器。至今，好莱坞使用Linux制作的大片已经有数百部之多 |

## 计划&决策

为实现生产和管理的信息化，四方科技有限公司除了按信息化的要求梳理业务流程，对业务各环节、各要素进行数字化准备外，另一重要工作就是对信息化基础设施的建设。承载信息化系统的服务操作系统选型与部署既是基础工作也是重要工作，它直接影响之后管理信息系统能否正常、稳定、可靠、高效地运行，以发挥管理信息系统提升管理水平、提高企业市场竞争力的作用。为此制订了如下执行计划：

①能对服务器操作系统对比分析，考虑成本、技术、安全、性能、可靠性等，选择CentOS作为管理信息系统的服务器操作系统平台；

②根据管理信息系统要求制订CentOS安装计划；

③按照计划安装CentOS。

## 实施 🔍

## 一、制订安装计划

### 1.明确Linux系统硬件的基本需求

经过多年的发展，Linux操作系统得到全球众多硬件厂商的大力支持，不论是商业版还是社区版的Linux都能很好地兼容当下的硬件，即使是一些较新的硬件也容易从Internet上获相应的驱动程序。Linux对硬件的基本要求见表1-3。

表1-3　Linux的硬件基本要求

| 硬件 | 技术要求 | 说明 |
|------|----------|------|
| 处理器 | 主频200MHz以上 | 需要区分32位和64位版 |
| 内存 | 容量在64MB以上 | 保障主机服务性能的重要参数，服务多，并且使用X-Window，需要更多的内存空间 |
| 硬盘 | 容量在5G以上 | 容量越大越好 |
| 显卡 | VGA显卡 | 使用X-Window要显存容量8MB以上 |
| 网卡 | 10/100M自适应网卡 | 服务器计算机建议使用服务器专用网卡 |
| 光驱 | 无特需 | 安装完成后可以不用 |
| 软驱 | 无特需 | 安装完成后可以不用 |
| 键盘 | 无特需 | — |
| 鼠标 | 无特需 | 不使用X-Window则不是必需的 |

此表中列出的硬件要求是运行Linux系统的最基础条件，如果是企业级Linux服务器主机，则需要根据实际提供的服务在处理器、内存、硬盘和网卡上加强配置。

2.常用服务对硬件的需求

在企业应用中Linux主机主要担当服务器角色，不同的服务对硬件系统有不同的侧重，表1-4描述了服务对硬件的需求趋向。

表1-4　应用服务对硬件的需求

| 服务类型 | 服务概要 | 硬件偏好 |
|----------|----------|----------|
| WWW | Web服务，提供网站发布与访问 | 对CPU、内存有较高要求 |
| Email | 邮件服务器，提供电子邮件服务 | 对硬盘、网卡有较高要求 |
| NAT | 网络地址转换服务器，让只配有私有IP地址的计算机共用公网地址访问外部网络 | 对网卡的速度有较高要求 |
| SAMBA | 文件共享服务器，提供与Windows之间的文件共享服务 | 对硬盘、网卡有较高要求 |
| DNS | 域名服务器，提供域名到IP地址之间的解析服务 | 对CPU、网卡有较高要求 |
| Proxy | 代理服务器，提供访问外网的代理服务 | 对CPU、硬盘、网卡要求高 |
| FTP | 文件传输服务器，提供文件的上传与下载服务 | 对硬盘、网卡有较高要求 |
| DHCP | 动态主机配置服务，主要提供主机IP地址的动态配置服务 | 无特别要求 |

### 3.硬件在Linux中的表示

在Linux中，所有的硬件设备都被视为一个文件来处理，这与Windows有很大的不同。在Linux系统中常用硬件的设备文件名组成见表1-5。

表1-5 常用硬件的设备文件

| 硬件 | 文件命名 | 文件示例 |
|------|----------|----------|
| IDE硬盘 | /dev/hd[a~d][1–128] | /dev/hda，/dev/hda1 |
| SCSI/SAS硬盘 | /dev/sd[a~p][1–128] | /dev/sda，/dev/sdb |
| SATA/USB硬盘 | /dev/sd[a~p][1–128] | /dev/sda，/dev/sda2 |
| 光驱 | /dev/sr0 | /dev/sr0 |
| 软驱 | /dev/fd[0~1] | /dev/fd0 |
| 打印机 | /dev/lp[0~2] | /dev/lp0 |
| 网卡 | /dev/ethn | /dev/eth0 |
| | /dev/<enlwlww>[osp]*<br>en：以太网卡　o：板载<br>wl：无线局域网卡　s：热插拔<br>ww：无线广域网卡　p：PCI或USB | /dev/ens33<br>/dev/enp0s6<br>/dev/wlp12s0 |
| 磁带 | /dev/ht0或/dev/st0 | /dev/ht0，/dev/st0 |
| 本地终端 | /dev/ttyn | /dev/tty0 |
| 伪终端 | /dev/ptsn | /dev/pts0 |
| 空设备 | /dev/null | 写入的数据被丢弃 |
| 零设备 | /dev/zero | 产生连续的二进制0流 |

### 4.安装规划

在执行Linux系统安装前，需要根据实际应用确定计算机的角色、选择Linux的发行版本、确定硬盘分区方案、选择要安装的软件包以及本地化参数等，表1-6所示为安装规划示例。

表1-6 CentOS 7安装规划

| 序号 | 项目 | 说明 |
|------|------|------|
| 1 | 计算机角色 | 企业服务器 |
| 2 | Linux发行版本 | CentOS7 |
| 3 | 安装过程使用语言 | 汉语 |

续表

| 序号 | 项目 | 说明 |
|---|---|---|
| 4 | 时区 | 亚洲/上海 |
| 5 | 键盘布局 | 汉语/英语（美国） |
| 6 | 安装源 | 光驱（CentOS-7-x86_64-DVD-2009.iso）<br>安装映像从www.centos.org上下载 |
| 7 | 软件包 | 带GUI的服务器，选择需要的服务组件 |
| 8 | 安装目标位置 | 本机硬盘，手动分区（标准分区，xfs文件系统） |
| 9 | 账户密码 | 按强密码要求设置 |
| 10 | 许可协议 | 同意 |

## 二、执行安装

把下载的CentOS安装光盘映像文件刻录到DVD盘上备用。

### 1.启动安装

打开计算机电源，把制作好的安装光盘插入DVD驱动器中，等待出现如图1-3所示的安装界面，然后按上下光标键，选择安装菜单项"Install CentOS 7"开始安装。

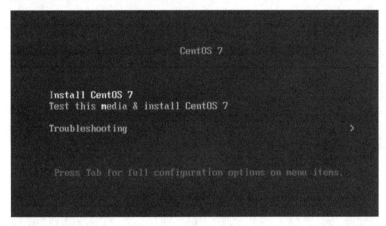

图 1-3　启动安装 CentOS 安装

在随后出现的"欢迎使用CentOS 7"页面中选择安装过程使用的语言为"中文""简体中文（中国）"。

### 2.配置安装选项

CentOS 7的安装选项包括本地化设置、软件包选择以及安装位置选择与配置。本地化需要设置日期与时间、语言和键盘布局；软件包设置将决定Linux系统的角色和要选择安装的软件组件；安装位置选择CentOS安装所用的磁盘和配置硬盘分区，如图1-4所示。

图 1-4　配置选项设置

在"本地化"的"日期和时间"设置中，选择"地区"为亚洲，"城市"为上海，并正确设置日期与时间参数，如图1-5所示。

图 1-5　本地化设置

在随后的安装向导页面配置"语言支持"为简体中文（中国），"键盘布局"为中文和英语（美国）。

### 3.选择安装源

CentOS支持本地安装和从网络安装，如图1-6所示。

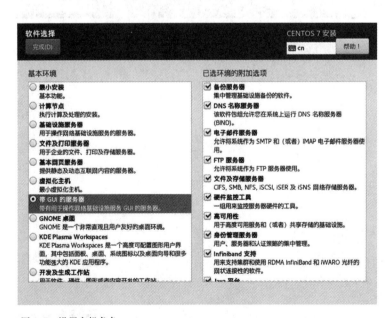

图 1-6　选择安装源

### 4.配置软件包

软件包配置决定了计算机的角色和可以提供的服务功能。如图1-7所示，选择"带GUI的服务器"，并根据实际应用需要选择附加的软件包。

图 1-7　设置主机角色

### 5.选择安装位置

选择安装位置就是指定要安装CentOS的硬盘驱动器，并确定硬盘分区，如图1-8所示。

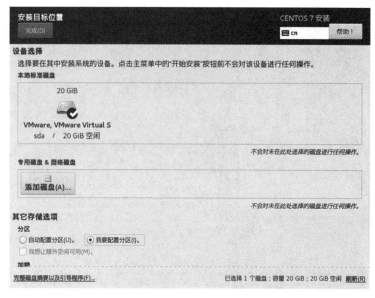

图 1-8　选择安装位置

选择"我要配置分区"进入"手动分区"页面，在"新挂载点使用以下分区方案"下拉列表中的"标准分区"，如图1-9所示。

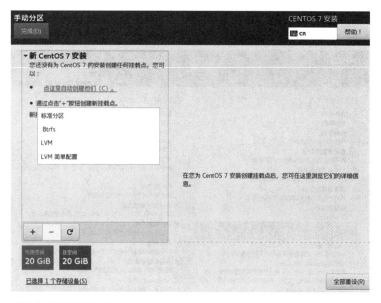

图 1-9　选择分区方式

Linux支持多种文件系统，分区方案决定了要使用的文件系统系统类型，"标准分区"方案可以使用ext3/ext4、xfs等文件系统。有关文件系统的详细信息请参见"项目二任务四管理本地存储系统"中的相关介绍。单击图1-9中的"＋"按钮添加新的挂载点，在弹出的对话框中，先选择挂载点，然后指定分区的容量大小，如图1-10所示。

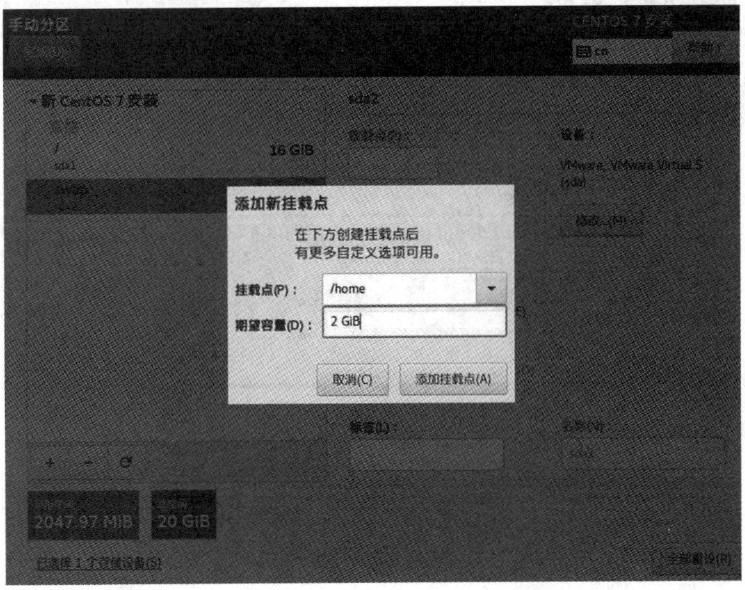

图 1-10　创建分区

挂载点是Linux中磁盘文件系统的入口目录，一个挂载点代表了一个磁盘分区，类似Windows文件系统中盘符的作用。Linux文件系统的第一个挂载点为"/"是文件系统的根目录，除了特殊的swap分区，其他挂载点都必须在"/"下生成。Linux文件系统只有一个根，不管有多少磁盘，有多少分区，所有的分区都必须挂载到文件系统根目录下的某个子目录作为进入文件系统的入口点。swap挂载点挂载的是一个特殊的分区，它将作为内存来使用，与物理内存合并用于扩充内存空间。物理内存加上swap分区构成的内存被称为虚拟内存，目的是在有限的物理内存中运行超过内存限制的大型程序。在程序运行过程中，内存管理程序把当前不使用的数据从物理内存中交换到swap分区中，反之亦然。swap分区的大小一般设置为物理内存容量的2倍，当物理内存超过2 GB时，swap分区的大小固定设置为2 GB。

6.设置管理员账号密码

Linux系统的初始管理账号root是由安装程序创建的，如图1-11所示。在此页面，单击"创建用户"可以创建其他用户。

单击"ROOT密码"，在图1-12所示的页面，输入密码。两次输入的密码必须相同，且必须满足密码策略要求。密码策略一般要求密码中有字母、数字、符号，且至少需要一个大写字母，并达到一定的长度，默认为8个字符以上。

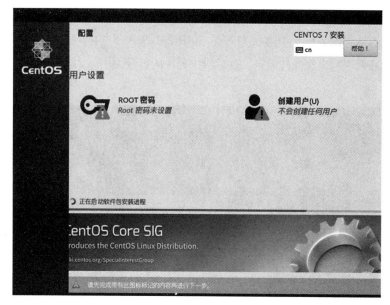

图 1-11　创建用户

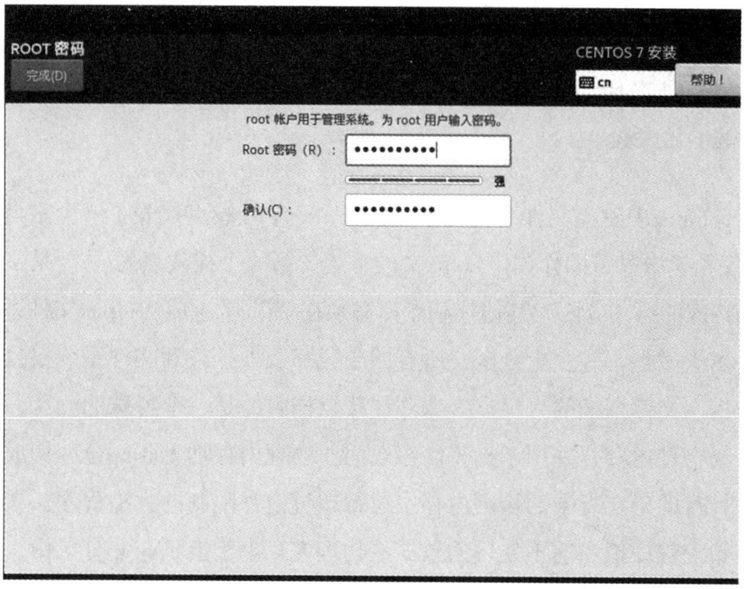

图 1-12　设置管理员账号密码

完成root账号密码和创建其他用户后，单击"重启"按钮，启动CentOS系统，进入使用前的初始化操作。

7.接受软件许可协议

软件许可协议是约定软件开发者与软件使用者权利和义务的约定，受法律保护，只有同意软件许可协议才能继续安装和使用该软件。在"初始设置"页面单击"LICENSING"阅读软件许可协议，并同意该协议，如图1-13所示。

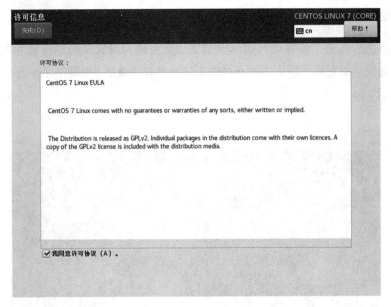

图 1-13　接受软件许可协议

## 8.登录系统完成其他初始配置

在图1-13所示的页面中，单击"完成"按钮回到"初始设置"页面，然后单击"完成配置"，系统启动直至出现登录界面，如图1-14所示，单击"未列出？"，然后输入root账号和密码，登录系统。

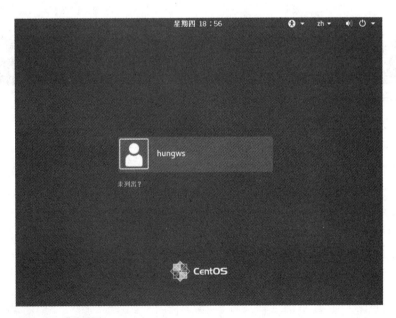

图 1-14　登录界面

### 9.完成CentOS安装

登录系统后可进一步按向导提示分别完成键盘输入设置、隐私设置和在线账号设置，然后选择桌面布局，进入CentOS的图形用户界面的桌面，如图1-15所示，桌面顶端有类似Windows的任务栏。

图 1-15　CentOS 桌面

## 检查

一、填空题

1."裸机"指的是计算机系统中的_____。

2.Linux系统属于_____软件，它是一个_____操作系统。

3.Linux的基本用户界面被称为_____。

4.Linux系统的发行版本分为_____和_____两类。

5.Linux系统第一块SATA硬盘对应的文件名是盘对应的文件名_____。

6.Linux文件系统的第一个挂载点是_____。

7.可以作为内存空间使用的分区是_____。

8.系统的第一个管理员账号是_____。

二、判断题

1.在Linux中，所有的硬件设备都被视为一个文件。　　　　　　　　　　（　　）

2.Linux系统不适合办公桌面应用。　　　　　　　　　　　　　　　　　（　　）

3.swap分区的大小不应超过2 GB。 （　　）

4.Linux系统可同时使用多种文件系统。 （　　）

5.Shell是Linux系统最基础、最重要的用户界面。 （　　）

6.Linux系统是可移植性好的跨硬件平台的现代操作系统。 （　　）

7.GNU是指免费软件。 （　　）

8.操作系统是与计算机硬件系统同步发展的。 （　　）

三、简述题

1.操作系统的基本功能有哪些？

2.Linux系统的基本组成是什么？

# 评价

| 序号 | 评价内容 | 识记 | 理解 | 应用 | 分析 | 评价 | 创造 | 问题 |
|---|---|---|---|---|---|---|---|---|
| 1 | 操作系统的概念 | | | | | | | |
| 2 | 操作系统的目标 | | | | | | | |
| 3 | 操作系统的功能 | | | | | | | |
| 4 | Linux系统的发展简史 | | | | | | | |
| 5 | 商业软件和开源软件的区别 | | | | | | | |
| 6 | Linux的特点、组成和应用 | | | | | | | |
| 7 | Linux发行版本的异同 | | | | | | | |
| 8 | Linux发行版本的选用 | | | | | | | |
| 9 | 安装CentOS Linux的硬件需求 | | | | | | | |
| 10 | 硬件在CentOS Linux中的表示 | | | | | | | |
| 11 | 安装CentOS Linux | | | | | | | |

教师诊断评语：

# [任务二]

# 初步使用Linux系统

## 资讯 🔍

## 任务描述

四方科技有限公司要求全体员工必须掌握Linux系统的基本操作，逐渐把办公平台从Windows过渡到Linux，实现生产管理和办公事务的全Linux化。现在需要对公司员工分层、分批次进行Linux应用的培训学习。本次全员培训学习的任务包括：

①通过图形界面登录系统；

②掌握图形界面使用基础；

③使用终端界面登录系统；

④掌握Shell使用基础；

⑤获取系统基本信息。

## 知识准备

### 一、Linux的图形用户界面

#### 1.X的过往今来

在桌面应用中的文字编辑排版、电子表格处理、图形图像处理、影视制作等离不开图形用户界面。图形用户界面简称GUI（Graphical User Interface），同时，它也给非计算机专业的用户降低了使用难度。MacOS和Windows系统受到桌面用户欢迎与其提供的直观、易用的图形用户界面分不开。Linux的GUI称为X，意为新一代窗口界面，因此，Linux的GUI也称为X Window。

X Window系统最早是由麻省理工学院在System V（一个可以在X86硬件平台上运行的Unix操作系统）上面开发出来的。X与Windows不同的是它与硬件是弱相关的，X是作为操作系统的应用程序来开发的，换句话说，X窗口是Unix、Linux系统上的一个应用程序。到

1987年，X进化到革命性的第11版，由于之后的改进都是基于这个版本，因此，人们就把X窗口称为X11，一直沿用至今。

1992年启动的XFree86计划，旨在广泛使用的X86平台上推进X及其他自由软件（Free Software），继续维护X11对新硬件的支持，开发新功能。早期的Linux的X核心就是XFree86计划提供的，那时的X Window等同于XFree86。后来由于XFree86不能提供GPL，因此由Xorg基金会利用当初麻省理工学院发布的类似自由软件授权的X11R6版，继续维护X11，现在的Linux发行版的X Window的核心就是来自Xorg维护的X11版本，并成为Linux系统GUI的标准。

2.X的组成架构

X的全称为X Window System，它是个利用网络通信的GUI软件。X由基本组件X Client和X Server构成典型的客户机/服务器模式的软件系统，如图1-16所示。

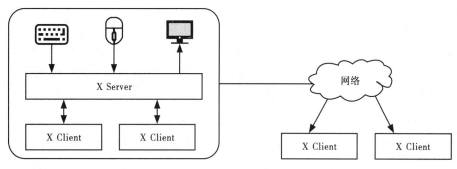

图 1-16　X Window 的组成

X Server负责管理用户端的硬件，如键盘、鼠标、显示器、显卡等，接受键盘、鼠标等设备的输入，并且将图形绘制到显示屏幕上。要想使用图形用户界面必须在用户计算机上安装X Server组件。X Server绘制图形的数据来自X Client，X Client的作用就是生产绘图数据，它其实就是那些需要图形界面的应用程序，如文字编排软件、浏览器、图像处理软件等。X Client又称为X应用程序，X Client一般安装在拥有高性能的服务器计算机上。

X Client与X Server通信，接受X Server传递过来的键盘、鼠标动作事件（X Server是不负责处理键盘、鼠标事件产生的图形显示），X Client根据X Server传过来的数据处理成为绘图数据，然后回传给X Server，由X Server绘制到屏幕上，显示出应用软件的图形界面。

X Client 和X Server这种客户机/服务器主从结构分工明确，X Server负责用户计算机的输入/输出硬件管理和图形绘制，X Client不需要知道X Server所在计算机的硬件配置与操作系统，专注绘图数据处理，因此，位于远程计算机上的X应用程序的图形界面可以灵活地在Windws、MacOS、Unix和Linux的用户计算机上显示和使用。

由于同时有多个X Client存在，它们彼此不知道，也不知道自己在X Server中的窗口大小和位置。这就需要一个特殊的X Client来管理它们，以便用户可以控制X Client窗口，诸如改变窗口大小、移动位置、窗口切换等，它就是窗口管理员程序（Window Manager，WM）。GONE和KDE是CentOS中常用的WM。基于这两个WM之上都开发了丰富的X应用程序，如Open Office、Firefox等。

由于X是Linux系统的一套实现GUI的软件，Linux启动时提供的是命令行界面登录，登录后可以执行startx来启动X。而如果在任务一中直接把Linux部署成带GUI的服务器，将直接启动为图形用户界面，这就要求WM提供系统登录支持。WM的Display Manager为用户生成图形登录界面，如图1-14所示。WM都提供Display Manager，GNOME的GNOME Display Manager 程序就是gdm，它在提供了 tty1 的图形用户界面，可通过组合键"Ctrl+Alt+F1"来切换。

对Linux桌面应用来说X Server、X Client、Window Manager、Display Manager四大组件是安装在同一台用户计算机中的。

## 二、Linux的命令行界面

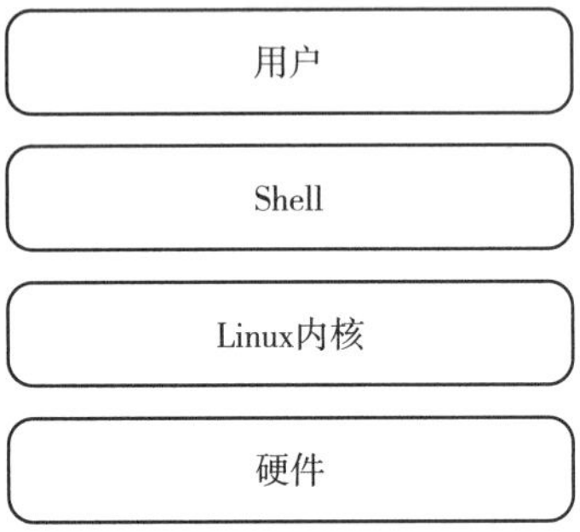

图1-17　Shell 和 Linux 内核的关系

Linux的命令行界面是由一套称为Shell（壳，意为套在Linux内核程序上的壳）的程序提供的，它接受用户输入的命令，经解释后交由内核去执行，实现管理和使用计算机的目的。Shell就是一个命令解释程序，它提供用户与Linux系统交互的界面。Shell的界面需要用户使用键盘输入命令才能使用计算机，所以称为命令行界面（Command Line Interface，简称CLI）。在Shell中可以使用的命令包括内置在Shell程序中的命令、Linux系统命令、Linux系统的实用程序、用户自行设计的程序和Shell脚本程序等。当用户提交一个命令时，Shell判断是否是内置命令，如果是内置命令，Shell解释程序将它解释成系统调用转内核执行；对于其他外部命令或程序，则在文件系统中查找并载入内存，再提交到内核执行。用户、Shell和Linux内核的关系如图1-17所示。

1.主要的Shell版本

CentOS默认的Shell是bash，另外还有ksh、tcsh供用户选择，表1-7为常用Shell版本。

表1-7　常用Shell版本

| Shell版本 | 说明 |
| --- | --- |
| bash | 全称是Bourne Again Shell，是Linux系统的默认Shell。bash功能丰富、灵活易用，同时包含C Shell和Korn Shell的优点 |
| ksh | ksh就是Korn Shell，是Unix系统上的标准Shell。Linux系统还有一个专门Korn Shell扩展版pdksh |
| tcsh | tcsh就是C Shell的扩展，命令采用C语言语法风格，是FreeBSD的默认Shell |

## 2.命令格式

Shell命令的一般格式如图1-18所示。

图 1-18  Shell 命令的一般格式

一般格式中command代表命令名称；options为命令选项，用以控制命令的行为特征；arguments是参数，是命令操作的对象。"[]"是语法指示符，表示该项为可选，其他类似还有"丨"表示连接的多项任选其一，"…"代表对前项重复，"<>"表示用户必须自行指定，一般为操作对象。注意：Shell命令中的字母区分大小写。

命令中的命令名、选项和参数之间由一个或多个空格分隔，组成一条命令的字符串称为命令行。选项分单字符和单词选项两种，单字符选项前缀一个减号（–），多个单字符选项可共用一个减号，单词选项前缀两个减号（––）。命令的操作对象是文件或目录，有些命令需要多个操作对象。

输入命令时，如果命令字符串过长，可使用续行符"\"把命令分写在多行上，以提高命令的可读性；输入命令的开始部分字符，然后按"Tab"键可补全命令；按"Ctrl+C"组合键强制中止前台程序运行；按"Ctrl+D"组合键，则执行exit退出命令。

## 3.Shell使用的元字符

元字符是在Shell中表示特殊意义的字符，它们不能被当成普通字符使用。常用的元字符见表1-8。

表1-8  常用元字符

| 元字符 | 含义 | 元字符 | 含义 |
|---|---|---|---|
| * | 代表任意字符串 | ? | 代表任意字符 |
| / | 文件系统根目录及目录分隔符 | ~ | 登录用户主目录 |
| \ | 用于转义字符 | \<回车> | 命令续行符 |
| ' | 字符串定界符 | " | 字符串定界符 |
| $ | 变量值置换 | & | 使命令后台执行 |
| > | 输出重定向 | >> | 追加方式输出重定向 |
| < | 输入重定向 | 丨 | 管道符 |
| () | 在子Shell执行一组命令 | {} | 在当前Shell执行一组命令 |
| ! | 执行历史记录中的命令 | ; | 分隔一行上多条命令 |
| ` | 命令结果置换 | – | 上一次工作目录 |

说明：

①单引号（"）围起的任何字符都当成普通字符处理，双引号（""）围起的字符允许变量值置换。

②转义字符将改变相关字符的原义，如"\$"使元字符\$失去变量值置换的功能。"\"作续行符时，在输入命令部分后，输入一个或多个空格后输入"\"回车，将另起一行继续输入命令的其余部分。

③命令的默认输出是显示器，">"和">>"可改变输出目标到其他文件，二者区别在">>"不删除目标文件的内容，而在原内容尾追加数据，而">"总是删除目标文件的内容。

④命令的默认输入是键盘，"<"把输入源改成准备好的文件，可让命令或程序自动执行，无须等待用户的交互输入。

⑤管道符号"|"连接两个命令，它把前一个命令的输出作为后一个命令的输入，以实现特定的数据处理要求。

## 计划&决策

经调查四方科技有限公司的员工大多数都有使用Windows操作系统的经历，对账户、系统登录、桌面、文件、文件夹（目录）、执行程序、任务切换、使用文字处理程序、浏览器等有一定的了解，这些经验可应用于CentOS的图形化界面的操作。他们中大多数人对命令行界面很陌生，不知道CLI也是一种重要的用户界面。鉴于此，下面先从CentOS的图形界面的介绍入手，再切入到CLI的学习，培训工作将按下面顺序进行。

①图形用户界面的登录；

②图形用户界面的基础操作；

③从命令终端登录系统；

④在命令行用户界面下的基础操作；

⑤获取系统的基础信息。

## 实施

### 一、使用CentOS的图形用户界面

在安装CentOS时，指定的是"带GUI的服务器"，因此，系统启动时将默认启动图形用户界面，等待用户登录系统。登录后用户可以在图形界面下使用和管理计算机，与Windows的操作方式基本相似。

### 1.登录CentOS

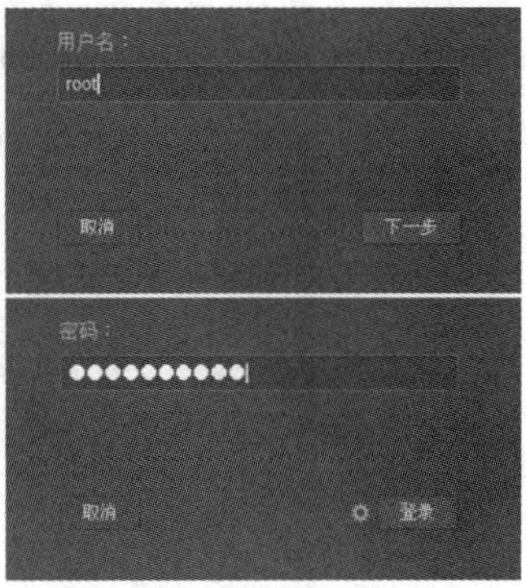

如图1-14所示为CentOS的登录界面，其上列示出普通用户，单击用户名，输入正确密码就能登录系统。出于基本的安全考虑，管理员账号没有出现在登录用户列表中，单击"未列出？"，在出现的登录页面中输入用户名，如"root"，然后单击"下一步"，正确输入密码后，单击"登录"即可登录系统，如图1-19所示。

图 1-19　GUI 登录系统

### 2.注销账户与关闭系统

当用户不再使用系统时，需要执行"注销"操作来退出系统，如果只是临时离开操作控制台，出于安全考虑，则需要执行"锁屏"操作。当进行了某些系统设置或安装了新软件时，可能要求重启系统。对于桌面应用而言，当较长一个时段不使用计算机时，建议关闭系统，而服务器计算机在更新硬件时，也需要关闭系统后才能进行。单击桌面右上角"小喇叭和电源"图标，在弹出的对话框中参照图1-20所示执行账户注销、锁屏、重启或关机操作。

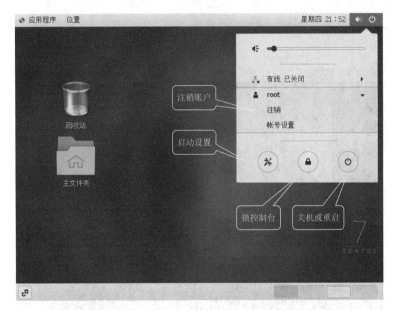

图 1-20　系统关闭与重启

### 3.启动程序

单击桌面左上角"应用程序"，在弹出的程序菜单中，单击选择要执行的程序即可启动程序。CentOS为用户提供了4个工作区，可以选择在不同的工作区执行程序，以便分类管理和协作，如图1-21所示。

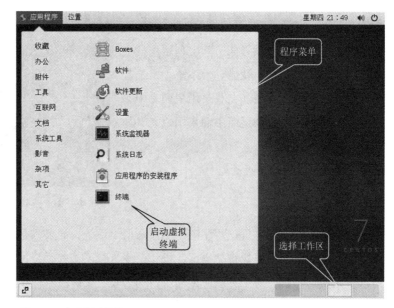

图 1-21    启动应用程序

## 4.文件管理

单击桌面上方的"位置",如图1-22所示,在弹出的菜单中选择一个文件存储位置,启动CentOS的资源管理器,如图1-23所示。

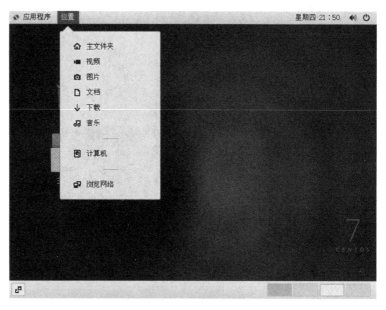

图 1-22    启动文件管理器

可像Windows那样使用右键菜单执行文件复制、移动、删除等操作,如图1-23所示。

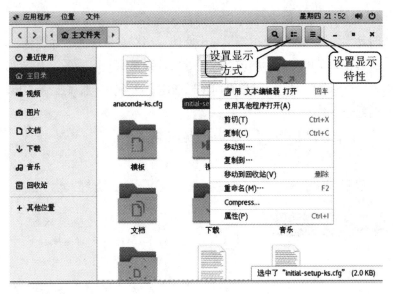

图 1-23　文件管理

## 5.系统设置

在图1-20所示界面上，单击"设置"启动按钮，启动系统设置页面。

（1）启动网络

CentOS 7安装后网络可能处于"关闭"状态，需要使用网络时，则要"打开"网络功能，如图1-24所示，在设置页面左栏单击"网络"，然后单击右栏有"关闭"字样的按钮。

图 1-24　网络设置

（2）调整显示器分辨率

显示器的分辨率影响屏幕显示效果，不同的显示器支持不同的分辨率，分辨率低显示的字形、图形偏大，屏幕显示的内容少；反之，则显示的内容多。为方便工作，需要为显示器设置合适的分辨率。在设置页面左栏选择"设备"，然后选择"Displays"，按图1-25所示设置分辨率。

系统的其他设置可以参考网络、分辨率设置方法进行。

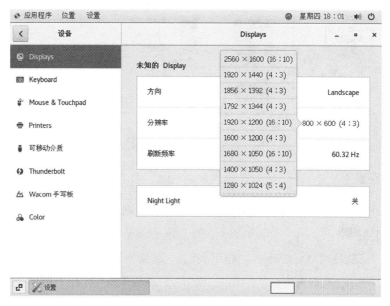

图1-25　设置分辨率

## 二、使用命令行界面操作计算机

图形化用户界面对于文字排版、图像处理等桌面应用是必须的，但对于服务器而言却并非必要。Shell程序为服务器管理提供了高效的命令行用户界面，由于服务器程序在后台工作，不需要图形用户界面，这能减少服务程序对硬件资源的要求并使服务器具有更高的服务性能，因此，在Linux系统中服务器程序根本没有提供图形界面的管理程序。对于嵌入设备的管理，使用命令行用户界面几乎是唯一的途径。

CentOS在本地为用户提供了6个tty终端，编号为"tty1~tty6"，CentOS在tty0启动了图形用户界面，按"Ctrl+Alt+F1"－"Ctrl+Alt+F6"组合键切换到对应的tty，如要切换到tty1则按"Ctrl+Alt+F1"。

### 1.从本地终端登录CentOS

在出现图形登录界面时，按组合键"Ctrl+Alt+F2"切换到终端tty2，在"Login"后输入用户名，"Password"后输入密码登录到系统。注意：密码输入时没有任何显示。登录成功后将显示命令提示符，默认由用户名、当前工作目录和代表用户级别的字符组成（#表示管理账户，$表示普通账户），如 [root@localhost ~]#。提示符后闪动的光标提醒用户现在可以输入命令来使用计算机了，如图1-26所示。

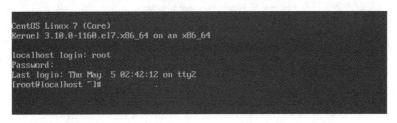

图 1-26　Shell 登录

### 2.远程登录CentOS

这里使用在Windows中广泛使用的远程终端登录工具putty通过SSH（ Secure Shell，安全Shell，一种安全的远程连接协议，常用于从远程管理主机）登录CentOS主机。在Windows中启动putty，按图1-27所示方式配置连接。

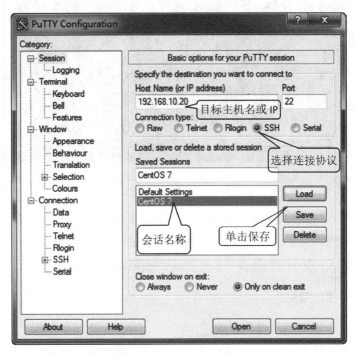

图 1-27　设置 SSH 远程连接

配置完成后，单击"Open"按钮，开始连接。首次连接时putty会询问你将要连接的主机是否受信任，如果你信任该主机，单击"是"按钮，把能标识远程主机身份的公钥添加到putty的缓存中，以方便以后的连接。如图1-28所示，单击"是"按钮连接到主机。

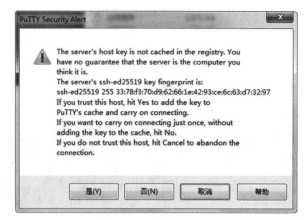

图 1-28　标识可信远程主机

在图1-29所示的窗口中，分别输入账户名和密码登录到远程主机。

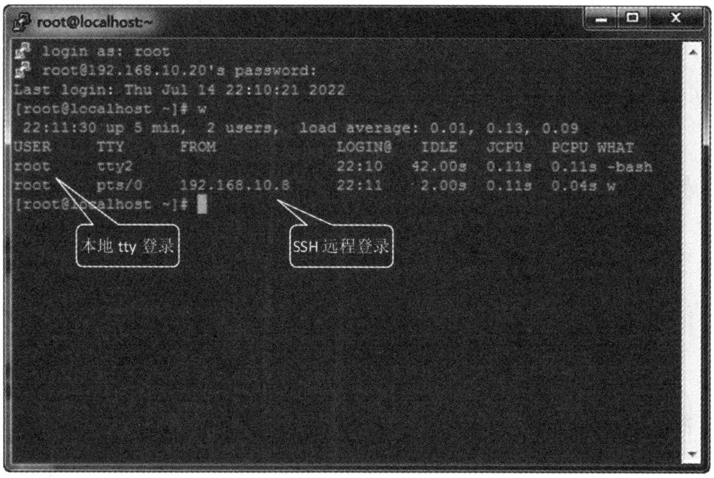

图 1-29　远程登录

CentOS 7默认启动了OpenSSH服务，支持用户通过网络远程登录。在另一台Linux计算机命令行界面输入ssh <用户名>@<主机名|主机IP>也能远程登录CentOS主机，如ssh root@192.168.10.20，登录后的操作与本地登录后的操作完全相同。

3.获得命令使用帮助

在CLI界面下，使用命令操作计算机是唯一的途径，为此Linux提供了大量的命令用于使用、管理和维护计算机系统。它们不但数量庞大，而且每个命令还有众多的选项，要完全掌握每个命令的功能和使用方法几乎没有可能性。好在Linux为用户提供了完善的帮助手册，可有多种方式获得命令的帮助信息。

（1）内置命令的帮助

Shell内置了一些常用管理命令，以提高执行效率。输入help命令可列出所有的内置命令，如cd、pwd、history、echo等。要得到内置命令的帮助，则输入help <内置命令>。下面以查看改变当前工作目录的命令cd为例。

[root@localhost ~]#help

[root@localhost ~]#help cd

（2）其他命令的帮助

内置命令之外的其他命令一般都是系统管理程序、实用工具程序以及应用程序，它们功能更复杂，获取帮助的方式也更多，见表1-9。

表1-9　获取非内置命令的方法

| 方法 | 说明 | 示例 |
|---|---|---|
| <命令> --help | 显示命令的用法与选项列表 | cp --help |
| whatis <命令> | 显示命令的功能 | whatis cp |
| man [n] <命令> | 查看命令的使用手册，n是1~9的数字，用于指定手册的类别，默认为1。<br>1：普通命令手册<br>2：内核函数使用手册<br>3：库函数使用手册<br>4：系统设备手册<br>5：服务配置文件手册<br>6：小程序手册<br>7：协议手册<br>8：系统管理工具程序手册<br>9：系统例程手册 | man ls<br>man 5 passwd<br>man 8 ifup<br>●进入man帮助页面：<br>●PgUp：向上翻页<br>●PgDn：向下翻页<br>●Home：到最前一页<br>●End：到最后一页<br>● /word：在帮助中搜索word代表的关键词 |

**4.几个常用操作**

查看当前工作目录、当前工作目录文件列表、日期与时间、当前登录用户等常用命令如图1-30所示。

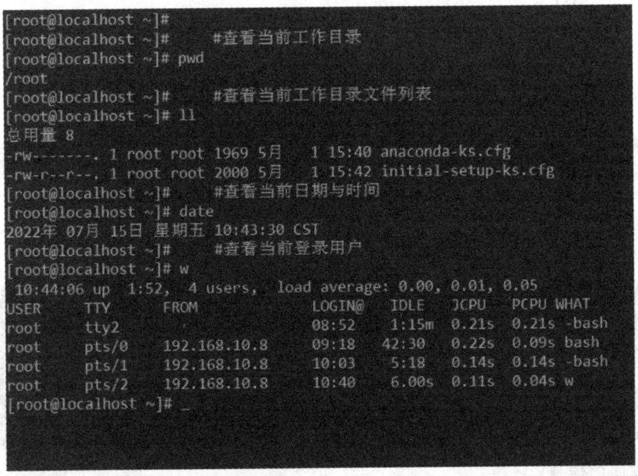

图 1-30　执行 Shell 命令

## 5.关闭与重启系统

Linux是一个庞大的操作系统软件，其上运行着众多的服务程序，为提高服务性能，它们尽量减少磁盘的I/O操作，把常用数据缓存在内存中。因此，不能以直接关闭电源的方式来关闭或重启系统，这将大概率导致Linux系统本身以及运行于其上的服务异常，甚至系统崩溃，必须按正确的流程和方法来重启和关闭系统。

（1）重启系统

[root@localhost ~]#sync；sync；sync        #把内存中数据同步写入硬盘

[root@localhost ~]#reboot                   #重新启动系统

（2）关闭系统

shutdown [−t seconds] [−rh] time [message]

−t：指定seconds秒后执行shutdown动作

−r：关闭系统后重新开机

−h：关闭系统后停机

time：指定关机时间hh:mm或now（立即）

message：关闭系统前向系统中的其他用户发送消息

[root@localhost ~]#shutdown  −h  now        #立即关机

[root@localhost ~]#shutdown  −t 30  −h       "30秒后关机"

[root@localhost ~]#shutdown  −r  now        #立即重启系统

## 三、查看系统信息

用户尤其是管理用户全面熟悉系统很必要，这将有助于使用和管理计算机。

（1）查看硬件信息

#显示硬件详细信息

[root@localhost ~]#lshw

#显示CPU信息

[root@localhost ~]#lscpu

#显示物理内存，以易读的单位显示

[root@localhost ~]#free   −h

显示内存使用信息如图1-31所示。

图1-31　显示内存使用信息

（2）系统信息

#显示Linux内核版本、发行版本号、节点主机名、体系架构等信息

[root@localhost ~]#uname –a

#显示系统加载的内核模块

[root@localhost ~]#lsmod

#查看系统启动时输出的信息

[root@localhost ~]#dmesg

（3）查看存储信息

#查看系统中的块存储设备

[root@localhost ~]#lsblk

#查看磁盘分区信息

[root@localhost ~]#fdisk –l

#查看磁盘剩余空间

[root@localhost ~]#df –h

查看存储使用信息如图1-32所示。

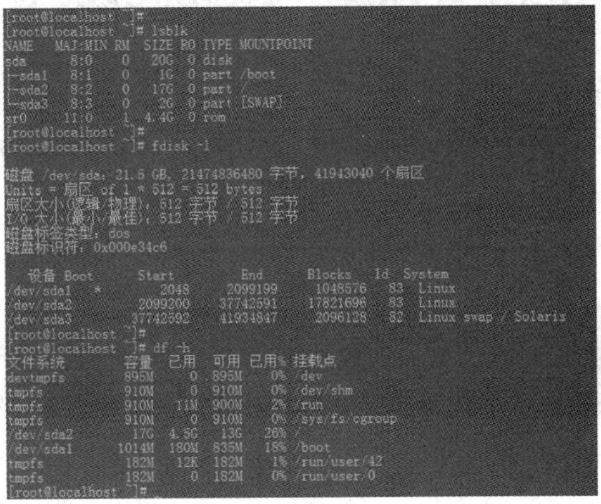

图1-32　查看存储使用信息

（4）查看系统中已安装的软件

[root@localhost ~]#rpm –qa

[root@localhost ~]#yum list installed

它们输出的内容很多，不便查看，可以使用管道符"|"送往more命令中分屏显示，如rpm –qa | more。当要查询指定的某个软件时，需要使用grep命令在查询结果中查找，查找mysql是否安装，则输入rpm –qa | grep mysql。

（5）查询网络信息

#查看主机名称

[root@localhost ~]#hostname

#查看网络连接参数

[root@localhost ~]#ifconfig

查看网络连接数据如图1-33所示。

#显示网络状态

[root@localhost ~]#netstat |more

netstat输出的网络状态信息，包括使用网络连接的协议（Proto）、本地地址及端口号（Local Address）、外部地址（Foreign Address）、连接状态（State）等信息。由于输出的信息较多，需要使用more分屏显示或使用grep查找指定的状态信息，如图1-34所示。

图1-33  查看网络连接参数          图1-34  显示网络状态信息

## 检查

一、填空题

1.X是_____的简称，它是Linux系统中的_____。

2.启动GUI界面的命令是_____，在CentOS 7从终端界面切换到图形用户界面的操作是_____。

3.Shell是一个_____，Linux默认的Shell程序是_____。

4.Shell命令提示符#代表_____用户登录，$代表_____用户登录。

5.Shell命令续行符是_____，Ctrl+C的作用是_____。

6.元字符~表示_____，*表示_____，？表示_____。

7.CentOS 7的本地用户终端名是_____。

8.查看Shell内置命令的方法是_____，提供了使用手册的命令则用_____。

9.重新启动系统的操作命令是_____或_____。

10.查看系统内核使用命令_____。

二、判断题

1.X Server安装在服务器端，X Client安装在用户计算机上。 （ ）

2.Shell命令中的字符串必须加定界符单引号或双引号。 （ ）

3.在Windows系统中也能操作Linux系统。 （ ）

4.重定向操作符>可以把标准输出转为输出到文件。 （ ）

5.运行Linux系统的计算机可以直接关闭电源。 （ ）

6.组合键"Ctrl+D"的作用是终止程序的运行。 （ ）

三、简述题

1.试描述Shell命令的组成和各组成部分的作用。

2.ifconfig可以获得网络接口的哪些基本信息？

# 评价

| 序号 | 评价内容 | 识记 | 理解 | 应用 | 分析 | 评价 | 创造 | 问题 |
|---|---|---|---|---|---|---|---|---|
| 1 | GUI和CLI的特性和应用 | | | | | | | |
| 2 | X Window的组成和工作过程 | | | | | | | |
| 3 | Shell及功能 | | | | | | | |
| 4 | Linux常用Shell | | | | | | | |
| 5 | Shell元字符的作用 | | | | | | | |
| 6 | 图形用户界面的使用 | | | | | | | |
| 7 | CentOS本地终端切换与登录 | | | | | | | |
| 8 | 关机与重启系统 | | | | | | | |
| 9 | 查看系统信息 | | | | | | | |
| 教师诊断评语： | | | | | | | | |

# 项目二 / 维护系统基础环境

操作系统是企业、组织实施信息化最基础的软件平台之一，因此，操作系统的良好工作状态是上层信息化系统正常运行的保障。维护操作系统基础环境涉及文件系统、存储系统、用户认证、进程作业等多个专业技术极强的管理工作。作为运维工程师，你必须要经过专业培训和实践，以完成以下的系统基础管理工作。

**本项目将向你提供以下技术资讯：**

- 管理文件资源
- 管理账户及权限
- 管理进程与作业
- 管理本地存储系统
- 实施计划任务
- 配置网络连接
- 安装卸载程序
- 监测系统运行
- 实现管理自动化

［任务一］

# 管理文件资源

## 资讯 🔍

## 任务描述

在信息化系统中，所有管理和业务数据都是以文件的形式存储在文件系统中的，数据已成为企业、组织的重要资产，因此，文件资源的管理是否得当对企业的业务开展有着重要影响。四方科技有限公司要求全体员工都必须学会Linux系统下文件的管理操作。本任务需要你：

①能描述文件与目录的使用和文件的组织结构；

②能执行文件的常规操作；

③能查看文本文件的内容；

④能建立、编辑文本文件。

## 知识准备

### 一、认识文件与目录

计算机中运行的程序（进程）都需要存储和访问数据，如文字处理程序需要把输入并编辑好的文字长久地保存下来，监控系统要随时保存采集的视频数据，订票系统在不断读取和修改票务数据，等等。这些数据不能总保存在程序运行的内存空间中，一是内存容量不够，二是程序之间不便共享数据，三是程序结束或断电时，保存在内存中的数据会随之丢失。磁盘、磁带、光盘等存储设备具有长期保存数据的特性，且容量大，是程序用于长久存储数据的外部存储器。

#### 1.文件

进程创建的数据单元存储在磁盘等外部存储器上就称为文件。换句话说，文件是保存在磁盘等外部存储器中数据的集合，它实际上是一个线性字节数组。由于在磁盘上保存和检索数据的过程有相当的复杂性（任务四中有相关内容），且不同的外部存储设备的物理存储特性差异很大，对比磁盘和光盘就可发现这一点，要用户直接管理和使用外部存储器，不但难度大，而且效率极低，因此，对文件的创建、命名、访问、保护与管理等是操作系统的主要任务。文件系统（File Sytem，FS）就是操作系统中专门负责文件管理的功能模块。FS为程序存储和检索数据提供了系统调用接口，为用户使用、管理文件提供了丰富的用户接口命令和工具。

（1）文件名

文件系统为在磁盘等外部存储器上存储和读取数据提供了一种方法，让用户不必了解数据的存储方法、存储地址、磁盘工作方式等底层实现细节，在远离实际硬件的抽象层面以一种一致的方式使用文件，这种抽象机制最重要的特性之一就是对文件命名。进程创建文件时必须给文件命名，以后就可以通过文件名来访问和管理这个文件。也可以说文件就是进程保存在磁盘等外部存储器中命名的数据集合。文件由文件名和数据两个基本要素组成。

文件名是一个满足一定规则的字符串。早期的文件系统支持由1~8个字符组成的文件名，现代文件系统大多支持长达255个字符的文件名。大部分文件系统支持文件名是由小数点分隔的两个部分，前一部分称为基本文件名或主文件名，用于描述数据内容的主题；后一部分称为扩展文件名或后缀名，一般用于反映文件的类型信息。在Linux系统中，后缀名是人为约定的，并不强迫采用，如果使用后缀名，可以定义多个。有些程序需要通过后缀名来决定文件的处理方式，这时使用约定的后缀名将很有用。与Linux相反的是Windows对扩展名很依赖并被赋予了相应含义，并在操作系统中注册以规定哪个程序来处理该扩展名。双击该扩展名的文件，则会自动启动关联的程序来打开并处理文件内容。

Linux系统中文件的命名规则：

- 文件名最多由255个字符组成，除/之外，所有字符均合法；
- 文件名区分字母大小写，Plan和plan代表不同的文件；
- 在文件名中禁用*? < > ; , @ $ # & [ ] | \ ` ' " ( ) { }以及空格、制表符、退格符等，它们在系统中有特殊意义；
- 以小数点开始命名的文件是隐藏文件；
- 文件名开始字符避免使用字符–和+作为普通文件的首字符；
- 文件名中可以使用以小数点分隔的后缀名用于指示文件类型。

（2）文件的结构

文件的结构是指文件系统组织数据的方式，典型的有按字节存储和按记录存储两种方式。按字节存储的文件就是一种无结构的字节序列，操作系统不知道也不关心文件的内容是什么、有什么作用，文件内容的含义由使用的程序去解释。Linux和Windows系统均采用这种文件存储结构。

把文件视作字节序列为操作系统提供了最大的灵活性，用户可以在文件中存储任何内容，如文字、声音、图像、视频、网页等。操作系统除提供数据存储与访问的基本功能外，不提供任何额外的帮助，也不构成任何障碍，给用户程序以最大的自由度。

（3）文件的属性

文件都有文件名和数据两个基本要素，但为了使用和管理文件，文件系统还会保存与文件相关的附加信息，如文件创建者、创建日期、读写权限、修改时间、文件长度、数据块地址等，它们就是文件属性，也称为文件的元数据。文件数据存储在磁盘的数据块中，文件的元数据存储在称为inode（索引节点）的区域中。注意：inode中不包括文件名。文件常见属性见表2-1。

表2-1　文件常见属性

| 文件属性 | 说明 |
| --- | --- |
| 创建者 | 创建文件的用户ID |
| 拥有者 | 文件所有者的用户ID |
| 只读标志 | 0表示读/写，1表示只读 |
| 隐藏标志 | 0表示正常显示，1表示隐藏 |
| 存档标志 | 0表示已备份，1表示需备份 |
| ASCII/Binary标志 | 0表示ASCII文件，1表示Binary二进制文件 |
| 创建时间 | 文件建立时间ctime |
| 访问时间 | 最近一次读取时间atime |
| 修改时间 | 最近一次修改时间mtime |
| 文件大小 | 文件长度字节数 |
| 链接数 | 有多少个文件名指向inode |
| 数据块的地址 | 文件数据所在的数据块在磁盘中的逻辑地址 |

表2-1并不能完全列出文件的所有属性，不同操作系统由于对文件管理的理论和目标不同而采用了不同文件属性。

（4）文件的类型

操作系统支持多种类型的文件，一般分为普通文件和目录两类。由于Linux系统视文件是一个长度为0个或多个字节的序列，只要能提供字节序列的设备也可能作为文件来处理，因此，Linux系统把执行数据输入输出的设备也称为文件。它们分别是块文件和字符文件。

普通文件是用户程序创建的数据文件，一般分为ASCII文件和Binary二进制文件两种。ASCII文件由若干以回车符结束（Windows系统是以回车加换行结束）的文本行组成，也称为文本文件。ASCII文件可以直接显示和打印，可以用任何文本编辑器进行修改。Linux中的各种配置文件一般都采用ASCII文件，便于查阅和修改。可执行程序文件、声音、图像、视频文件等是Binary二进制文件，显示出的是乱码，不能直接按ASCII文件方式显示或打印。二进制文件有一定的内部结构，操作系统仅把它看成二进制字节流，文件的结构和意义由使用它的程序负责解读。

块文件是指以数据块为单位进行数据读写操作的I/O设备，常见的就是磁盘存储器。字符文件是用于以串行方式进行数据读写的I/O设备，如打印机、键盘、网络等。Linux把所有的I/O设备都视作文件处理，让用户以存取文件的一致方法去读写千差万别的I/O设备，简化了用户使用I/O设备的复杂性。

Linux系统中文件的类型见表2-2。

表2-2　Linux文件常用类型

| 文件类型 | 属性标志 | 说明 |
| --- | --- | --- |
| 普通文件 | | 与Windows中文件概念相同，即数据文件 |
| 纯文本文件 | | 完全由字符组成的文件，Linux系统的所有配置文件是纯文本文件，可以直接读取 |
| 二进制文件 | － | 可以执行的程序文件 |
| | | 由应用程序生成的具有一定格式的数据文档，如声音、图像、视频等 |
| 目录文件 | d | 用于组织和管理其他文件的特殊文件 |
| 链接文件 | l | 指向实际文件的特殊文件，与Windows中的文件快捷方式类似 |
| 设备文件 | | 代表外部设备的文件，存储在/etc目录中 |
| 块设备文件 | b | 指存储设备，如硬盘、光盘等 |
| 字符设备文件 | c | 指串行设备，如键盘、鼠标等 |
| 命名管道 | p | 用于同一系统中两个进程间通信 |
| 套接字 | s | 用于不同系统两个进程间通过网络通信 |

## 2.目录

目录是文件系统为方便用户组织和分类管理文件而提供的一种机制。目录本身是文件系统中的一种特殊文件，其结构简单，就是一系列目录项的列表。每个目录项由文件名和对应的inode号组成。Linux系统的目录结构遵循文件系统层次结构标准（Filesystem Hierarchy Standard，FHS），是具有单一根目录（/）的树形结构，如图2-1所示。

Linux的文件系统最顶层的目录就是根目录，用"/"命名。与Windows系统中磁盘的每个分区都有根目录不同，Linux系统中只有唯一的根目录。Winodws系统使用C、D、E那样的盘符来访问不同的磁盘分区，Linux系统则支持把其他磁盘分区中的文件系统安装到根目录（/）下的某个子目录中，从而形成只有一个根目录的可动态伸缩的树型目录结构。

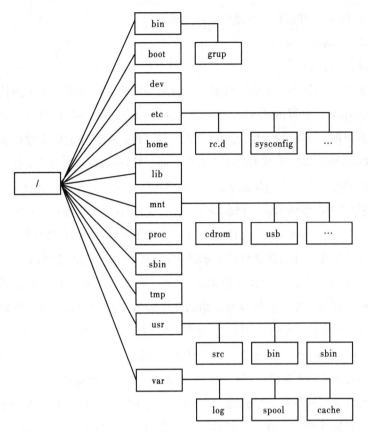

图 2-1　Linux 文件系统树型结构

在Linux系统中，不论是使用shell命令还是进程访问文件，都需要准确告知文件的名称。有两种方法来表示文件名称，一是绝对路径，二是相对路径。

绝对路径告诉文件系统根目录开始搜索文件。如要访问网络适配器的连接参数配置文件ifcfg-ens33，它的绝对路径是由/etc/sysconfig/network-scripts/ifcfg-ens33组成的字符串。在绝对路径字符串中，第一个"/"根目录，以后的"/"是子目录名及文件名的分隔符。

绝对路径描述的文件名往往过长而不易使用，于是Linux系统允许用户或进程把某个目录定义为工作目录，这样描述文件路径可以从工作目录开始，从工作目录开始的路径就是相对路径。如当前工作目录是/etc/sysconfig，那么要指明文件ifcfg-ens33的位置，可使用network-scripts/ifcfg-ens33这种相对短的相对路径。

目录在创建时，系统自动在该目录下创建两个特别的目录项"."和".."，"."代表当前的工作目录，".."当前目录的上一级父目录。如图2-2所示，当前工作目录是sally，如果要访问子目

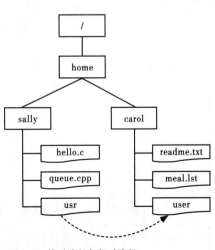

图 2-2　绝对路径与相对路径

录carol中的文件user，可以有两种路径表达方式。

绝对路径：/home/carol/user

相对路径：../carol/user

在存取文件操作中，操作系统根据提供的文件名称，在目录文件中的目录项列表中找到文件的inode号，根据inode号找到文件的inode节点，从inode这里可以获得文件的各种属性，然后根据inode中的数据块地址，定位到文件数据存储的数据块以访问文件的数据。注意，Linux操作系统内部不使用文件名，而是使用inode号来识别文件。完全可以让多个文件名指向同一个文件，为访问文件提供多条路径，Linux系统的链接文件就实现了这一功能。如图2-2中虚线所示，子目录sally中的usr文件指向子目录carol中的user文件，访问usr等效访问user文件，而不需要长的路径描述。链接文件分为硬链接和软链接两种。

硬链接就是为文件在目录文件的数据区再建一条能索引到该文件inode号的记录，这条记录包括一个新的文件名和该文件的inode号。通过新创建的文件名也可以访问源文件，而源文件的存储不发生任何改变。指向文件inode节点的个数称为文件的链接数。创建一个硬链接会使文件的链接数增加1，删除文件时链接数减1；链接数为0时，系统将彻底删除文件，收回inode号，释放文件数据所占的存储空间。不同文件系统的inode结构是不相同的，因此硬链接不能跨文件系统，也不能建立目录的硬链接。

软链接也称为符号链接，是指建立一个独立的文件指向要链接的源文件，该文件存储了访问源文件的路径和文件名。符号链接不增加文件的链接数，可以跨文件系统，还能为目录建立符号链接。

### 3.Linux系统默认安装目录作用

在安装Linux系统时，在根目录下创建的目录都有特定的用途，用户在不确定的情况下不要轻易改变这些目录下的文件。Linux系统主要默认目录的作用见表2-3。

表2-3　Linux系统主要默认目录的作用

| 目录 | 说明 |
| --- | --- |
| /bin | 存放系统指令等可执行文件，/usr/bin与之相似 |
| /boot | 存放系统核心与启动文件。vmlinuz-xxx是内核 |
| /dev | 存放设备文件 |
| /etc | 存入系统及服务的配置文件 |
| /home | 用户主目录存于此目录中 |
| /lib | 保存系统调用的函数库 |
| /lost+found | 系统异常时，存放遗失的片段，该目录自动出现在设备目录中 |
| /media | 挂载目录，系统建议用来挂载媒体设备，如软盘和光盘 |

| 目录 | 说明 |
|---|---|
| /mnt | 默认的挂载点 |
| /proc | 用于存放系统核心与执行程序所需的信息，系统启动时挂载，不占硬盘空间 |
| /root | 系统管理员主目录 |
| /sbin | 存放系统管理程序，如fdisk、mke2fs、fsck、mount等 |
| /tmp | 系统存放临时文件的目录 |
| /srv | 服务数据目录。一些系统服务启动之后，可以在这个目录中保存所需要的数据 |
| /opt | 第三方安装的软件保存位置 |
| /usr | 存放程序的指令，包含很多系统信息，应用程序安装目录 |
| /usr/include | 头文件存放目录，用Tarball安装时会用 |
| /usr/lib | 函数库 |
| /usr/local | 软件默认的安装目录，升级后的执行文件存入/usr/local/bin |
| /usr/share/doc | 说明文件 |
| /usr/share/man | 程序帮助文件 |
| /usr/src | 存放核心源代码的默认目录 |
| /var | 所有服务的登录文件和错误信息在此目录中 |
| /usr/x11R6 | 存放X-Window有关文件 |
| /etx/X11 | 与X-Window有关的配置文件目录 |

从安全性和管理维护方便性考虑，一般不应把所有目录放在一个分区中，目录与分区的关联原则是把系统、应用程序和用户数据的相关目录分别放在独立的分区中。Linux启动开始时只挂载了根目录/所在的分区，即根分区，而启动所用的命令和函数分别存储在/etc、/sbin、/bin、/dev、/bin等目录中，因此，这几个目录不要与根目录/分开，要与根目录/一起划分在同一分区中。建议存储操作系统核心的目录/boot，应用程序目录/var、/usr、/tmp各划分到一个分区，用户数据目录/home独占一个分区。

## 二、文件管理的基本操作

### 1.目录操作

（1）显示当前工作目录

pwd

（2）切换工作目录

cd <相对路径|绝对路径>

（3）创建新目录

mkdir [–p] <目录名>

–p：自动建立目录名中不存在的目录，否则需要逐层建立目录

（4）删除空目录

rmdir <目录名>

（5）列出目录项

ls [–aAdfhilRSt] <目录名>

–a：显示全部文件

–A：显示全部文件，但不包括.和..两个目录文件

–d：只显示目录

–f：不对结果排序，默认以文件名排序

–h：显示文件大小

–i：显示inode记录

–l：长显示格式，除是文件名外，还包括文件的属性

–R：同步显示子目录的内容

–S：显示结果按文件大小排序

–t：显示结果按时间排序

（6）树形目录列表

tree [–adL]　　<目录>

–a：显示所有文件和目录

–d：显示目录名称而非内容

–L level：限制目录显示层级，如显示三级目录–L 3

## 2.文件操作

（1）复制文件

cp [–airfplusdb] <源文件> <目的文件>

–a：在复制目录时，它保留链接、文件属性，并复制目录下的所有内容

–i：在覆盖目标文件之前给出提示，回答 y 时目标文件将被覆盖

–r：若给出的源文件是一个目录，此时将复制该目录下所有的子目录和文件

–f：强行复制文件或目录，不论目标文件或目录是否已存在

–p：保留源文件或目录的属性

–l：不复制文件，只是生成链接文件

–u：只复制源文件比目的文件新的文件

-s：对源文件建立符号链接，而非复制文件

-d：当复制符号链接时，保持符号链接文件仍指向原始文件或目录

-b：覆盖已存在的目标文件前将目标文件备份

（2）移动文件

mv [-binu] <源文件> <目的文件>

-b: 当目标文件或目录存在时，在执行覆盖前，会为其创建一个备份

-i: 如果指定移动的源目录或文件与目标的目录或文件同名，则会先询问是否覆盖旧文件，输入 y 表示直接覆盖，输入 n 表示取消该操作

-n: 不要覆盖任何已存在的文件或目录

-u: 当源文件比目标文件新或者目标文件不存在时，才执行移动操作

（3）删除文件

rm [-irf] <文件名>

-i：删除前逐一询问确认

-r：将目录及以下的档案也逐一删除

-f：强制删除，无须确认

（4）修改文件时间属性

touch [-am] <文件名>

a：改变文件的读取时间记录

m：改变文件的修改时间记录

如果文件不存在，则创建一个空文件。

（5）指定目录中查找文件

find <目录> [选项]

常用选项：

-name <文件模板名>：查找匹配的文件

-iname <文件模板名>：查找匹配的文件，不区别字母大小写

-type<文件类型>：搜索指定文件类型的文件，f表示普通文件，其他参考表2-2

-user<拥有者名称>：查找指定拥有者的文件或目录，-uid指定用户ID号

-maxdepth <n>：指定目录的最大层级数，-mindepth指定目录最小层级数

-path <目录模板名>：搜索匹配的目录

-print：输出完整文件名以换行结尾；-print0以空白字符结尾

-exec <命令> {} \; ：对找到的文件执行命令，{}代表找到的所有文件

（6）建立链接文件

ln [-s] <源文件> <目标文件>

-s：建立的目标文件为符号链接文件，否则为硬链接文件

### 3.文件压缩与打包

文件压缩是在不改变文件内容的前提下减少文件的大小，以节省存储空间并提高数据传输效率。文件打包则是把多个文件集成到一个文件中以便存档管理和传输。

（1）压缩文件的类型

*.Z：compress压缩的文件

*.bz2：bzip2压缩的文件

*.gz：gzip压缩的文件

*.tar：tar打包文件

*.tar.gz：tar打包，然后gzip压缩的文件

（2）压缩与解压缩

① bzip2 [-dz] <文件名>

-d：解压缩

-z：压缩

② gzip [-d#]  <文件名>

-d：解压缩

-#：#是一个1~9的数字代表压缩等级，1最差、9最好、6默认

③ xz [-zdlk] <文件名>

-z：强制压缩

-d：解压缩

-l：列出.xz文件的信息

-k：保留源文件

-0 … -9  设置压缩等级，默认为6

（3）文件打包

tar [-zxtcvpjJxPf] <目的包文件> <源文件>

-z：是调用gzip压缩文件包

-j：是调用bzip2压缩文件包

-J：是调用xz压缩文件包

-x：解开文件包，如果是压缩包，则相应带上z、j、J选项

-t：查看文件包中的文件信息，如果是压缩包，则相应带上z、j、J选项

-c：建立文件包，如需要压缩文件包，则需要带上z、j、J选项之一

-v：打包过程中显示文件

-f：指定包文件名，必须是放在所有选项最后，然后跟包文件名

-p：还原时保持原来的文件权限

-P：文件名使用绝对路径

–exclude 文件名：打包过程中，不对指定的文件打包

–C <目的目录>：指定解包时，文件存储的目的目录

在指定要操作的文件名时，可在文件名中使用通配符来操作一批文件，包含通配符的文件名称为模式文件名。通配符"*"代表任意数目的字符串，"？"代表任意一个字符，"[…]"代表[]列出的任意一个字符，"[!…]"代表不是[]列出的任意一个字符。例如，*.conf代表后缀名为conf的所有文件。

4.查看文件内容

文件是指ASCII类型的文件，用查看ASCII类型文件的方法查看二进制文件，输出的是不可读的乱码。

（1）滚动显示文件内容

cat　[–nE] <文件名>

–n：由 1 开始对所有输出的行数编号

–E：在每行结束处显示 $

（2）从文件头或尾显示文件指定行的内容

head｜tail [–n] <文件名>

head：显示文件开始若干行的内容，默认10行

tail：显示文件尾部开始若干行的内容，默认10行

–n：指定显示的行数

（3）分屏显示文件内容

more｜less <文件名>

more：向后分页显示，空格翻页，b键回首页，q键退出

less：随意分页显示，PgDn键后一页，PgUp键上一页，q键退出

（4）从文件中抽取匹配关键字的行

egrep｜grep [–iv] <关键字> <文件名>

–i：忽略字母大小写

–v：显示不匹配的行

关键字是指在文件内容中搜索的模式字符串，可以是普通字符串，也可以是由普通字符和特定的元字符组成的模式字符串，这种模式字符串被称为正则表达式（Regular Expression，RE）。正则表达式分为基本正则表达式BRE和扩展正则表达式ERE两种。grep按BRE规则解读模式字符串，egrep按ERE规则解读模式字符串。正则表达式中常用的元字符见表2-4。

Linux系统中大多数与ASCII文件处理的命令或程序都支持RE，恰当使用RE可以提高系统管理的效率。

表2-4　正则表达式中常用的元字符及含义

| RE元字符 | 含义 | 模式字符串 | 匹配 |
|---|---|---|---|
| ^ | 匹配首字符 | ^o | orange,odd |
| $ | 匹配末字符 | c$ | hi.c,inselm.c |
| . | 匹配任意一个字符（不含换行符） | h.t | hit,hot |
| [] | 匹配[]任一字符 | t[x−z]0 | tx0,ty0,tz0 |
| [^] | 不匹配[]任一字符 | t[^x−z]0 | td0,tp0 |
| * | 匹配0次或多次 | to* | t,to,too |
| ? | 匹配0次或1次 | to? | t,to |
| + | 匹配至少1次 | to+ | to,too |
| \{n\} | 匹配n次，ERE为{n} | go\{2\}d | good |
| \{n,\} | 匹配至少n次，ERE为{n,} | go\{2,\}d | good,gooood |
| \{n,m\} | 匹配n至m次，ERE为{n,m} | go\{2,3\}d | good,goood |
| \ | 转义字符 | \n | 换行符 |
| \| | 匹配\|连接项之一 | this\|that | this,that |
| () | 分组 | (to)+ | to,toto |

（5）控制信息的输出与输入

Linux系统默认使用标准I/O设备输入/输出数据，标准输入设备键盘（STDIN，代号0），标准输出设备显示器（STDOUT，代号1），标准错误输出设备，默认为显示器（STDERR，代号2）。根据应用需要可以改变数据默认传输路径。

①输出/输入重定向

<命令> >|>>|1>|2>|&>|< <文件>

>：输出重定向到指定的文件

>>：以追加方式重定向到文件，不覆盖文件原来的内容

1>：重定向命令输出的正确信息

2>：重定向命令输出的错误信息

&>：同时重定向标准输出的正确和错误信息

<：指定命令的输入信息来自文件而非键盘

②把一个命令的输出作为另一个命令的输入

<命令1>|<命令2>

|：管道符号

例如，cat anaconda.cfg | more，使用cat输出的内容具有分页显示能力。

5.编辑文件

Linux系统的各种配置文件几乎都采用了ASCII文件，系统管理需要大量编辑配置文件，vi是Linux系统中广泛使用的文本文件编辑程序。

（1）启动vi

vi | vi <文件名>

例如，在命令行上输入命令vi /etc/samba/smbusers启动vi编辑器，vi有3种工作模式：一般模式、插入模式和命令行模式。

vi启动后默认进入一般模式，此模式主要用于浏览文件内容，也可以进行查找、替换、复制、粘贴、删除等操作。

在一般模式下按i（I）、a（A）、o（O）中任何一个键即进入插入模式，此模式用户可输入、修改、删除文本等操作，按ESC键返回一般模式。

在一般模式下输入:切换到命令行模式，此模式下可执行保存、加载文件等命令，执行完后将自动返回到一般模式。

vi窗口由编辑区、命令行和状态提示行组成。命令行和状态提示行共用窗口的最底行，如图2-3所示。

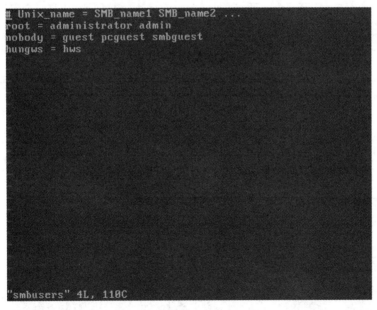

图 2-3　vi 窗口

（2）vi一般模式下的操作命令

vi一般模式下的操作命令见表2-5。

表2-5　一般模式的操作命令

| 进入插入模式 | | | |
| --- | --- | --- | --- |
| 命令 | 说明 | 命令 | 说明 |
| i | 光标所在位开始插入文本 | I | 光标所在行首开始插入文本 |
| a | 光标所在位后开始插入文本 | A | 光标所在行尾开始插入文本 |
| o | 光标下一新行开始插入文本 | O | 光标上一新行开始插入文本 |
| 移动光标 | | | |
| 0 | 光标所在行首 | $ | 光标所在行尾 |
| ^ | 光标所在行第一个非空字符 | G | 最后一行行首 |
| nG | 第n行首 | n$ | 第n行尾 |
| H | 屏幕首行首 | L | 屏幕底行首 |
| n+ | 下移n行 | n− | 上移n行 |
| h,l | 左、右移一个字符 | j,k | 下、上移一个字符 |
| ←,→ | 左、右移一个字符 | ↓,↑ | 下、上移一个字符 |
| 编辑操作 | | | |
| x | 删除1个字符 | dw | 删除1个单词 |
| dd | 删除1行 | ndd | 删除当前行开始的n行 |
| d0 | 删除到行首 | d$ | 删除到行尾 |
| dG | 删除到最后一行 | d1G | 删除到第1行 |
| rc | 以字符c替换当前字符 | p | 粘贴复制内容到当前位置 |
| yy | 复制当前行 | nyy | 复制当前行开始的n行 |
| yG | 复制到最后1行 | y1G | 复制到第1行 |
| y0 | 复制到行首 | y$ | 复制到行尾 |
| 其他操作 | | | |
| u | 取消前一操作 | . | 重复前一操作 |
| /pstr | 向后探索模式字符串pstr | ?pstr | 向前探索模式字符串pstr |
| n | 同向移动到下一个匹配的pstr | N | 反向移动到下一个匹配的pstr |
| ZZ | 存盘退出 | ZQ | 放弃存盘并退出 |

（3）vi命令模式的常用操作

vi命令模式的常用操作见表2-6。

表2-6　命令模式的常用操作

| 文件操作 | | | |
|---|---|---|---|
| 命令 | 说明 | 命令 | 说明 |
| :w | 保存 | :w <文件名> | 保存到指定文件 |
| :wq | 保存并退出 | :r <文件名> | 打开文件 |
| :q | 退出 | :e <文件名> | 新建文件 |
| :q! | 不保存退出 | :f <文件名> | 当前文件改名 |
| 查找与替换 | | | |
| :/str/ | 光标向右移到字串str处 | :/str/w <文件名> | 含有str的行存入文件 |
| :?/str? | 光标向左移到字串str处 | :s/str1/str2/g | 用str2替换找到的str1 |
| 设置vi编辑参数 | | | |
| :set | 显示设置项 | :set all | 显示可设置项 |
| :set autoindent | 自动缩进 | :set noautoindent | 取消自动缩进 |
| :set number | 显示行号 | :set nonumber | 不显示行号 |
| :set ruler | 显示行列信息栏 | :set noruler | 不显示行列信息栏 |
| :set tabstop=n | 设置制表符空格数 | :set ingnorecase | 查找时忽略大小写 |
| 其他操作 | | | |
| :! <命令> | 不退出执行命令 | :r ! <命令> | 插入命令执行结果 |
| :split | 水平分割窗口 | :vsplit | 垂直分割窗口 |
| :close | 关闭当前窗口 | | |

在多窗口编辑时，按"Ctrl+w+h l l l j l k"组合键可分别切换到左、右、上、下窗口。vi支持自动补全，当输入单词前面若干字符后，按"Ctrl+N"组合键可自动补全单词以提高输入速度。

**计划&决策**

按照四方科技有限公司人人会文件操作的要求，为尽快让员工熟悉并掌握Linux下文件的管理操作，公司信息中心决定组织员工参加培训学习，以利于管理、研发、生产、销售等各环境信息化推动的进程。为此制订了如下培训执行计划。

①查看文件系统的文件并辨识文件和目录；

②建立目录来分类管理文件；

③熟悉文件复制、移动、删除等基本操作；

④查阅文件内容；

⑤建立、编辑文本文件；

⑥打包、压缩文件以利传输。

**实施**

## 一、管理文件与目录

### 1.显示系统中的文件

查看根目录下的文件列表，如图2-4所示。

[root@localhost ~]#ls  /

[root@localhost ~]#ls  –l  /

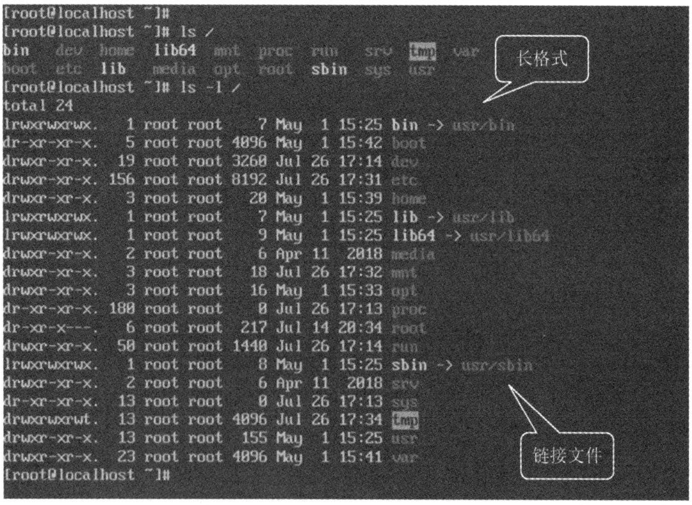

图 2-4　查看根目录下的文件列表

## 2.创建目录分类管理文件

在/home目录下创建docs子目录，docs子目录下创建videos和conf_bak，并在conf_bak下创建ssh目录，如图2-5所示。

[root@localhost ~]#pwd

[root@localhost ~]#cd  /home

[root@localhost home]#mkdir docs;mkdir docs/videos

[root@localhost home]#mkdir –p docs/conf_bak/ssh

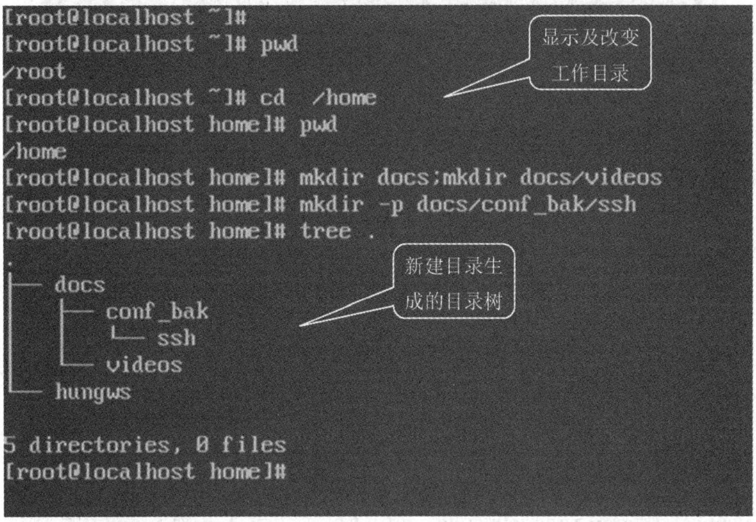

图 2-5　创建目录分类管理文件

## 3.文件复制与移动

把/etc/ssh下的所有文件复制到/home/docs/conf_bak/ssh目录中，然后把其中后缀名为pub的文件移动到/home/hungws目录中。

[root@localhost ~]#cp /etc/ssh/*  /home/docs/conf_bak/ssh

[root@localhost ~]#mv /home/docs/conf_bak/ssh/*.pub  /home/hungws

## 4.创建链接文件

在root用户目录中创建符号链接文件lssh指向/home/docs/conf_bak/ssh，建立硬链接文件anaconda指向anaconda-ks.cfg，如图2-6所示。

[root@localhost ~]#ln –s /home/docs/conf_bak/ssh  lssh

[root@localhost ~]#ln   anaconda-ks.cfg anaconda

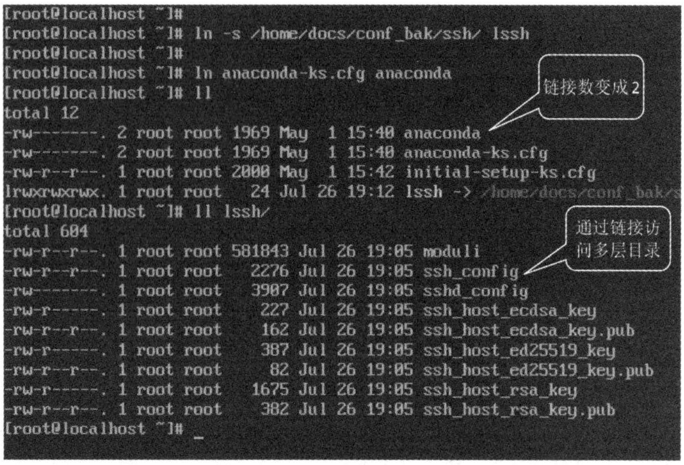

```
[root@localhost ~]#
[root@localhost ~]# ln -s /home/docs/conf_bak/ssh/ lssh
[root@localhost ~]#
[root@localhost ~]# ln anaconda-ks.cfg anaconda
[root@localhost ~]# ll
total 12
-rw-------. 2 root root 1969 May  1 15:40 anaconda
-rw-------. 2 root root 1969 May  1 15:40 anaconda-ks.cfg
-rw-r--r--. 1 root root 2000 May  1 15:42 initial-setup-ks.cfg
lrwxrwxrwx. 1 root root   24 Jul 26 19:12 lssh -> /home/docs/conf_bak/s
[root@localhost ~]# ll lssh/
total 604
-rw-r--r--. 1 root root 581843 Jul 26 19:05 moduli
-rw-r--r--. 1 root root   2276 Jul 26 19:05 ssh_config
-rw-------. 1 root root   3907 Jul 26 19:05 sshd_config
-rw-r-----. 1 root root    227 Jul 26 19:05 ssh_host_ecdsa_key
-rw-r--r--. 1 root root    162 Jul 26 19:05 ssh_host_ecdsa_key.pub
-rw-r-----. 1 root root    387 Jul 26 19:05 ssh_host_ed25519_key
-rw-r--r--. 1 root root     82 Jul 26 19:05 ssh_host_ed25519_key.pub
-rw-r-----. 1 root root   1675 Jul 26 19:05 ssh_host_rsa_key
-rw-r--r--. 1 root root    382 Jul 26 19:05 ssh_host_rsa_key.pub
[root@localhost ~]# _
```



图 2-6　创建链接文件

### 5.查看文本文件内容

查阅root主目录下anaconda-ks.cfg的内容，必要时使用分页显示。

[root@localhost ~]#cat anaconda-ks.cfg　#用于显示内容在一页内的文件

[root@localhost ~]#more anaconda-ks.cfg　#分页显示

[root@localhost ~]#tail -20 /var/log/dnf.log　#显示日志文件最新信息

### 6.在文件中查找

[root@localhost ~]#grep Sudo /etc/sudo.conf　#显示包含了关键Sudo的行

[root@localhost ~]#grep　-v \#　/etc/sudo.conf　#不显示有“#”号的行

### 7.删除文件或目录

[root@localhost ~]#rm /home/docs/conf_bak/ssh/*.pub #删除时需确认

[root@localhost ~]#rm -f /home/docs/conf_bak/ssh/*.pub #强制删除

[root@localhost ~]#rmdir　/home/docs/conf_bak/ssh　#ssh必须为空目录

## 二、打包压缩文件

### 1.打包文件

把/home/docs/conf_bak/ssh下的文件打包成ssh_conf文件。

[root@localhost ~]#tar -cf　ssh_conf.tar　/home/docs/conf_bak/ssh

### 2.压缩打包文件

一般在打包的同时调用压缩程序对包文件压缩，z：gzip，j：bzip2，J：xc。

[root@localhost ~]#tar -zcf　ssh_conf.tar.gz　/home/docs/conf_bak/ssh [root@localhost ~]#tar –jcf    ssh_conf.tar.bz2    /home/docs/conf_bak/ssh

### 3.解压包文件

通过包文件的后缀名识别选择解压缩程序。默认解压到当前目录，–C指定解压的目标目录。

[root@localhost ~]#tar    –zxcf    ssh_conf.tar.gz

[root@localhost ~]#tar    –zxcf    ssh_conf.tar.gz    –C  /home

## 三、编辑文本文件

创建并编辑文件filemgr.txt，录入文件管理的命令。

①创建文件。

[root@localhost ~]#vi filemgr.txt

②按i键进入vi插入模式，录入文本。

③按ESC键回到vi一般模式，输入:wq或直接按Z键保存并退出编辑。

## 检查

一、填空题

1.文件是保存在磁盘等外部存储器中的_____。

2.操作系统中专门负责文件管理的功能模块称为_____。

3.文件名由_____分隔，由_____和_____组成。

4.文件系统组织数据的方式有_____和_____两种。

5.设备文件分为_____和_____两种。

6.文件路径分为_____和_____两种，以\开始的是_____。

7.文件的元数据存储在_____区域中。

8.存储设备文件和系统配置文件的目录分别是_____和_____。

9.分屏显示/etc/passwd的命令是_____。

10.编辑器vi的工作模式有_____、_____、_____3种。

11.编辑器vi保存并退出的快捷键是_____。

12.正则表达式是定义了字符串要满足的_____。

二、判断题

1.Linux系统中文件名中字母需区分大小写。　　　　　　　　( 　　 )

2.打印机是块设备文件。　　　　　　　　　　　　　　　　( 　　 )

3.文件系统必须了解文件的内容，才能存取文件。　　　　　　( 　　 )

4.Linux文件系统是具有单一根的文件系统。　　　　　　　　　　　　（　　　）

5.文件目录也是文件。　　　　　　　　　　　　　　　　　　　　　（　　　）

6.目录可以建立硬链接文件。　　　　　　　　　　　　　　　　　　（　　　）

7.建立硬链接文件会新建一个被链接文件的inode。　　　　　　　　（　　　）

8.打包文件就是压缩文件。　　　　　　　　　　　　　　　　　　　（　　　）

三、简述题

1.文件的主要属性包括哪些内容？

2.写出实现下列操作的命令。

（1）在var目录下建立Website目录，并在其下建立food子目录。

（2）把/etc/samba目录下的所有文件复制到/home/sbmconf中。

（3）删除/tmp中的所有文件。

（4）在/var中查找文件名中有java的文件。

（5）在用户主目录中建立符号链接文件hp指向/usr/doc/share/readme文件。

（6）把用户主目录下的data目录中的所有文件打包成文件data202212.tar.bz2。

（7）查看日志文件/var/log/message后50行含有error的信息。

（8）查看文件/home/hostinfo的内容，如果出错则把错误信息输出到文件err.txt中。

## 评价

| 序号 | 评价内容 | 识记 | 理解 | 应用 | 分析 | 评价 | 创造 | 问题 |
|---|---|---|---|---|---|---|---|---|
| 1 | 文件系统、文件、目录的概念 | | | | | | | |
| 2 | Linux文件名的命令规则 | | | | | | | |
| 3 | Linux文件的属性与类型 | | | | | | | |
| 4 | 文件路径及其表示 | | | | | | | |
| 5 | 链接文件的概念与类型 | | | | | | | |
| 6 | 文件打包与文件压缩 | | | | | | | |
| 7 | 正则表达式及作用 | | | | | | | |
| 8 | vi编辑器与文件编辑 | | | | | | | |
| 9 | 文件管理的基本操作 | | | | | | | |
| 教师诊断评语： | | | | | | | | |

## [ 任务二 ]

# 管理账户及权限

### 资讯 🔍

## 任务描述

Linux系统是真正的多用户操作系统，允许多个用户同时登录，用户也必须拥有系统账号才能使用计算机。四方科技有限公司信息中心要为全体员工分类建立账户，本任务的工作包括：

①认识用户与用户组；

②制定账户密码策略；

③创建用户及用户组；

④监视用户状态；

⑤管理用户权限。

## 知识准备

### 一、认识用户与用户组

Linux账户是用户使用Linux系统服务的凭证。一个账户的基本信息包括账户名和密码，用户就是使用账户名和密码来登录系统的。Linux系统内部并不用账户名，而是用与账户名相关联的一个数字编码来识别用户，这个编码被称为UID（User Identifier，用户标识符）。在Linux系统中把从事相同或相关工作的账户组织到一个用户组中以便管理，用户组是一组账户的集合，用户组有一个组名和一个GID（Group Identifier，用户组标识符）。

1.用户（user）账户

Linux使用/etc/passwd和/etc/shadow两个系统文件来存储账户数据，账户的基本信息存储在/etc/passwd文件中，/etc/shadow存储对应账户加密后的密码信息。如图2-7所示是/etc/passwd文件的账户数据记录，文件中一行数据记录代表一个账户，每个账户记录由冒号

（：）分隔的7个字段组成，每个字段表示账户的特定信息。

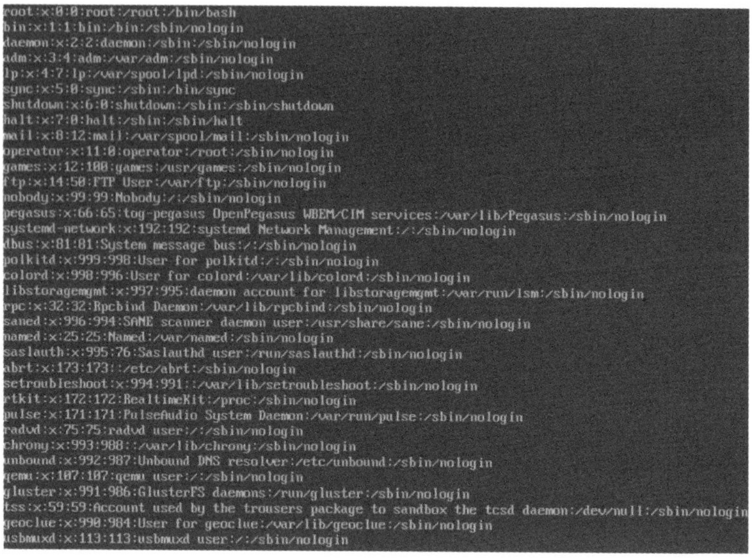

```
root:x:0:0:root:/root:/bin/bash
bin:x:1:1:bin:/bin:/sbin/nologin
daemon:x:2:2:daemon:/sbin:/sbin/nologin
adm:x:3:4:adm:/var/adm:/sbin/nologin
lp:x:4:7:lp:/var/spool/lpd:/sbin/nologin
sync:x:5:0:sync:/sbin:/bin/sync
shutdown:x:6:0:shutdown:/sbin:/sbin/shutdown
halt:x:7:0:halt:/sbin:/sbin/halt
mail:x:8:12:mail:/var/spool/mail:/sbin/nologin
operator:x:11:0:operator:/root:/sbin/nologin
games:x:12:100:games:/usr/games:/sbin/nologin
ftp:x:14:50:FTP User:/var/ftp:/sbin/nologin
nobody:x:99:99:Nobody:/:/sbin/nologin
pegasus:x:66:65:tog-pegasus OpenPegasus WBEM/CIM services:/var/lib/Pegasus:/sbin/nologin
systemd-network:x:192:192:systemd Network Management:/:/sbin/nologin
dbus:x:81:81:System message bus:/:/sbin/nologin
polkitd:x:999:998:User for polkitd:/:/sbin/nologin
colord:x:998:996:User for colord:/var/lib/colord:/sbin/nologin
libstoragemgmt:x:997:995:daemon account for libstoragemgmt:/var/run/lsm:/sbin/nologin
rpc:x:32:32:Rpcbind Daemon:/var/lib/rpcbind:/sbin/nologin
saned:x:996:994:SANE scanner daemon user:/usr/share/sane:/sbin/nologin
named:x:25:25:Named:/var/named:/sbin/nologin
saslauth:x:995:76:Saslauthd user:/run/saslauthd:/sbin/nologin
abrt:x:173:173::/etc/abrt:/sbin/nologin
setroubleshoot:x:994:991::/var/lib/setroubleshoot:/sbin/nologin
rtkit:x:172:172:RealtimeKit:/proc:/sbin/nologin
pulse:x:171:171:PulseAudio System Daemon:/var/run/pulse:/sbin/nologin
radvd:x:75:75:radvd user:/:/sbin/nologin
chrony:x:993:988::/var/lib/chrony:/sbin/nologin
unbound:x:992:987:Unbound DNS resolver:/etc/unbound:/sbin/nologin
qemu:x:107:107:qemu user:/:/sbin/nologin
gluster:x:991:986:GlusterFS daemons:/run/gluster:/sbin/nologin
tss:x:59:59:Account used by the trousers package to sandbox the tcsd daemon:/dev/null:/sbin/nologin
geoclue:x:990:984:User for geoclue:/var/lib/geoclue:/sbin/nologin
usbmuxd:x:113:113:usbmuxd user:/:/sbin/nologin
```

图 2-7 账户数据记录

用户账户数据记录：

```
root : x : 0 : 0 : root : /root : /bin/bash
 ①    ②  ③ ④    ⑤       ⑥        ⑦
```

①账户名，如root、jobber等。

②账户密码，以x代替，真正的密码存储在文件/etc/shadow中。

③UID即用户标识，是Linux系统识别用户的数字编码，取值0~65535，0代表系统管理员；1~499保留给系统使用，其中1~99保留给系统默认的账户，100~499保留给服务器使用；500以上的给一般用户使用。

④GID即用户组标识。

⑤账户的说明信息，用于描述账户意义的说明文字，可以为空。

⑥账户的主目录，是用户登录系统后的默认工作目录。

⑦登录Shell，用于指定用户登录命令行界面的Shell类型。当一个账户不用从终端登录时可以指定登录Shell为/sbin/nologin，如邮件账户。

账户密码文件/etc/shadow的内容如图2-8所示，密码文件的一行是一个账户密码及密码使用限制的描述记录，它由冒号（：）分隔开的9个字段组成。

图 2-8　账户密码文件

账户的密码记录：

root : $1$gFvAolST$6gfGFIMetcwvmsdkONMRE0 : 15077 : 0 : 99999 : 7 : : :
①　　　　　　　　　　②　　　　　　　　　③ ④　　⑤　　⑥⑦⑧⑨

①账户名，必须与/etc/passwd中的账户名相同。

②经过加密后的密码，如果此字段是一个"*"或"！"，则该对应的账户不能登录。

③最近更改密码的日期，它是从1970年1月1日开始到修改密码时的天数。

④密码设置或修改后必须使用的天数。0表示密码可以随时修改。

⑤密码需要修改的天数。99999表示密码不用修改。

⑥密码修改限期的警告期限，单位为天。

⑦密码过期的宽限天数，是指在警告期限内用户没有修改密码，该密码还可以使用的天数，过了宽限期仍没有修改密码，该账户将失效。

⑧账户失效日期，它是从1970年1月1日开始到账户失效时的天数。

⑨保留未用，供以后加入新的要求。

### 2.用户组（usergroup）账户

与用户账户相似，Linux使用/etc/group和/etc/gshadow管理用户组账户数据。用户组账户基本信息保存在/etc/group文件中，文件中每条记录描述一个用户组的相关信息，一条记录由冒号（：）分隔的4个字段组成，如图2-9所示。

```
[root@localhost ~]# cat /etc/group
root:x:0:
bin:x:1:
daemon:x:2:
sys:x:3:
adm:x:4:
tty:x:5:
disk:x:6:
lp:x:7:
mem:x:8:
kmem:x:9:
wheel:x:10:
cdrom:x:11:
mail:x:12:
man:x:15:
dialout:x:18:
floppy:x:19:
games:x:20:
tape:x:33:
video:x:39:
ftp:x:50:
lock:x:54:
audio:x:63:
users:x:100:
nobody:x:65534:
utmp:x:22:
utempter:x:35:
mock:x:135:kojibuilder
unbound:x:999:
ssh_keys:x:998:
```

图2-9  用户组账户

用户组账户数据记录：

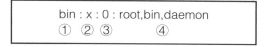

①用户组名。

②用户组密码，一般不用设置，此处用x代替，真实密码存储在/etc/gshadow文件中。

③GID，用户组ID号。

④该用户组的账户名列表，用逗号分隔，账户名之间不能有空格。

用户组账户的密码存储在/etc/gshadow文件中，文件中的记录记载了关于组的密码和组管理员信息，由冒号（：）分隔的4个字段组成，如图2-10所示。

bin组的记录：

①用户组名。

②用户组密码，用于让不属于该组的账户临时加入本用户组。该字段为空表示没有设置组密码，为"！"时表示不能登录系统。

③用户组管理员账户名。

④该用户组的账户名列表。

图 2-10　用户组账户密码信息

### 3.创建新用户的默认参数

①账户密码策略和ID号设置参考文件/etc/login.defs中预设参数。

| | | |
|---|---|---|
| MAIL_DIR | /var/spool/mail | #邮件默认存放目录 |
| PASS_MAX_DAYS | 99999 | #密码需要变更的时间 |
| PASS_MIN_DAYS | 0 | #密码多久需要改变 |
| PASS_MIN_LEN | 5 | #密码最小长度 |
| PASS_WARN_AGE | 7 | #密码失效之前几天发警告信息 |
| UID_MIN | 500 | #默认账号的最小UID |
| UID_MAX | 60000 | #最大UID |
| GID_MIN | 500 | #起始组ID |
| GID_MAX | 60000 | #最大组ID |
| CREATE_HOME | yes | #是否建立用户主目录，yes建立，no不建 |

②用户账户特性参考文件/etc/default/useradd中预设参数。

| | |
|---|---|
| GROUP=100 | #默认用户组ID |
| HOME=/home | #用户主目录的存放目录 |
| INACTIVE=-1 | #是否启用，-1启用 |
| EXPIRE=30 | #有效天数，到期后不允许登录 |
| SHELL=/bin/bash | #默认Shell |
| SKEL=/etc/skel | #用户主目录的内容 |

## 二、认识文件权限

Linux是多用户操作系统，且所有资源都抽象为文件，用户在系统中的权限就是指对文件的访问权限。操作文件的用户有3种角色：拥有者（Owner，创建文件的用户User）、组用户（Group，与拥有者同属于一个用户组的用户）、其他人（Others）。而文件的访问权限包括读（Read）、写（Write）和执行（Execute）3种。用户权限管理就是为3种用户角色配置恰当的文件访问权，从而保护系统的安全。

以长格式可显示文件列表，可以查看文件详细的访问权限，如执行ls-l/home/hungws/mytest.c命令可看到如下所示的文件权限信息。

| － | rwxrw-r－－ | 1 | root | root | 368 | Feb 21 16：39 | mytest.c |
|---|---|---|---|---|---|---|---|
| 文件类型 | 其他人<br>组成员<br>拥有者<br><br>访问权限 | 连接数 | 拥有者 | 用户组 | 文件大小 | 文件最后被修改的时间mtime | 文件名 |
| ① | ② | ③ | ④ | ⑤ | ⑥ | ⑧ | ⑧ |

①文件类型。

－：文件，包括纯文件和二进制两种文件

d：目录文件

l：链接（link）

b：块设备文件

c：字符设备文件

②文件的访问权限。

文件的访问权限分成3个组，依次对应于文件拥有者、用户组和其他人对该文件的操作权限。每组权限严格按读（r）、写（w）、执行（x）排列，当某位为（-）时，表示该角色不具有该种操作权限。

| rwx | r-x | r－－ |
|---|---|---|
| 拥有者<br>Owner | 用户组<br>Group | 其他人<br>Others |

文件访问权限可用数字表示。文件每个角色的权限由3个位组成，拥有权限的位用1表示，不具有的权限位用0表示，则每组权限可视为一个3位二进制数，然后转换成相应的八进制数表示，这样文件的权限可表示为一个三位的八进制整数。

| rwx | r-x | r-- |
| --- | --- | --- |
| 111 | 101 | 100 |
| 7 | 5 | 4 |
| 754 | | |

例如，文件/etc/shadow只能由root读写，其权限为rw-------，用数字表示权限的一组八进制数则为600。

③inode节点链接数。如果是文件则表示链接到此文件的链接数，如果是目录则是其下的子目录数。

④拥有者。该文件的创建者，拥有文件的最大控制权。

⑤拥有者用户组。拥有该文件的组。一个用户可以属于多个组。

⑥文件大小。

⑦文件最后被修改的时间。

⑧文件名。

## 三、用户管理

### 1.添加用户组

groupadd [-g gid] [-r] <组名>

-g：指定GID为gid

-r：建立系统用户组

### 2.修改用户组基础信息

group [-g <gid>] [-n <新组名>] <组名>

-g：把现在的GID改成指定的gid

-n：修改用户组名为指定的新组名

### 3.修改组密码等其他信息

gpasswd [-A <账户>，…] [-M <账户>，…] [-rR] [-ad <账户>] <组名>

-A：定义组管理员为指定的账户

-M：将指定的账户加入组中

-r：删除组密码

-R：使用密码失效，不能用newgrp切换为有效用户组

-a：将指定的某个用户加入组中

-d：从组中删除某个用户

：不带任何选项则表示直接设置组密码

## 4.添加用户

useradd [–u <uid>] [–g <gid>] [–d <home>] [–mM] [–s <Shell>] <账户名>

–u：设定UID为uid

–g：设定GID为gid

–d：直接将用户主目录设定为已经存在的目录home

–M：强制不建立用户主目录

–m：必须建立用户主目录

–s：设定使用的Shell

–r：指定建立的是系统账户

–G：接组名，表示该账户还可以加入的用户组

## 5.账户密码管理

passwd [–lunxwS] [<账户名>]

–l：锁定账户

–u：解锁账户

–n：后接数字，指定密码使用的最短天数

–x：后接数字，指定密码使用的最长天数

–w：后接数字，指定密码失效前的警告天数

–S：显示账户信息

：不带选项，用于设置或修改账户密码

## 6.修改账户属性

usermod [–cdegGlLsuU] <账户名>

修改的数据空格后接在选项字符后。

–c：设置账户说明

–d：更改主目录

–e：修改账户失效日期，格式为"yyyy–mm–dd"

–g：修改账户的初始用户组

–G：修改账户加入的其他用户组

–l：修改账户名称

–s：修改登录Shell

–u：修改账户的UID

–L：锁定账户

–U：解锁账户

### 7.删除用户

userdel [–r] 账户名

–r：删除账户相关的主目录、邮件目录等相关数据

### 8.切换账户身份

su [–lcm] [–] [<账户名>]

–：su –使用root的环境配置参数，否则使用当前账户的环境配置参数

–l：其后指定要切换的目标账户身份，同时也使用目标账户的环境配置参数

–c：仅一次执行其后指定的命令

–m：使用当前用户的环境配置参数，不重新读取目标账户的环境配置参数

### 9.普通账户执行管理命令

sudo [–u [<账户名>|#<uid>]] <命令>

–u：指定要切换目标用户名或UID号

–l：显示执行 sudo 的用户权限

–k：将会强迫用户在下一次执行 sudo 时提供密码

–b：在后台执行命令

### 10.管理用户密码时效

chage [–mMIEWl] <用户名>

–m days：用户必须更改密码的间隔天数，0表示永不过期

–M：密码最大有效天数

–W days：密码到期前，收到警告信息的天数

–E date：账号到期的日期（ "YYYY–MM–DD" ），账号会被锁定

–I days：密码过期后，账户被锁前不活跃的天数，0表示密码过期后不会被锁

–l：列出用户的密码时效信息

## 四、权限管理

### 1.改变文件拥有者及用户组

chown [–R] <用户>:<用户组>  <文件>
–R：修改时包括指定目录下的所有文件和子目录

## 2.仅改变文件的用户组

chgrp [–R] <用户组>　<文件>

## 3.设置文件的访问权限

chmod [–R] <权限>　<文件>

权限的表示：用户字符+操作符+权限符或三位八进制数串两种方式，见表2-7。

表2-7　用户字符、操作符及权限符含义

| 用户字符 | 含义 | 操作符 | 含义 | 权限符 | 含义 |
|---|---|---|---|---|---|
| u | 拥有者user | + | 增加权限 | r | 读 |
| g | 拥有者级group | – | 取消权限 | w | 写 |
| o | 其他人others | = | 赋予权限 | x | 执行 |
| a | 所有人all | | | s | SUID、SGID |
| | | | | t | sticky–bit |

例如，权限设置u=rwx,g=rx,o=r对应的八进制权限数字串为754。

## 4.设置文件特殊权限

文件除基本的权限外，还有SUID、SGID、sticky–bit三种特殊权限，其含义见表2-8。

表2-8　文件的特殊权限

| 特殊权限 | 含义 |
|---|---|
| SUID | 设置了SUID位的可执行文件在执行时，总是以该文件所有者身份运行，任何执行者将具有所有者的资源访问权限。SUID与所有者的x权限同位，标识为s |
| SGID | 设置了SGID位的可执行文件在执行时，以该文件所属组的身份运行，SGID与所有者组的x权限同位，标识为s。对于设置了SGID的目录，在该目录创建的文件以及复制（–p除外）来的文件将与该目录的所属组一致 |
| sticky–bit | 设置sticky–bit的目录中的文件，仅允许其拥有者能执行移动、删除等操作 |

除了root其他用户没有对/etc/passwd的写权限，但用户可以使用passwd修改密码，这需要/etc/passwd文件写权限的。passwd文件设置了SUID，让普通用户执行passwd时拥有对/etc/passwd文件写权限，因此，用户可以成功修改自己的账户密码。

## 5.设置权限掩码

权限掩码的作用是为新建立的文件设置预设权限，即完整权限减去掩码权限就是文件的实际权限。

umask <数据权限> #umask 022：拥有者有所有权限，组和其他人没有写权限

## 五、查看用户信息

1.查看用户身份信息

id

2.显示用户名称

whoami      #显示当前用户名

who      #显示系统当前登录用户名、终端号、上线时间等信息

w      #显示系统当前登录用户及其正在执行的程序

3.查看用户所属组

groups

4.改变用户当前组

newgrp <用户组>      #指定的必须是用户属于的组

---

### 计划&决策

四方科技有限公司是按部门分工进行日常管理的，信息中心决定按部门建立用户组，然后建立用户并加入到各自所属的组中。用户在系统中的访问权限，首先根据业务需求开放给相应的用户组，如某用户有特别需要，才单独为其授权。按此原则制订如下实施计划。

①建立用户组；

②建立用户并加入用户组；

③为用户组或用户授权；

④监视用户状态。

---

### 实施 🔍

## 一、建立用户组与用户

1.新建用户组office，GID为1314

[root@localhost ~]#groupadd –g 1314 office

2.把用户组jobber改名为jobs

[root@localhost ~]#groupmod  –n  jobs  jobber

3.指定账户beer为jobs组的管理员

[root@localhost ~]#gpasswd –A  beer  jobs

4.新建账户carol和george

[root@localhost ~]#useradd carol  #按预定参数设置账户属性
[root@localhost ~]#useradd  –u 1000  –g 1000  george  #指定了UID、GID

5.添加账户carol到jobs组中

[root@localhost ~]#gpasswd  –a  carol  jobs

6.修改用户密码

[root@localhost ~]#passwd                 #修改当前用户密码
[root@localhost ~]#passwd  carol          #修改carol的用户密码

7.删除用户与用户组

（1）删除用户

[root@localhost ~]#userdel carol          #删除carol，但保留其个人数据文件
[root@localhost ~]#userdel –r carol       #删除carol及其在系统创建的所有文件
（2）删除用户组
[root@localhost ~]#groupdel  office

## 二、用户管理

1.把carol的所有初始用户组设为office

[root@localhost ~]#usermod   –g   office   carol

2.把sam添加到sellers组中

[root@vm ~]#usermod  –G  sellers  sam

3.冻结账户

[root@localhost ~]#usermod  –L  sam        #冻结账户
[root@localhost ~]#usermod  –U  sam        #解除冻结

### 4.查看账户信息

[root@localhost ~]#id carol                #查看账户的UID和GID

[root@localhost ~]#groups                #查看账户所属组

### 5.改变当前用户的有效用户组

[root@localhost ~]#newgrp users

### 6.设置账户信息的失效日期

[root@localhost ~]#usermod  −e"2035−12−30"carol

## 三、管理用户资源访问权限

### 1.把/home/docs的用户组设置为office

[root@localhost ~]#chgrp office /home/docs

### 2.把文件/home/filemgr.txt的拥有者改成sam

[root@localhost ~]#chown sam /home//filemgr.txt

### 3.把/home/docs及以下的所有文件的所有者改为carol，用户组改成office

[root@localhost ~]#chown −R carol:office /home/docs

### 4.设置文件的访问权限

设置文件/home/filemgr.txt拥有者和同组成员可读写，其他人只读

[root@localhost ~]#chmod ug=rw，o=r /home/filemgr.txt

[root@localhost ~]#chmod 664 /home/filemgr.txt

## 检查

一、填空题

1.Linux账户是用户使用Linux系统服务的_____。账户的基本信息包括_____和_____。

2.在系统内部通过_____来识别用户，通过_____来识别用户组。

3.用户的账户数据存储在文件_____和_____中。

4.文件的基本权限有_____、_____、_____3种。

5.文件的访问者包括_____、_____、_____3类。

6.在数字权限表示法中，764表示其他人有_____权限。

7.文件的3种特殊权限是_____、_____、_____。

8.umask 077设置后，新建文件的预设权限是_____。

二、判断题

1.用户密码保存在/etc/passwd文件中用户记录的第二字段。 （    ）

2.系统管理员的UID是0。 （    ）

3.如果用户不能在本地终端登录，其Shell应设为/sbin/nologin。 （    ）

4.用户组一般不用设置密码。 （    ）

5.对目录有读权限就可以列出目录下的文件列表。 （    ）

6.在chmod命令中，用户字符o表示文件拥有者。 （    ）

7.仅允许目录的拥有者能删除其中的文件，要设置目录的SUID。 （    ）

8.普通用户也能执行管理命令。 （    ）

三、简述题

1.账户数据记录有哪些字段，每个字段的含义是什么？

2.写出下列操作的命令。

（1）新建用户组dteam，GID为2089。

（2）新建用户jim，UID为2001并加入dteam用户组。

（3）把用户ann加入到dteam用户组。

（4）把文件/home/pubdata的权限改为拥有者及组可读写，其他人可读。

（5）对文件/var/java/javac赋予所有人执行权限。

# 评价

| 序号 | 评价内容 | 识记 | 理解 | 应用 | 分析 | 评价 | 创造 | 问题 |
|------|---------|------|------|------|------|------|------|------|
| 1 | 用户与用户组的相关概念 | | | | | | | |
| 2 | 用户与用户组的数据文件的字段含义 | | | | | | | |
| 3 | 文件的用户角色与权限 | | | | | | | |
| 4 | 文件的特殊权限 | | | | | | | |
| 5 | 识别文件类型 | | | | | | | |
| 6 | 用户与组的管理 | | | | | | | |
| 7 | 文件权限管理 | | | | | | | |
| 教师诊断评语： | | | | | | | | |

## [任务三]

# 管理进程与作业

## 资讯 🔍

### 任务描述

Linux系统是多任务操作系统，系统中同时运行着多个程序，它们拥有各自的内存空间，并共享CPU的运算能力，以及网络通信和输入输出设备。管理系统运行程序的状态，及时发现并清理运算有问题的程序，释放其占有的资源，将有利于系统始终处于良好运行状态，也能提高系统的服务性能。本任务要求：

①认识作业与进程；

②管理进程；

③控制作业。

### 知识准备

### 一、认识作业与进程

#### 1.程序

程序是为某个应用目的而采用计算机程序设计语言编写的代码的集合，以文件的形式存储在磁盘中。在Linux中大多数软件是开源软件，因此，程序通常以源代码和二进制两种形式提供给用户。源代码形式的程序需要使用编译器生成二进制形式的可执行程序后，文件才能在系统中运行。一个完整的程序除了程序文件本身还包括相关的数据文档。

#### 2.作业

作业是用户在一次事务处理中要求计算机所做的全部工作的总和。作业包含了通常的程序、数据、作业说明书。系统通过作业说明书控制程序执行和数据的操作。

#### 3.进程

进程是程序在系统中的一次运行，或称为运行中的程序。程序在Linux主机系统中运行的前提是获得相应系统资源（如CPU、内存等）和必要的访问权限。当在系统中以任何方式启动一个程序时，系统将为程序分配CPU、内存等资源和系统访问权限，然后开始一次程序的执行任务。人们把系统中运行的程序和相关资源的集合称作进程。

为了识别系统中的进程，Linux系统在建立进程时为每个进程分配一个进程编号，简称为PID（Progress Identifier）。例如，系统启动后的第一个进程systemd的PID为1。在系统中运行的程序也是系统的一个用户，每个运行的程序都与系统中的某一账户关联，该账户的权限决定了程序在系统中的权限。一般程序的关联账户就是启动该程序的账户，同一个程序以不同的账户身份启动所获得的权限是不一样的。在进程的进程控制块（PCB）中有4个与用户和用户组关联的ID号，分别是实际用户ID号RUID、实际用户组ID号RGID、有效用户ID号EUID和有效用户组ID号EGID。RUID和RGID用于识别运行进程的用户和用户组，一般为启动该程序的账户和组。EUID和EGID用于确定进程对资源的实际访问权限，通常与RUID和RGID相同，如果设置了产生进程的程序文件的SUID或SGID，则进程的EUID和EGID将与程序文件所属的用户UID和用户组GID相同，而不是启动程序的用户UID和用户组GID。

程序既可以由用户手动启动，也可由某个进程启动，但systemd是唯一由系统内核启动的进程。在系统管理中把由进程启动的进程称为子进程，相应地把启动子进程的进程称为父进程。

手动启动的进程默认将占用用户终端控制台，程序没有执行完成时，用户不能操作控制台去执行其他任务，这种方式称为前台执行方式。如果一个进程执行耗时过长，在这时用户又需要完成其他工作，那么可以使进程启动后立即释放控制台，而转入后台运行。

进程根据其运行特性可分为交互式进程、批处理进程和守护神进程3种。系统管理进程、办公软件多为交互式进程；批量数据的分析统计、科学计算多为批处理进程；向用户提供Web、电子邮件等应用服务的多为守护神进程。

### 4.服务

服务是指一些向内、向外提供各种支持的常驻内存的程序，如Web服务器程序Apache、DNS服务器named、邮件服务器sendmail等。这类程序一般没有用户界面，它们往往随着系统的启动或用户的登录而启动，运行后处于监听状态，等待客户端请求，响应并提供相关的服务。服务是守护神进程，处于后台运行。

## 二、进程作业管理

### 1.查看进程运行状态

ps –auxwH

–a：列出与终端无关的进程

–u：列出启动进程的用户和时间等信息

–w：宽行显示

–H：显示进程树

–x：显示所有进程

进程列表中信息字段含义见表2–9。

表2-9　常用信息字段

| 字段 | 含义 | 字段 | 含义 |
|---|---|---|---|
| USER | 进程所属用户 | TTY | 执行方式，tty$n$本地，?远程 |
| PID | 进程ID号 | STAT | 程序状态：R执行、S挂起、T检测或停止、Z停止响应、<高优先级、N低优先级 |
| %CPU | 占用CPU资源 | START | 开始执行时间 |
| %MEM | 占用物理内存量 | TIME | 已运行时间 |
| VSZ | 占用虚拟内存量 | COMMAND | 程序命令名 |
| RSS | 占用固定内存量 | | |

## 2.查看开启的系统服务

netstat [–antulp]

–a：显示所有网络联机状态

–n：使用端口表示服务

–t：仅显示使用TCP的联机状态

–u：仅显示使用UDP的联机状态

–l：仅显示监听的信息

–p：显示服务的PID

## 3.结束进程

进程出现占用过多CPU、锁住终端、运行过长而无预期结果或产生过多的输出时，需要人工结束进程的运行。用户向进程发送进程信号来通知进程采取相应的动作，进程信号是在软件层对中断机制的模拟实现。

kill –信号　%作业号|进程号

常用信号：

–1：重新加载程序

–2：与直接按Ctrl+C相同，中断程序

–9：强制终止程序

–15：以正常方式结束程序

## 4.查看作业运行状态

jobs [-lrsn]

-l：同时列出进程号

-r：仅列出正在后台运行的作业

-s：仅列出正在后台暂停的作业

-n：显示上次使用jobs后状态发生变化的作业

## 5.查看进程打开文件信息

lsof命令的功能是用于查看文件的进程信息。使用lsof命令查看进程打开的文件，或者查看文件的进程信息，能很好地帮助用户了解相关服务的运行状态。

lsof [-a] [-c <进程名>] [-p <进程号>] [-d <inode> ] [+d <目录>] [文件]

-a：列出打开文件的所有进程

-c <进程名>：列出进程打开的文件

-p <进程号>：列出进程打开的文件

-d <inode>：列出打开inode所指文件的进程

+d <目录>：列出指定目录下打开的文件，+D递归列出目录下的文件

## 6.作业控制

（1）在后台运行

<命令>&

nohup <命令>& #启动命令的用户注销后，命令仍断续运行

（2）在前台恢复运行一个被挂起的进程

fg <作业号>

（3）在后台恢复运行一个被挂起的进程

bg <作业号>

（4）控制作业的快捷键

Ctrl+C：强制终止正在前台运行的作业

Ctrl+D：终止正在前台运行的作业

Ctrl+Z：挂起正在前台运行的作业

Ctrl+S：挂起终端

Ctrl+Q：解除挂起的终端

## 计划&决策

进程作业的管理对于Linux系统是日常维护的重要工作，计算机性能下降以至于宕机都与作业和进程的运行状态关系密切。作为信息中心的运维技术人员在充分理解了进程和作业的概念以及运行机制后，每天的进程作业管理工作可按下列计划行事。

①监视进程作业的运行状态；

②管理系统中的进程；

③控制作业的运行。

## 实施

### 一、管理进程

1.查看进程的基本信息，如图2-11所示。

[root@localhost ~]#ps –u

[root@localhost ~]#ps –aux | grep sshd

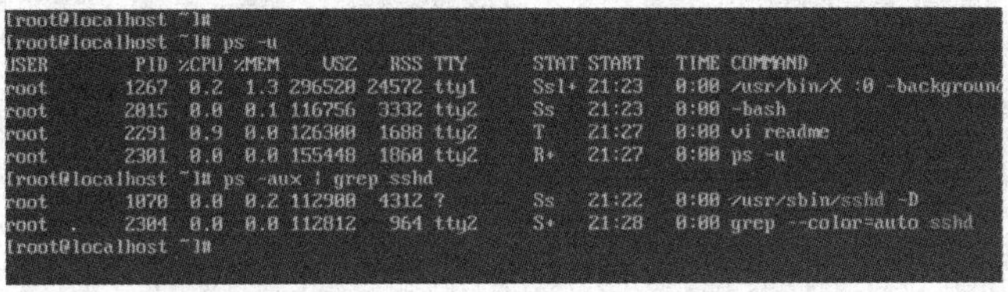

```
[root@localhost ~]#
[root@localhost ~]# ps -u
USER       PID %CPU %MEM    VSZ   RSS TTY      STAT START   TIME COMMAND
root      1267  0.2  1.3 296520 24572 tty1     Ssl+ 21:23   0:00 /usr/bin/X :0 -background
root      2015  0.0  0.1 116756  3332 tty2     Ss   21:23   0:00 -bash
root      2291  0.9  0.0 126300  1688 tty2     T    21:27   0:00 vi readme
root      2301  0.0  0.0 155448  1860 tty2     R+   21:27   0:00 ps -u
[root@localhost ~]# ps -aux | grep sshd
root      1070  0.0  0.2 112900  4312 ?        Ss   21:22   0:00 /usr/sbin/sshd -D
root .    2304  0.0  0.0 112812   964 tty2     S+   21:28   0:00 grep --color=auto sshd
[root@localhost ~]#
```

图 2-11 查看进程信息

2.终止进程执行，如图2-12所示。

[root@localhost ~]#kill –9 2291

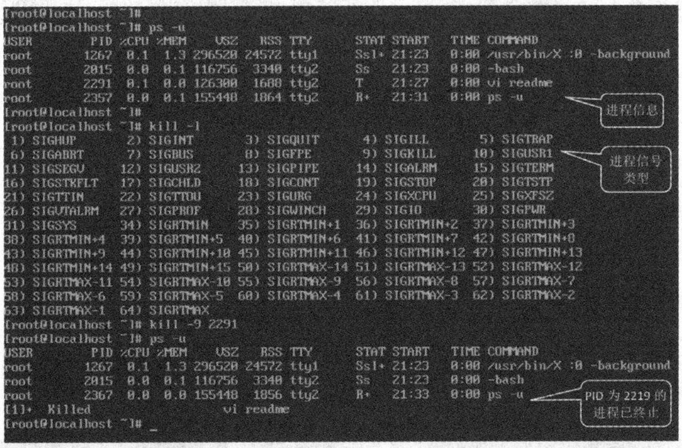

```
[root@localhost ~]#
[root@localhost ~]# ps -u
USER       PID %CPU %MEM    VSZ   RSS TTY      STAT START   TIME COMMAND
root      1267  0.1  1.3 296520 24572 tty1     Ssl+ 21:23   0:00 /usr/bin/X :0 -background
root      2015  0.0  0.1 116756  3340 tty2     Ss   21:23   0:00 -bash
root      2291  0.1  0.0 126300  1688 tty2     T    21:27   0:00 vi readme
root      2357  0.0  0.1 155448  1864 tty2     R+   21:31   0:00 ps -u
[root@localhost ~]#
[root@localhost ~]# kill -l
 1) SIGHUP       2) SIGINT       3) SIGQUIT      4) SIGILL       5) SIGTRAP
 6) SIGABRT      7) SIGBUS       8) SIGFPE       9) SIGKILL     10) SIGUSR1
11) SIGSEGV     12) SIGUSR2     13) SIGPIPE     14) SIGALRM     15) SIGTERM
16) SIGSTKFLT   17) SIGCHLD     18) SIGCONT     19) SIGSTOP     20) SIGTSTP
21) SIGTTIN     22) SIGTTOU     23) SIGURG      24) SIGXCPU     25) SIGXFSZ
26) SIGVTALRM   27) SIGPROF     28) SIGWINCH    29) SIGIO       30) SIGPWR
31) SIGSYS      34) SIGRTMIN    35) SIGRTMIN+1  36) SIGRTMIN+2  37) SIGRTMIN+3
38) SIGRTMIN+4  39) SIGRTMIN+5  40) SIGRTMIN+6  41) SIGRTMIN+7  42) SIGRTMIN+8
43) SIGRTMIN+9  44) SIGRTMIN+10 45) SIGRTMIN+11 46) SIGRTMIN+12 47) SIGRTMIN+13
48) SIGRTMIN+14 49) SIGRTMIN+15 50) SIGRTMAX-14 51) SIGRTMAX-13 52) SIGRTMAX-12
53) SIGRTMAX-11 54) SIGRTMAX-10 55) SIGRTMAX-9  56) SIGRTMAX-8  57) SIGRTMAX-7
58) SIGRTMAX-6  59) SIGRTMAX-5  60) SIGRTMAX-4  61) SIGRTMAX-3  62) SIGRTMAX-2
63) SIGRTMAX-1  64) SIGRTMAX
[root@localhost ~]# kill -9 2291
[root@localhost ~]# ps -u
USER       PID %CPU %MEM    VSZ   RSS TTY      STAT START   TIME COMMAND
root      1267  0.1  1.3 296520 24572 tty1     Ssl+ 21:23   0:00 /usr/bin/X :0 -background
root      2015  0.0  0.1 116756  3340 tty2     Ss   21:23   0:00 -bash
root      2367  0.0  0.0 155448  1856 tty2     R+   21:33   0:00 ps -u
[1]+  Killed                  vi readme
[root@localhost ~]# _
```



图 2-12 终止进程执行

## 二、管理作业

1.查看系统中提交的作业，如图2-13所示。

[root@localhost ~]#jobs –l

2.控制作业，包括前后台切换、终止作业执行。

[root@localhost ~]#bg %4　　　　　#启动4号进程在后台运行

[root@localhost ~]#fg %+　　　　　#把默认进程置于前台运行

[root@localhost ~]#kill %5　　　　　#终止5号进程

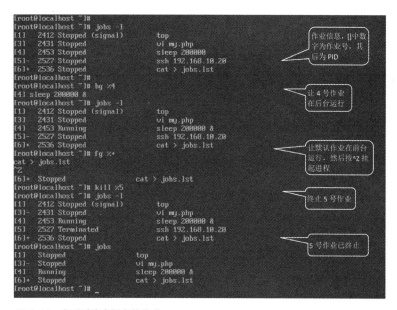

图 2-13　查看系统中提交的作业

## 检查

一、填空题

1.进程是_____，在系统中用_____来标识进程。

2._____是由内核启动的进程。

3.根据运行特性进程分为_____、_____、_____3种。

4.服务是指向_____提供各种支持的_____的程序。

5.系统分配资源的基本对象是_____。

6.启动进程的进程称为_____。

7.占用控制台的运行方式称为_____运行。

二、判断题

1.进程对资源的访问权限决定于进程拥有者及组的权限。　　　　　　（　　　）

2.手动启动程序时，在程序命令后置＆，程序将进入后台运行。　　　（　　　）

3.Ctrl+S的作用是挂起在前台运行的作业。　　　　　　　　　　　　（　　　）

4.Ctrl+D的作用是终止正在前台运行的作业。　　　　　　　　　　　（　　　）

5.作业号就是进程号。　　　　　　　　　　　　　　　　　　　　　（　　　）

三、简述题

1.说明程序与进程的区别。

2.进程访问系统资源的权限决定于什么？

3.写出下列要求的命令。

（1）显示系统中所有的进程状态及启动进程的用户信息。

（2）显示系统服务的网络连接状态。

（3）终止PID为65123的进程。

（4）显示作业运行状态。

（5）终止18号作业的运行。

## 评价

| 序号 | 评价内容 | 识记 | 理解 | 应用 | 分析 | 评价 | 创造 | 问题 |
|---|---|---|---|---|---|---|---|---|
| 1 | 程序、进程与作业的概念 | | | | | | | |
| 2 | 进程访问系统资源的权限 | | | | | | | |
| 3 | 进程管理 | | | | | | | |
| 4 | 作业管理 | | | | | | | |

教师诊断评语：

# [任务四]

NO.4

# 管理本地存储系统

## 资讯 🔍

### 任务描述

本地存储系统是由直接连接在Linux主机上的外存储设备组成，主要是磁盘，也包括临时使用的U盘或光盘。磁盘和文件系统管理是一件重要的基础管理工作，它关系到存储空间的有效利用和系统的稳定性。系统管理员必须能根据实际需要对硬盘进行合理分区，采用恰当的文件系统，并能在存储空间不足时添加硬盘以扩展容量。本任务的主要工作内容有：

①认识本地存储系统的组成和文件系统；

②查看在用硬盘及分区的相关信息；

③实施硬盘分区、格式化，检验硬盘；

④管理逻辑卷（LVM）；

⑤管理文件系统。

### 知识准备

#### 一、本地存储系统的组成

本地存储系统是指通过主机的磁盘控制器接口直接连接安装在机箱内的硬盘以及外置磁盘柜。

#### 1.硬盘的逻辑结构

一般硬盘是由多个磁盘盘片套在一个驱动轴上，每个盘片的两面都涂敷了一层磁性材料用以存储数据，每面（Side）配置有读写数据的磁头（Head），读写电路控制盘片的转动和磁头的径向移动来完成硬盘的读写操作。整个盘片与读写机构封装在一个金属外壳中，并留有电源和数据接口。硬盘是当前主机系统的主要存储设备，硬盘的逻辑结构如图2-14所示。

磁道（Track）：磁头固定不动，盘片转动一周，磁头在盘片上划过的圆形轨迹称为磁道，磁道号由外向内从0开始编号。

柱面（Cylinder）：所有盘片上编号相同的磁道组成柱面。

扇区（Sector）：磁道等分成若干段，其中的一段就是扇区。扇区是分配磁盘存储空间的最小单位，标准容量为512B（字节），现在也有硬盘把扇区容量定义为4096B的。扇区号从1开始编号，每个磁道有63个扇区。

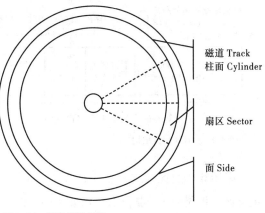

图 2-14　硬盘逻辑结构

盘面（Side）：指的是盘片的存储面，一个盘片有两个面。盘面号从0开始编号。每一盘面都有一个磁头，因此，盘面号与磁头（Head）号是相对应的。

传统硬盘采用柱面号、磁头号和扇区号三者共同来定位硬盘上的存储位置，简称为CHS地址，这是最小存储单元的物理地址。由于采用10bit表示柱面地址，8bit表示磁头地址，6bit表示扇区地址，CHS模式支持的硬盘容量有限，约为8.4GB。现代硬盘采用同密盘片，内外磁道上的扇区数不等，越向盘片外圈，磁道上的扇区数就更多，用CHS地址定位变得困难。于是，一种新的地址定位方法LBA（Logical Block Addressing，逻辑块地址）被开发出来。LBA是逻辑地址，它将CHS地址转换成一维线性地址，存储在硬盘控制器中，在访问硬盘时，由硬盘控制器再将这种逻辑地址转换为实际硬盘的物理地址CHS。LBA的扇区编号从0开始的，LBA的0号扇区就是CHS定位的0柱面、0磁头、1扇区。通过LBA能突破CHS的地址容量限制并大大提高了硬盘访问效率。

## 2.硬盘的分区

硬盘用于存储数据之前，需要进行分区。分区就是把硬盘的存储空间分割成多个独立的存储区域。用户可以把数据分类后存储到不同的分区中，这将给存储管理和控制带来方便，提升系统效率，有利于数据的备份与恢复，对数据安全也有积极作用。硬盘有MBR和GPT两种分区模式。

### （1）MBR分区模式

MBR（Master Boot Record）分区模式使用硬盘第一个扇区（0柱面0磁头1扇区）的前440B存储MBR的引导程序代码；随后是磁盘标签和分隔标志；接着是MBR分区表，共64B，每个分区记录16B，最多可容纳4个分区记录；然后是2B的MBR扇区结束标志"55 AA"，MBR扇区结构如图2-15所示。

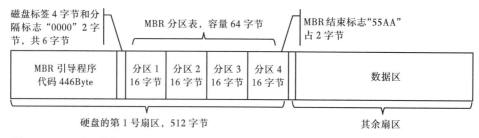

图 2-15　MBR 扇区结构

采用MBR分区模式将以柱面为单位进行数据区的分区，有两种类型的分区，分别是主分区、扩展分区。扩展分区需要进一步划分成逻辑分区，扩展分区的第1扇区中也维护了一个类似MBR分区表的逻辑分区记录表，这可以突破MBR只能划分4个分区的限制。每个分区记录中存储有分区的起始和结束柱面、起始和结束扇区、总扇区数、分区类型、引导标志、开始磁头等分区信息。

MBR扇区保存了引导程序代码和分区表且没有备份，一旦MBR扇区数据被破坏，系统将不能启动分区，也不能读取分区中的数据。由于MBR分区表中逻辑块地址采用32位二进制数表示，一共可表示232个逻辑块地址，那么MBR硬盘最大分区容量仅为2TB，因此，不能支持超过2TB的硬盘。

（2）MBR常用分区方案

硬盘分区包括主分区（Primary）和扩展分区（Extended）。只能划分一个扩展分区且不能直接使用，需要进一步划分成逻辑分区（Logical）后才能使用。

①3P+1E（3L），如图2-16所示。

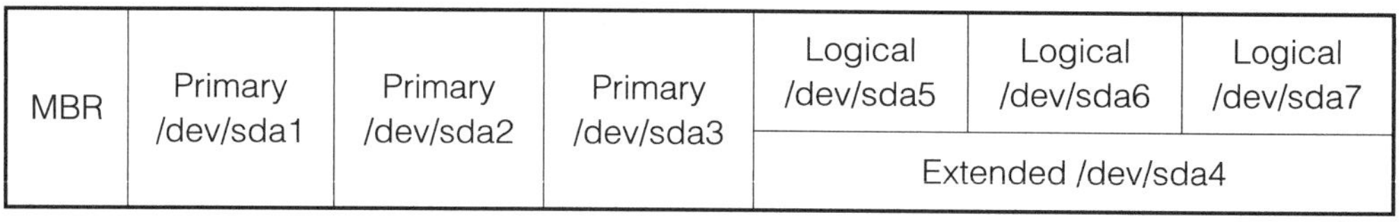

| MBR | Primary /dev/sda1 | Primary /dev/sda2 | Primary /dev/sda3 | Logical /dev/sda5 | Logical /dev/sda6 | Logical /dev/sda7 |
|---|---|---|---|---|---|---|
|  |  |  |  | Extended /dev/sda4 | | |

图 2-16　3P+1E

②1P+1E（5L），如图2-17所示。

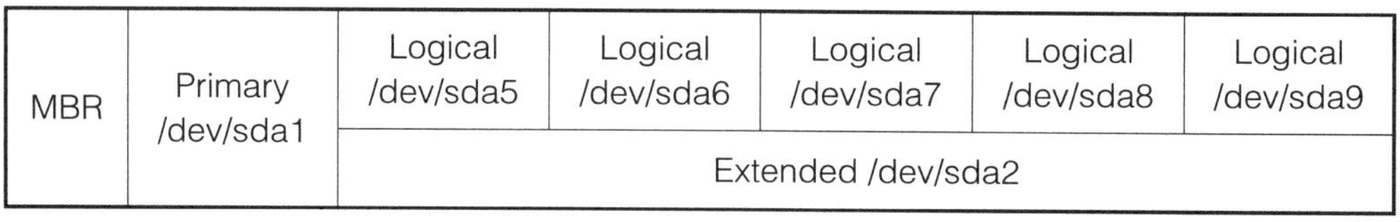

| MBR | Primary /dev/sda1 | Logical /dev/sda5 | Logical /dev/sda6 | Logical /dev/sda7 | Logical /dev/sda8 | Logical /dev/sda9 |
|---|---|---|---|---|---|---|
|  |  | Extended /dev/sda2 | | | | |

图 2-17　1P+1E

（3）GPT分区模式

GPT是全局唯一标识磁盘分区表GUID Partition Table的缩写，是一个全新的硬盘分区表的结构布局标准。GPT的分区结构如图2-18所示。

| 保护<br>MBR | GPT<br>头 | GPT<br>分区表 | 数据区 | GPT<br>分区表备份 | GPT<br>头备份 |
|---|---|---|---|---|---|

图 2-18　GPT 分区结构

采用GPT分区的硬盘，LBA0扇区与MBR扇区相似，称为保护MBR，简称PMBR。其作用是当使用不支持GPT的分区工具时，整个硬盘将显示为一个受保护的分区，以防止分区表及硬盘数据遭到破坏。PMBR中不存储引导程序代码和分区信息，但有一个分区表项，这个表项GPT并不使用，只是为了让系统认为这是一块合法的硬盘。

硬盘的LBA1扇区是GPT头，它定义了分区表的起始和结束位置、分区表记录大小、分区表项的个数及分区表的校验和等信息。

GPT分区表默认位于GPT硬盘的LBA2—LBA33号扇区，共32个扇区，每个分区记录大小为128B，因此，能够容纳128个分区记录，也即默认可创建128个分区。每个分区记录中由分区的起始地址、结束地址、分区类型的GUID、分区的名字、分区属性和分区GUID等字段组成。

GPT分区的硬盘最后一个扇区是GPT头备份，数据区后面是GPT分区表备份，如果GPT分区遭受破坏，系统会自动从GPT分区表备份中提取分区数据，保证能正常识别分区。

GPT的分区模式比MBR先进，在GPT分区表头中可自定义分区数量的最大值，GPT分区表并不是固定的，且GPT 分区没有所谓的主分区、扩展分区、逻辑分区的概念，每个分区都可以视为主分区，因此，GPT解决了MBR只能分4个主分区的缺点。GPT的LBA地址采用64bit编码，每个分区容量理论上可达8ZB（1ZB＝1024EB），目前操作系统最大支持18EB（1EB=1048576TB）大小的分区。

对于超过2TB容量的硬盘，使用GPT分区是唯一的选择，否则无法使用2TB以上的存储空间。GPT分区使用UEFI（Unified Extensible Firmware Interface，统一扩展软固件接口）引导系统，UEFI是BIOS的升级版，可视为新一代的BIOS，功能更丰富强大。

### 3.Linux的文件系统

操作系统中用户最常见且使用频度最高的就是文件系统。文件系统是组织数据持久存储、检索、保护和管理的一套操作系统的功能组件。它隐藏了各种物理存储设备（如磁盘、光盘、U盘等）和其他I/O设备的细节特性，为用户建立了一个简单、清晰的独立于设备的文件模型，让用户能以一致的方式操纵各种I/O设备实现数据的输入和输出。Linux系统中坚持"一切皆文件"的设计思想，除了普遍意义上的数据文件之外，键盘、鼠标、打印机、硬盘、目录、管道等都被视为文件。从用户角度看，由文件系统功能组件为用户呈现的文件命名空间、文件存储和组织的总体结构也被称作文件系统。

（1）Linux的多文件系统支持

Linux最早的文件系统借用的是开源Unix系统Minix 1的文件系统，文件名最多使用14个字符，文件长度最大64MB，这显然不能满足应用的要求。于是Linux对Minix 1的文件系统进行首次改进,创立了Linux自己的文件系统ext或ext1(Extended File System,扩展文件系统),取意为对Minix 1文件系统的扩展。 ext1支持255字符的长文件名和可达2GB大小的单个文件,但它工作得并不令人满意,于是ext2/ext3/ext4文件系统相继被开发出来,功能日趋完美,成为Linux系统的主要文件系统。现代Linux系统与其他操作系统不同的是它使用虚拟文件系统VFS(Virtual File System)来支持多种文件系统。VFS是建立在具体磁盘文件系统(如ext2/ext3/ext4、xfs、vfa、tntfs等)之上的抽象层,它采用标准的系统调用与各种磁盘文件系统打交道,而不关心其底层文件系统的类型和各种存储介质的差异,为各类文件系统提供了一个统一的用户操作界面和应用编程接口。VFS是一个内核软件层,如图2-19所示。

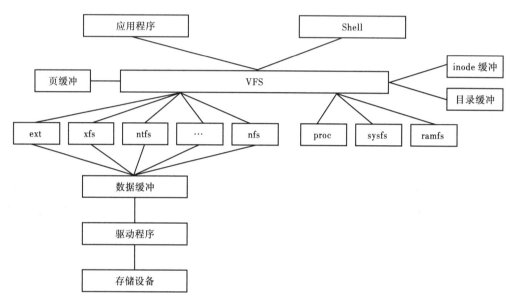

图2-19 VFS抽象层

proc、sysfs、ramfs是Linux系统建立在内存中的虚拟文件系统。proc让用户可以检查和修改内核的工作状态。sysfs用于内核对硬件设备的管理,Udev是Linux内核的设备管理器,二者配合自动维护/dev目录下设备文件的动态创建和移除。ramfs是内存中建立的类似硬盘的块文件系统,用于数据的高速访问。

Linux系统通过VFS几乎支持所有的文件系统,见表2-10。

表2-10 Linux系统支持的常见文件系统

| 文件系统 | 说明 |
| --- | --- |
| ext2 | Linux标准文件系统,ext改进版 |
| ext3/ext4 | ext2升级版,带日志功能 |
| xfs | SGI(硅图)公司开发的日志文件系统 |

| 文件系统 | 说明 |
|---|---|
| btrfs | 可能的下一代Linux标准文件系统 |
| ntfs | Windows使用的文件系统 |
| vfat | 与Win95和Win NT的fat兼容的文件系统 |
| iso9660 | 光盘文件系统 |
| jsf | IBM在AIX（Unix）系统中使用的文件系统 |
| hfs | MAC OS系统中的文件系统 |
| swap | 用于虚拟内存的交换分区文件系统 |
| proc | Linux内核文件系统，存储内核工作状态数据 |
| sysfs | Linux内核文件系统，存储硬件设备属性数据 |
| ramfs | 内存文件系统，提高快速数据存取 |
| smb | 使用SMB协议的网络文件系统 |
| nfs | 使用NFS协议的网络文件系统 |
| cifs | 通用互联网文件系统 |

（2）ext的文件存储结构

硬盘分区后需要格式化后才能存取数据。格式化的目的就是在硬盘分区上建立操作系统可以识别的文件系统。文件系统分配存储空间的单位一般不是扇区，而是由多个扇区组成的块（Block），格式化分区时，就需要定义文件系统使用的数据块的大小，如1024、2048或4096等，并把基本数据块组织成块组，然后写入存取文件需要的元数据。ext2文件存储结构如图2-20所示。

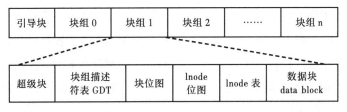

图 2-20　ext2 文件存储结构

以ext2文件系统格式化的硬盘分区其逻辑结构由引导块和若干块组组成。

引导块（Boot Block）由PC标准规定的，用于存储磁盘分区信息和启动信息，不属于任何文件系统，其容量大小是1kB。块组（Block Group）是引导块之后由ext2文件系统管理的分区空间划分成的大小相等的存储单位。每个块组的结构包括超级块、块组描述符表、块位图、inode位图、inode表、数据块6个部分组成。

超级块（Super Block）：存储整个分区的文件系统信息，如文件系统版本号、块大小、块总数、每块组 inode 数，inode节点总数、每组块数、上次挂载时间等，容量为1kB。超级块在每个块组的开头都有一份拷贝。

块组描述符表（GDT, Group Descriptor Table）：由块组描述符（Group Descriptor）组成，块组描述符存储一个块组的描述信息，如在这个块组中从哪里开始是inode表，从哪里开始是数据块，空闲的inode和数据块还有多少个等。分区中有多少个块组就对应有多少个块组描述符。块组描述符表在每个块组的开头有一份拷贝。

块位图（Block Bitmap）：描述一个块组中块的使用情况，它本身占一个块，其中的每个位代表本块组中的一个块，如果位为1表示该块已用，位为0表示该块未用。

inode位图（inode Bitmap）：描述inode的使用情况，本身占一个块，与块位图相似，其中每位表示一个inode是否可用。

inode表（inode Table）：存储文件的inode，文件inode 描述文件的类型、拥有者和用户组、访问权限，文件大小，文件创建/修改/访问时间、文件内容存储在数据块区的地址等属性信息。

数据块（Data Block）：在块组中实际存储文件数据的块。

分区经格式化后inode和数据块的总数就固定下来了，由于一个文件需要一个inode，当inode用完时，即便还有剩余的数据块也不能再存入新文件。同理，数据块用尽，而inode有余时，也不能再存入新的文件。如果要继续使用该分区，需要使用工具调整分区大小，或对硬盘重新分区，无论怎样都必须停机并做烦琐耗时的数据备份和恢复工作，这就是静态分区的缺陷。

### 4.逻辑卷管理

逻辑卷管理简称LVM（Logical Volume Manager），它是Linux系统针对静态分区缺点对硬盘分区进行动态管理的技术。LVM是建立在硬盘分区之上的逻辑层，它屏蔽了下层硬盘分区的布局，提高硬盘分区管理的灵活性。通过LVM可以把底层硬盘的分区组成一个统一的存储池，称为卷组VG（Volume Group）。VG相当于一个容量更大的"硬盘"，在卷组上创建逻辑卷LV（Logical Volume）。LV相当于原来硬盘上的分区，而原硬盘上直接的分区在LVM中称为物理卷PV（Physical Volume）。接下来可以在LV上创建需要的文件系统。LVM的结构如图2-21所示。

物理卷PV是指物理硬盘或硬盘上的物理分区，在LVM中物理卷是由被称作物理宽度PE（Physical Extent）的基本存储单元组成。PE类似非LVM系统中的存储块，它在创建PV是指定，默认4MB，一旦确定就不能更改，在同一卷组中所有物理卷的PE大小必须相同。卷组VG由一个或多个物理卷PV组成，卷组的大小可以通过添加物理卷来动态扩展，卷组VG可视为一个由若干底层物理硬盘组成的容量更大的"硬盘"，这个逻辑硬盘可以添加物理硬盘来扩充它的容量。在卷组VG上进一步划分出逻辑卷LV，LV类似非LVM系统中的硬盘分区，不同的是LV的容量可以动态扩展，避免了非LVM系统中静态分区的不足。逻辑卷的用于分配的基本存储单位称为逻辑宽度LE（Logical Extent），在同一个卷组中LE的大小与PE相同。创建LV后，用户根据应用需要对LV进行格式化并建立相应的文件系统。

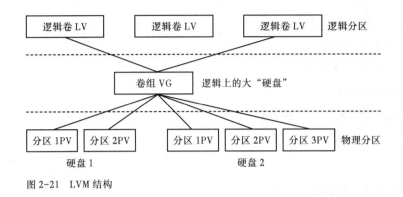

图2-21　LVM结构

基于"一切皆文件"的理念，PV、VG、LV在Linux系统中的文件名见表2-11。

表2-11　PV、VG和LV的设备文件名

| LVM的存储单位 | 含义 | 设备文件名 |
| --- | --- | --- |
| PV | 物理卷，硬盘或分区 | /dev/sd[a–p][1–128] |
| VG | 卷组，一组硬盘或分区 | /dev/<VG名> |
| LV | 逻辑卷，对VG的逻辑分区 | /dev/<VG名>/<LV名> |

## 二、管理本地存储系统

### 1.硬盘分区

（1）MBR分区模式

fdisk  [–l] <硬盘设备名>

#硬盘设备名中不能有分区代号。

–l：显示指定硬盘的分区表

fdisk交互菜单命令：

m：显示菜单和帮助信息

a：活动分区标记/引导分区

d：删除分区

l：显示分区类型

n：新建分区

p：显示分区信息

q：退出不保存

t：设置分区号

v：进行分区检查

w：保存修改

x：扩展应用，高级功能

（2）GPT分区模式

gdisk [-l] <硬盘设备名>

gdisk交互菜单命令：

b：将GPT数据备份到一个文件

c：更改分区名称

d：删除一个分区

i：显示分区详细信息

l：列出已知分区类型

n：增加一个新的分区

o：创建一个新的空白的GPT分区表

p：显示当前磁盘的分区表

q：不保存任何修改并退出gdisk程序

r：恢复和转换选项（仅限专家）

s：排序分区

t：改变分区的类型

v：验证磁盘

w：将分区表写入并退出

x：额外功能（专家模式）

?：显示帮助信息

## 2.格式化磁盘分区

（1）格式化为ext2/ext3/ext4文件系统

mkfs.ext2|mkfs.ext3|mkfs.ext4 [-bicL]　<分区设备名>

-b：设定块大小，当前支持的块大小有1024B、2048B和4096B，默认是4096B

-i：设置inode表大小

-c：检查磁盘错误

-L：设置分区卷标

（2）格式化为xfs文件系统

mkfs.xfs [-bf] <分区设备名>

#xfs是CentOS 7默认的文件系统

–b：指定块大小，取值范围512B~64kB。Linux最大为4kB

–f：强制格式化

（3）格式化为fat文件系统

mkfs.vfat [–Fn] <分区设备名>

–F <size>：指定文件分配表的位数，可以是12、16或32

–n <卷标>：设定分区的卷标名

（4）格式化为swap文件系统

mkswap [–c] <分区设备名>　<交换区大小>

#交换区大小以1024B为单位

–c：建立交换区前，先检查是否有损坏的区块

## 3.扫描磁盘

fsck.{ext2，ext3，ext4，xfs，vfat} [–a]　<硬盘设备名>

–a：自动修复检查到的问题

## 4.查看磁盘信息

（1）查看硬盘分区使用信息

df [–ahikTm] [目录或文件名]

–a：显示所有文件系统，包括在内存中建立的文件系统/proc

–h：自动以kB、MB、GB格式作为显示容量的单位

–i：显示文件inode的使用情况

–k：以kB为容量的单位

–T：同时显示分区采用的文件系统

–m：以MB为容量的单位

（2）显示目录使用硬盘空间的情况

[root@vm ~]#du [–abckms] [目录名]

–a：列出所有文件和目录的值，默认只列出目录的值

–b：以Bytes为单位

–c：显示目录使用硬盘空间的总和

–k：以kB为单位

–m：以MB为单位

–s：只显示目录使用硬盘空间的总和

## 5.挂载文件系统

（1）挂载文件系统

mount　[–anotL] <设备名或卷标>　<挂载点目录名>

–a：按/etc/fstab配置挂载文件系统

–n：略过向/etc/mtab写入挂载文件系统信息

–L：后接挂载设备的卷标

–t：后接被挂载文件系统的类型，如ext4、xfs、vfat、iso9660、ntfs等

–o：后接文件系统工作的特性参数，多个参数之间用逗号（，）分隔

ro|rw：只读或读写

async|sysnc：异步或同步写入操作，默认是异步写入

auto|noauto：是否允许mount –a载入文件系统，auto支持

dev|nodev：是否允许在该分区上建立设备文件，dev允许

exec|noexec：是否允许本分区上有可执行文件，exec允许

user|nouser：是否允许本分区由一般用户挂载，user允许

suid|nosuid：是否允许本分区文件拥有SUID或SGID属性，suid允许

defaults：默认特性包含rw、dev、exec、auto、nouser、async、suid

remount：允许重新挂载

#/etc/fstab文件中各文件系统的参数与上述相同，还包括：

usrquota：启动用户磁盘配额支持

grpquota：启动用户组磁盘配额支持

（2）自动挂载文件系统

手动挂载的文件系统在关机时将被自动卸载，且不会随系统的启动自动挂载。要自动挂载文件系统，需要编辑配置文件/etc/fstab，文件中每行为一个文件系统的挂载配置记录，由6个字段组成，其作用见表2–12。

表2-12　文件系统挂载配置字段

| 配置字段 | 说明 |
|---|---|
| file system | 指明要挂载的文件系统，可以是设备文件名、UUID=<uuid>以及LABEL=<label>的形式指定 |
| mount point | 设置安装点，即挂载目录 |
| type | 指定要挂载文件系统的类型 |
| options | 设置挂载选项，与mount命令的–o选项参数值相同，还包括usrquota启动用户磁盘配额支持和grpquota启动用户组磁盘配额支持两个参数 |
| dump | 设置dump备份文件系统的频次，空或0表示不备份 |

| 配置字段 | 说明 |
|---|---|
| pass | 设置系统启动时，fsck自动检查文件系统的顺序，0表示不检查，挂载到根分区（\）上的文件系统设置为1，其他设置为2 |

**6.卸载文件系统**

[root@vm ~]#umount  [–f]  <设备名或挂载点目录名>

–f：强制卸载

## 三、LVM管理

### 1.管理物理卷

（1）创建物理卷

把磁盘或分区初始化成物理卷，创建为物理卷的分区类型就为8e。

pvcreate [–f] <磁盘或分区设备名>

–f：强制创建物理卷，不需要用户确认

（2）查看物理卷信息

pvdisplay [–sm] <物理卷名>

–s：以短格式输出

–m：显示PE到LE的映射

### 2.管理卷组

（1）创建卷组

vgcreate –lps <VG名> <PV设备名 [⋯]>

–l：指定卷组上允许创建的最大逻辑卷数

–p：指定卷组中允许添加的最大物理卷数

–s：指定卷组上物理卷的PE大小

（2）查看卷组信息

vgdisplay <VG名>

（3）扩展卷组

vgextend <VG名> <PV设备名 [⋯]>

（4）缩减卷组

vgreduce <VG名> <PV设备名 [⋯]>

### 3.管理逻辑卷

（1）创建逻辑卷

lvcreate <-L 逻辑卷大小> <-n 逻辑卷名> <卷组名>

-L：指定逻辑卷的大小，单位为"kKmMgGtT"，默认是m字节

-n：指定逻辑卷的名称

（2）查看逻辑卷信息

lvdisplay <LV设备名>

（3）扩展逻辑卷

lvextend <-L +增量大小> <LV设备名>

（4）缩减逻辑卷

lvextend <-L -减量大小> <LV设备名>

## 四、管理磁盘配额

在多用户系统中，为防止用户占用过多的磁盘存储空间，从而影响系统运行或其他用户的使用，需要限制用户可使用的磁盘空间，这就是磁盘配额。

### 1.Linux系统的磁盘配额

Linux系统的磁盘配额是内核支持的，可以通过限制用户的可用inode数或磁盘存储块数来实现磁盘配额。磁盘配额有3种限制策略，见表2-13。

表2-13　磁盘配额限制策略

| 限制策略 | 说明 |
| --- | --- |
| 硬限制 | 超过设定值后不能存储新文件 |
| 软限制 | 超过设定值后仍能存储新文件，系统发出警告。用户清理文件释放超过配额的空间，把占用空间降至配额以下 |
| 宽限期 | 设置在超过配额的情况下可继续存储新文件的时限，默认是7天 |

对于ext3/ext4文件系统，由quota包提供磁盘配额管理工具，而对于xfs文件系统的磁盘配额则由xfsprogs包中的xfs_quota来管理，见表2-14。

表2-14　磁盘配额管理工具

| 管理工具 | 说明 |
| --- | --- |
| quotaon | 启用磁盘配额 |
| quotaoff | 停止磁盘配额 |
| setquota | 设置磁盘配额 |

| 管理工具 | 说明 |
|---|---|
| edquota | 编辑配置磁盘配额 |
| quota | 查看磁盘使用与配额 |
| quotacheck | 根据/etc/fstab扫描支持配额的文件系统，并在各分区的文件系统根目录生成、检查和修复配额文件quota.user和quota.group |
| repquota | 显示磁盘配额汇总信息 |
| xfs_quota | 配置xfs文件系统的磁盘配额 |

**2.配置磁盘配额**

（1）启用文件系统配额选项

编辑文件/etc/fstab在需要设置配额的文件系统的option字段中添加参数值userquota和grpquota。

（2）创建quota配额文件

quotacheck –acugmRv <文件系统>

–a：扫描在/etc/fstab文件里设置了quota的分区，此选项不再指定文件系统

–c：设置每个启用了配额的文件系统都要创建配额文件

–u：扫描磁盘空间时，计算每个用户ID所占用的目录和文件数目；

–g：扫描磁盘空间时，计算每个组ID所占用的目录和文件数目

–m：清除以前的配额数据

–R：排除根目录所在的分区

–v：显示指令执行过程

（3）启用磁盘配额

quotaon –augv <文件系统>

–a：开启在/ect/fstab文件里有quota设置分区的磁盘配额

–g：开启用户组的磁盘空间限制

–u：开启用户的磁盘空间限制

–v：显示指令执行过程

（4）设置磁盘配额

①设置ext3/ext4文件系统的磁盘配额。

#设置用户配额

setquota –u <用户名> <块软限制> <块硬限制> <inode软限制> <inode硬限制> <–a|分区名>

#设置用户组配额

setquota –g <用户组名> <块软限制> <块硬限制> <inode软限制> <inode硬限制> <–a|分区名>

#参考用户1的磁盘配额设置用户2的磁盘配额

setquota –u –p <用户1> <用户2> <–a|分区名>

#参考用户组1的磁盘配额设置用户组2的磁盘配额

setquota –g –p <用户组1> <用户组2> <–a|分区名>

#设置用户或用户组的宽限期

setquota –t <–u|–g>p <块宽限期> <inode宽限期> <–a|分区名>

–u：为指定的用户设置配额

–g：为指定的用户组设置配额

–a：为所有配置了quota的文件系统设置磁盘配额

–p <源用户|组>：指定参考用户和组的磁盘配额设置

–t：为用户和组设置宽限时间

#使用编辑方式设置磁盘配额

edquota –ugt <分区名>

–u <用户名>：为用户设置配额。其中blocks、inodes是quota计算出的分区
　　　　　　　　　容量和文件数，其后的soft、hard设置对应的软限制、硬限制

–g <用户名>：为用户组设置配额。blocks的soft和hard的单位是千字节（kB）

–t：设置宽限期，单位可以是days、hours、minutes、seconds

②设置xfs文件系统的磁盘配额。

#配置用户磁盘配额

xfs_quota –x –c "limit –u bsoft=<n> bhard=<n> isoft=<n> ihard=<n> <用户名>" <分区名>

–x：以专家模式工作，这样才可使用–c指定配置命令

–c：指定要执行的命令，命令放在单引号中

limit命令设置磁盘配额参数：

–u：为用户设置配额参数

–g：为用户组设置配额参数

bsoft、bhard分别设置块软限制和硬限制

isoft、ihard分别设置inode软限制和硬限制

#配置用户组磁盘配额

xfs_quota –x –c 'limit –g bsoft=<n> bhard=<n> isoft=<n> ihard=<n> <组名>' <分区名>

#配置用户配额宽限期

xfs_quota –x –c 'timer –u –b<块宽限期>|–i <inode宽限期>' <分区名>

timer命令设置配额宽限期：

–b<块宽限期>：设置块的宽限期

–i <inode宽限期>：设置inode的宽限期

#配置用户组配额宽限期

xfs_quota –x –c 'timer –g –b<块宽限期>|–i <inode宽限期>' <分区名>

（5）查看磁盘配额信息

①查看ext3/ext4文件系统磁盘配额信息。

quota –ugvsp –f <分区名>

–u：显示用户配额

–g：显示用户组配额

–v：显示详细信息

–s：以MB、GB等易读方式显示

–p：显示宽限期

–f <分区名>：显示指定文件系统的磁盘配额

#查看ext3/ext4文件系统磁盘配额汇总信息

repquota –augv <分区名>

②查看xfs文件系统磁盘配额信息。

#查看磁盘块或inode配额信息

xfs_quota –x –c 'quota –ugvh –ib <用户名|组名>' <分区名>

–u：显示用户配额信息，–g：显示用户组配额信息

–i：显示inode配额信息，–b：显示块配额信息

–v：显示详细信息

–h：以易读格式显示数据

#查看磁盘配额数据报告

xfs_quota –x –c "report –ug –i' <分区名>

（6）停用磁盘配额功能

①停用ext3/ext4文件系统磁盘配额功能。

quotaoff –avug <分区名>

–a：关闭/etc/fstab中启用了配额功能的分区的磁盘配额

–u：关闭用户磁盘配额

–g：关闭用户组磁盘配额

–v：显示执行过程

②停用xfs文件系统磁盘配额功能。

xfs_quota –x –c 'off'

**计划&决策**

四方科技有限公司信息中心的管理员需要摸清所有服务器计算机本地存储系统的配置情况，并对存储空间需求大的服务器制订扩容方案。另外，还要根据不同用户的存储要求为其设置恰当的配额，以防止个别用户过多使用存储空间影响系统运行和其他用户的使用。

本地存储管理工作拟按以下程序开展：

①查看本地存储系统配置；

②为本地存储扩容；

③管理逻辑卷（LVM）；

④实施文件系统管理。

**实施**

## 一、查看本地存储系统

### 1.查看本地存储系统中的磁盘

查看本地存储系统中的磁盘，如图2-22所示。

[root@localhost ~]#lsblk

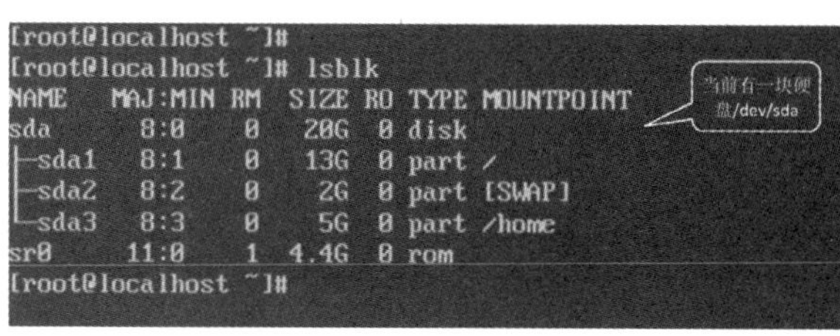

图 2-22　系统中磁盘基本情况

### 2.查看本地磁盘的分区情况

查看本地磁盘的分区情况，如图2-23所示。

[root@localhost ~]#fdisk –l

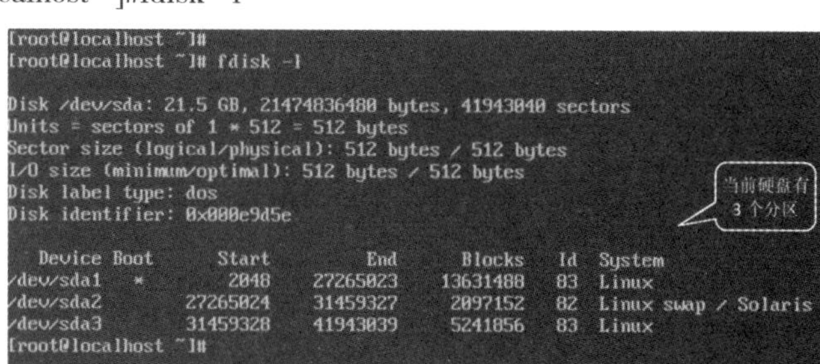

图 2-23　磁盘分区信息

### 3.查看磁盘分区挂载参数

查看磁盘分区挂载参数，如图2–24所示。

[root@localhost ~]#cat /etc/fstab

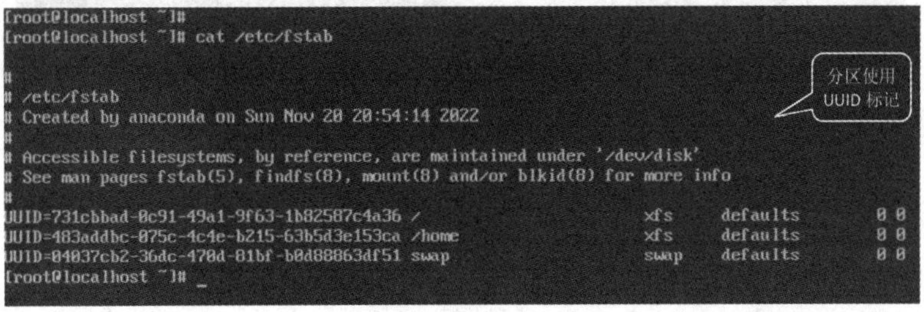

```
[root@localhost ~]#
[root@localhost ~]# cat /etc/fstab

#
# /etc/fstab
# Created by anaconda on Sun Nov 20 20:54:14 2022
#
# Accessible filesystems, by reference, are maintained under '/dev/disk'
# See man pages fstab(5), findfs(8), mount(8) and/or blkid(8) for more info
#
UUID=731cbbad-8c91-49a1-9f63-1b82587c4a36 /                       xfs     defaults        0 0
UUID=483addbc-875c-4c4e-b215-63b5d3e153ca /home                   xfs     defaults        0 0
UUID=84037cb2-36dc-470d-81bf-b0d88863df51 swap                    swap    defaults        0 0
[root@localhost ~]# _
```



图 2–24　分区挂载参数

### 4.查看各分区使用情况

查看各分区使用情况，如图2–25所示。

[root@localhost ~]#df –h

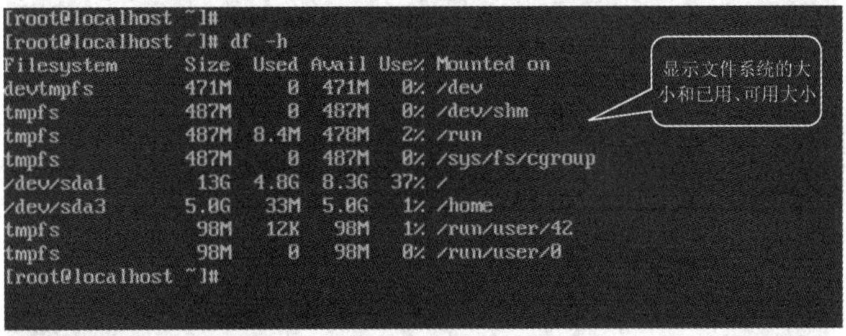

```
[root@localhost ~]#
[root@localhost ~]# df -h
Filesystem      Size  Used Avail Use% Mounted on
devtmpfs        471M     0  471M   0% /dev
tmpfs           487M     0  487M   0% /dev/shm
tmpfs           487M  8.4M  478M   2% /run
tmpfs           487M     0  487M   0% /sys/fs/cgroup
/dev/sda1        13G  4.8G  8.3G  37% /
/dev/sda3       5.0G   33M  5.0G   1% /home
tmpfs            98M   12K   98M   1% /run/user/42
tmpfs            98M     0   98M   0% /run/user/0
[root@localhost ~]#
```



图 2–25　分区使用情况

## 二、扩充本地存储容量

在系统中新添加一块容量为1GB的硬盘，其设备文件名为/dev/sdb。新硬盘须经过分区、格式化、挂载步骤才能投入使用。根据需要把硬盘分成400MB和600MB两分区，然后格式为ext4文件系统。

### 1.磁盘分区

根据需要把硬盘分成400MB和600MB两分区，如图2–26所示。

[root@localhost ~]#fdisk /dev/sdb

```
[root@localhost ~]#
[root@localhost ~]# fdisk /dev/sdb
Welcome to fdisk (util-linux 2.23.2).

Changes will remain in memory only, until you decide to write them.
Be careful before using the write command.

Device does not contain a recognized partition table
Building a new DOS disklabel with disk identifier 0x0f711b37.

Command (m for help): n          n 创建新分区
Partition type:
   p   primary (0 primary, 0 extended, 4 free)
   e   extended
Select (default p): p          p 创建主分区
Partition number (1-4, default 1):
First sector (2048-2097151, default 2048):          +指定分区容量
Using default value 2048
Last sector, +sectors or +size{K,M,G} (2048-2097151, default 2097151): +400M
Partition 1 of type Linux and of size 400 MiB is set

Command (m for help): _
```

图 2-26　硬盘分区

## 2.格式化分区

以ext4文件系统格式化第1个分区/dev/sdb1为例，如图2-27所示。

[root@localhost ~]#mkfs.ext4 /dev/sdb1

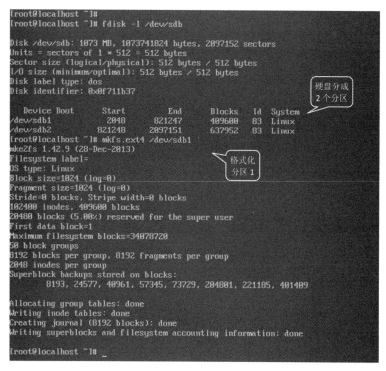

```
[root@localhost ~]#
[root@localhost ~]# fdisk -l /dev/sdb
Disk /dev/sdb: 1073 MB, 1073741824 bytes, 2097152 sectors
Units = sectors of 1 * 512 = 512 bytes
Sector size (logical/physical): 512 bytes / 512 bytes
I/O size (minimum/optimal): 512 bytes / 512 bytes
Disk label type: dos
Disk identifier: 0x0f711b37                        硬盘分成
                                                   2 个分区
   Device Boot      Start         End      Blocks   Id  System
/dev/sdb1            2048      821247      409600   83  Linux
/dev/sdb2          821248     2097151      637952   83  Linux
[root@localhost ~]# mkfs.ext4 /dev/sdb1
mke2fs 1.42.9 (28-Dec-2013)
Filesystem label=                                  格式化
OS type: Linux                                     分区 1
Block size=1024 (log=0)
Fragment size=1024 (log=0)
Stride=0 blocks, Stripe width=0 blocks
102400 inodes, 409600 blocks
20480 blocks (5.00%) reserved for the super user
First data block=1
Maximum filesystem blocks=34078720
50 block groups
8192 blocks per group, 8192 fragments per group
2048 inodes per group
Superblock backups stored on blocks:
        8193, 24577, 40961, 57345, 73729, 204801, 221185, 401409

Allocating group tables: done
Writing inode tables: done
Creating journal (8192 blocks): done
Writing superblocks and filesystem accounting information: done

[root@localhost ~]# _
```

图 2-27　格式化分区

### 3.挂载使用新增的存储容量

挂载使用新增的存储容量，如图2-28所示。

[root@localhost ~]#mkdir /disk11　　　　#创建挂载点目录

[root@localhost ~]#mount -t ext4 /dev/sdb1 /disk11　　　　#挂载分区

[root@localhost ~]#cp -r /home /disk11　　　　#复制数据到新增存储中

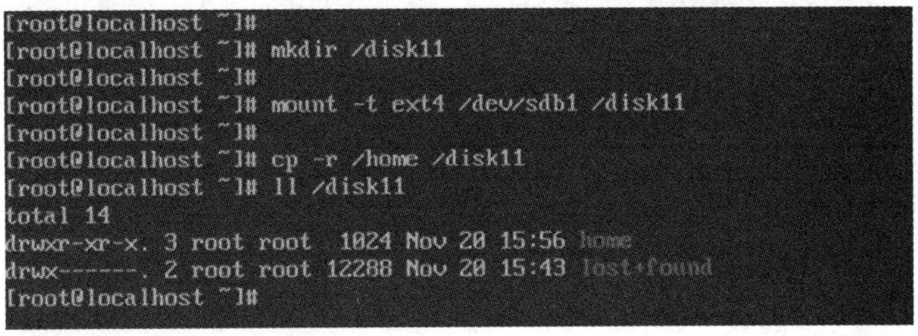

```
[root@localhost ~]#
[root@localhost ~]# mkdir /disk11
[root@localhost ~]#
[root@localhost ~]# mount -t ext4 /dev/sdb1 /disk11
[root@localhost ~]#
[root@localhost ~]# cp -r /home /disk11
[root@localhost ~]# ll /disk11
total 14
drwxr-xr-x. 3 root root  1024 Nov 20 15:56 home
drwx------. 2 root root 12288 Nov 20 15:43 lost+found
[root@localhost ~]#
```

图 2-28　挂载分区到文件系统

## 三、配置用户磁盘配额

启用磁盘配额功能，限制用户组employees在/dev/sdb1上的存储空间不超过100MB，用户kate的存储容量不超过30MB。

### 1.开启分区的磁盘配额功能

在/dev/sdb1上开启分区的磁盘配额功能，如图2-29所示。

[root@localhost ~]#vi /etc/fstab

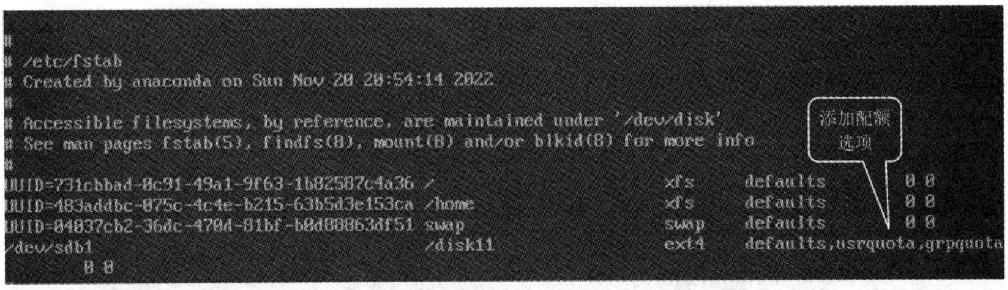

```
#
# /etc/fstab
# Created by anaconda on Sun Nov 20 20:54:14 2022
#
# Accessible filesystems, by reference, are maintained under '/dev/disk'
# See man pages fstab(5), findfs(8), mount(8) and/or blkid(8) for more info
#
UUID=731cbbad-0c91-49a1-9f63-1b82587c4a36 /                       xfs     defaults        0 0
UUID=483addbc-075c-4c4e-b215-63b5d3e153ca /home                   xfs     defaults        0 0
UUID=04037cb2-36dc-470d-81bf-b0d88863df51 swap                    swap    defaults        0 0
/dev/sdb1                                 /disk11                 ext4    defaults,usrquota,grpquota
        0 0
```



图 2-29　开启磁盘配额功能

### 2.创建配额文件

创建/dev/sdb1上的配额文件，如图2-30所示。

[root@localhost ~]#quotacheck -cug /dev/sdb1　　#xfs文件系统忽略此操作

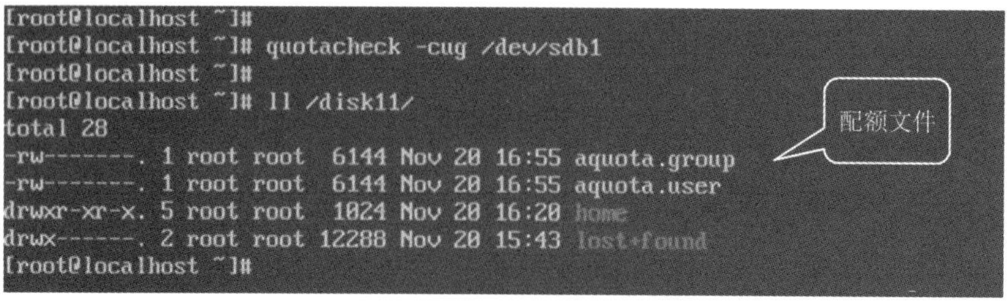

图 2-30　创建配额文件

### 3.启用磁盘配额功能

启用磁盘配额功能，如图2-31所示。

[root@localhost ~]#quotaon –ugv /dev/sdb1

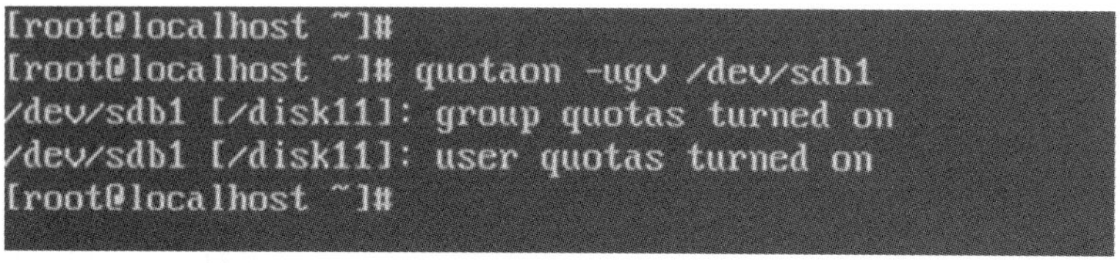

图 2-31　启用磁盘配额功能

### 4.设置用户和组的磁盘配额

设置用户kate的容量软限制为30MB、硬限制为35MB，文件数软限制为1000、硬限制为1200。为用户组employees设置容量软限制为90MB、硬限制为100MB，文件数软限制为3000、硬限制为3500，如图2-32所示。

[root@localhost ~]#setquota –u kate 30M 35M 1000 1200 /dev/sdb1

[root@localhost ~]#setquota –g employees 90M 100M 3000 3500 /dev/sdb1

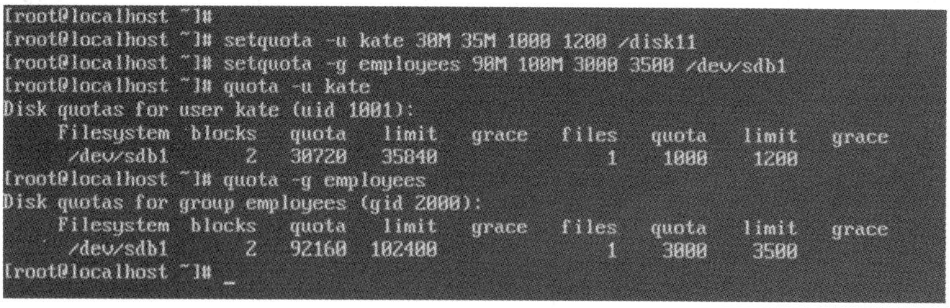

图 2-32　设置用户和组的磁盘配额

### 5.设置宽限期

[root@localhost ~]#setquota –t –u 5 5 /dev/sdb1

[root@localhost ~]#setquota –t –g 5 5 /dev/sdb1

### 6.测试用户磁盘配额

以kate用户登录系统，然后在/disk11目录中分别创建20MB、15MB和10MB共3个文件，如图2-33所示。

[root@localhost ~]$dd if=/dev/zero of=/disk11/kate1 bs=1M count=20

[root@localhost ~]$dd if=/dev/zero of=/disk11/kate2 bs=1M count=15

[root@localhost ~]$dd if=/dev/zero of=/disk11/kate3 bs=1M count=10

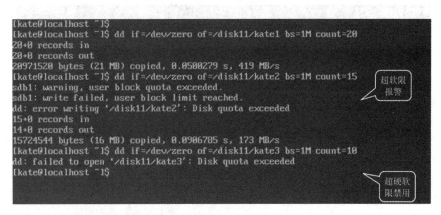

图 2-33　测试用户磁盘配额

### 7.停用磁盘配额

[root@localhost ~]#quotaoff –augv /dev/sdb1

## 四、创建使用动态分区

为应对日益增加的数据量对磁盘分区容量不断增长的需要，使用LVM创建可自由增长分区容量的动态分区来满足数据存储要求。在系统中再增加一块硬盘/dev/sdc，并与/dev/sdb的分区/dev/sdb2为动态分区提供存储空间。当前系统的本地存储配置如图2-34所示。

### 1.创建物理卷

把硬盘/dev/sdb的主分区/dev/sdb2和硬盘/dev/sdc的主分区/dev/sdc1和逻辑分区/dev/sdc5创建为物理卷，如图2-35所示。

[root@localhost ~]#pvcreate /dev/sdb2 /dev/sdc1 /dev/sdc5

[root@localhost ~]#pvscan　　　　#扫描PV列表

```
[root@localhost ~]#
[root@localhost ~]# lsblk
NAME   MAJ:MIN RM  SIZE RO TYPE MOUNTPOINT
sda      8:0    0   20G  0 disk
├─sda1   8:1    0   13G  0 part /
├─sda2   8:2    0    2G  0 part [SWAP]
└─sda3   8:3    0    5G  0 part /home
sdb      8:16   0    1G  0 disk
├─sdb1   8:17   0  400M  0 part /disk11
└─sdb2   8:18   0  623M  0 part
sdc      8:32   0    2G  0 disk
├─sdc1   8:33   0  500M  0 part
├─sdc2   8:34   0    1K  0 part
├─sdc5   8:37   0  400M  0 part
├─sdc6   8:38   0  800M  0 part
└─sdc7   8:39   0  344M  0 part
sr0     11:0    1  4.4G  0 rom
[root@localhost ~]#
```

新盘 sdb 的第 2 分区 sdb2 未使用

新盘 sdc 分成主分区 sdc1 和扩展分区 sdc2，sdc2 再分成 3 个逻辑分区

图 2-34　本地存储配置

```
[root@localhost ~]#
[root@localhost ~]# pvcreate /dev/sdb2  /dev/sdc1  /dev/sdc5
  Physical volume "/dev/sdb2" successfully created.
  Physical volume "/dev/sdc1" successfully created.
  Physical volume "/dev/sdc5" successfully created.
[root@localhost ~]# pvscan
  PV /dev/sdc5                      lvm2 [400.00 MiB]
  PV /dev/sdc1                      lvm2 [500.00 MiB]
  PV /dev/sdb2                      lvm2 [623.00 MiB]
  Total: 3 [<1.49 GiB] / in use: 0 [0   ] / in no VG: 3 [<1.49 GiB]
[root@localhost ~]# _
```

图 2-35　创建物理卷

执行命令pvdisplay查看物理卷的基本信息，如图2-36所示。

```
[root@localhost ~]# pvdisplay
  --- Physical volume ---
  PV Name               /dev/sdb2
  VG Name               pools
  PV Size               623.00 MiB / not usable 3.00 MiB
  Allocatable           yes
  PE Size               4.00 MiB
  Total PE              155
  Free PE               155
  Allocated PE          0
  PV UUID               k89FyU-m78c-5720-bygP-IJQ9-0VKn-LhQnc5

  --- Physical volume ---
  PV Name               /dev/sdc1
  VG Name               pools
  PV Size               500.00 MiB / not usable 4.00 MiB
  Allocatable           yes
  PE Size               4.00 MiB
  Total PE              124
  Free PE               124
  Allocated PE          0
  PV UUID               MiYyyg-scmp-Jc3F-NtgJ-hyab-6t2g-jUYOru

  "/dev/sdc5" is a new physical volume of "400.00 MiB"
  --- NEW Physical volume ---
  PV Name               /dev/sdc5
  VG Name
  PV Size               400.00 MiB
  Allocatable           NO
  PE Size               0
  Total PE              0
  Free PE               0
  Allocated PE          0
  PV UUID               3kMy42-Mpzg-o0qH-Xh95-JN8p-a32t-ksgm2D

[root@localhost ~]#
```

图 2-36　物理卷的基本信息

## 2.创建卷组

创建由物理卷/dev/sdb2和/dev/sdc1组成的卷组pools，并查看其基本信息，如图2-37所示。

[root@localhost ~]#vgcreate pools /dev/sdb2 /dev/sdc1

[root@localhost ~]#vgscan

[root@localhost ~]#vgdisplay

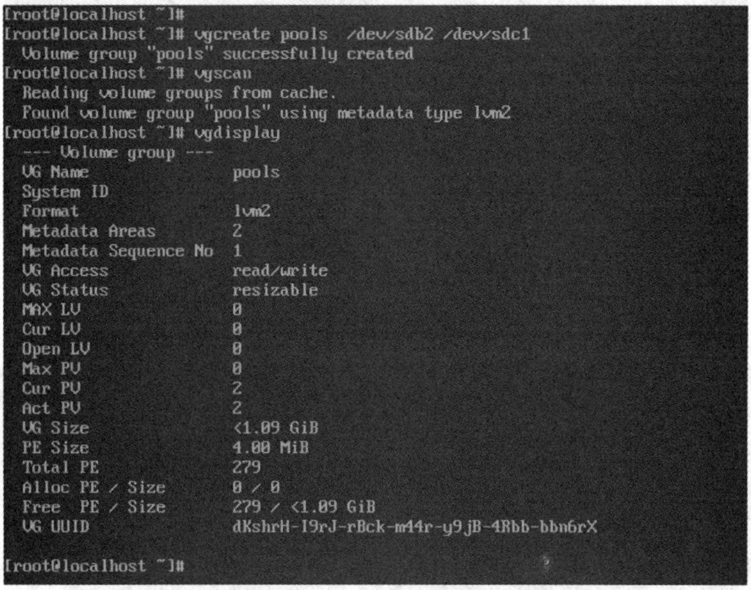

图2-37 创建卷组

## 3.创建逻辑卷

卷组pools相当于是由底层多个物理分区组成容量更大的"硬盘"，逻辑卷则在这个"硬盘"上划出的硬盘"分区"，与直接在物理硬盘上划出的分区不同的是逻辑卷的大小可以动态伸缩。如图2-38所示，在卷组pools上创建容量为700MB逻辑卷lpart。

[root@localhost ~]#lvcreate –L 700M –n lpart pools

[root@localhost ~]#lvdisplay

```
[root@localhost ~]#
[root@localhost ~]# lvcreate -L 700M -n lpart pools
  Logical volume "lpart" created.
[root@localhost ~]# lvdisplay
  --- Logical volume ---
  LV Path                /dev/pools/lpart
  LV Name                lpart
  VG Name                pools
  LV UUID                f1ntEC-6R1s-SEfM-27C9-CT1S-nbuk-oh8TYP
  LV Write Access        read/write
  LV Creation host, time localhost.localdomain, 2022-11-20 20:52:19 +0800
  LV Status              available
  # open                 0
  LV Size                700.00 MiB
  Current LE             175
  Segments               2
  Allocation             inherit
  Read ahead sectors     auto
  - currently set to     8192
  Block device           253:0

[root@localhost ~]#
```

图 2-38　创建逻辑卷

## 4.扩展逻辑卷

为逻辑卷lpart增容100MB，如图2-39所示。

[root@localhost ~]#lvextend –L +100M /dev/pools/lpart

```
[root@localhost ~]#
[root@localhost ~]# lvscan
  ACTIVE            '/dev/pools/lpart' [700.00 MiB] inherit
[root@localhost ~]# lvs
  LV    VG    Attr       LSize   Pool Origin Data%  Meta%  Move Log Cpy%Sync Convert
  lpart pools -wi-a----- 700.00m
[root@localhost ~]# lvextend -L +100M /dev/pools/lpart
  Size of logical volume pools/lpart changed from 700.00 MiB (175 extents) to 800.00 MiB (200 extent
s).
  Logical volume pools/lpart successfully resized.
[root@localhost ~]# lvs
  LV    VG    Attr       LSize   Pool Origin Data%  Meta%  Move Log Cpy%Sync Convert
  lpart pools -wi-a----- 800.00m
[root@localhost ~]# _
```

原容量 700MB

扩容后 800MB

图 2-39　扩展逻辑卷

在扩展逻辑卷时，如果相应的卷组中剩余容量不够时，则不能成功扩容。这需要使用命令vgextend先把新的物理卷加入卷组，然后再对逻辑卷执行扩容。

## 5.使用逻辑卷

逻辑卷与从硬盘直接生成的分区在使用上没有任何区别，经过格式化和挂载就可以用来存储文件了，如图2-40所示。

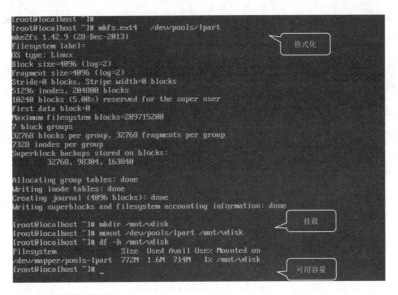

格式化

挂载

可用容量

图 2-40　使用逻辑卷

# 检查

## 一、填空题

1.本地存储是指直接连接在主机＿＿＿＿＿＿＿＿上的磁盘或磁盘组。

2.传统硬盘存储地址由＿＿＿＿＿＿、＿＿＿＿＿＿、＿＿＿＿＿＿决定。

3.LBA称为硬盘的＿＿＿＿＿＿。

4.硬盘有＿＿＿＿＿＿和＿＿＿＿＿＿两种分区模式。

5.MBR硬盘最大分区容量为＿＿＿＿＿＿。

6.第二块SATA硬盘的第一个逻辑分区的设备文件名为＿＿＿＿＿＿。

7.使用超过2TB的硬盘只能采用＿＿＿＿＿＿分区方案。

8.组织数据持久存储、检索、保护和管理的一套软件称为＿＿＿＿＿＿。

9.Linux通过＿＿＿＿＿＿可以支持多种文件系统。

10.＿＿＿＿＿＿可以实现硬盘分区的动态管理。

## 二、判断题

1.MBR最多支持4个分区。　　　　　　　　　　　　　　　　（　　　）

2.MBR分区方案中，硬盘的0柱面0磁头1扇区损坏，系统不能启动。（　　　）

3.VG可以同时来自多块硬盘的分区组成。　　　　　　　　　　（　　　）

4.硬盘必须经分区、格式化后才能用于存储文件。　　　　　　　（　　　）

5.格式化就是在分区上建立相应的文件系统。　　　　　　　　　（　　　）

6.Linux中每个分区都有一个根目录。　　　　　　　　　　　　（　　　）

7.磁盘配额用于为用户提供指定容量的存储空间。　　　　　　　　　　（　　　）

8.分区格式化后，该分区能存储的文件数就确定了。　　　　　　　　　（　　　）

三、简述题

1.什么是CHS？

2.为什么MBR方案最多只能建立4个主分区？

3.为什么GPT比MBR先进？

4.创建逻辑卷的主要步骤是什么？

5.写出下列要求的命令。

（1）采用ext4文件系统格式化第2块SATA硬盘的第3主分区。

（2）查看硬盘/dev/sdb的分区信息。

（3）挂载光盘到/mnt/cd

（4）把/dev/sda6、/dev/sdb2、/dev/sdc3转换成物理卷。

（5）查看分区/dev/sda3的使用统计情况。

## 评价

| 序号 | 评价内容 | 识记 | 理解 | 应用 | 分析 | 评价 | 创造 | 问题 |
|------|----------|------|------|------|------|------|------|------|
| 1 | 硬盘的逻辑结构 | | | | | | | |
| 2 | 硬盘分区方案与特性 | | | | | | | |
| 3 | 文件系统及Linux多文件系统支持 | | | | | | | |
| 4 | ext的文件存储结构 | | | | | | | |
| 5 | 逻辑卷管理的特性 | | | | | | | |
| 6 | 磁盘配额及实现 | | | | | | | |
| 7 | 硬盘分区与格式化 | | | | | | | |
| 8 | 文件系统的日常管理 | | | | | | | |
| 教师诊断评语： | | | | | | | | |

[ 任务五 ]　　　　　　　　　　　　　　　　　　　　　　　　　　NO.5

# 实施计划任务

## 资讯 🔍

### 任务描述

在Linux系统管理中，有一些管理工作需要周期性执行，如定时关机、数据库的备份操作，也有一些临时性任务需要在指定的时间来执行。如果这类任务完全由管理员手工来执行，这将大大增加管理负担。为此，信息中心决定采用Linux系统提供的任务计划这一特性来安排定期、定时执行的任务，以避免人工管理可能引起的错漏。本任务的主要工作有：

①认识Linux的任务计划；

②安排任务计划。

### 知识准备

#### 一、Linux的计划任务

计划任务是指在预定的时间执行预先安排的进程任务。计划任务有一次性任务和周期性任务两种类型。一次性任务由at命令提交，周期性任务由cron程序负责管理与调度，可以在每天、每周、每月指定的时间重复执行。

1.计划任务的工作过程

在Linux中，一般使用cron和anacron来管理计划任务，cron程序假定服务器天7×24小时运行，当系统时间变化或有一段时间关机，会遗漏这段时间应该执行的计划任务，而anacron针对非连续运行设计，anacron 以 1 天、1周、1个月作为检测周期，判断是否有定时任务在关机之后没有执行。如果有这样的任务，那么 anacron 会在特定的时间重新执行这些定时任务。位于/etc/cron.hourly目录中的计划任务脚本由crond直接调用执行，而存储在/etc/cron.{daily，weekly，monthly}目录中的常规计划任务（是指每天、每周或每月要执行的计划）的运行脚本则由crond调用anacron来执行，保证了常规计划只会在每天、每周或每月定时执行一次，不会因为时间不连续而遗漏执行。

cron服务由系统守护神（Daemon）进程crond提供的，crond是系统的一项基础服务，一般随系统启动而启动。crond把计划任务配置文件载入内存，并根据内部计时器每分钟唤醒一次，检测计划任务配置文件中安排的cron任务的时间和日期是否与系统当前的时间和日期相符合，如果相符合则执行相应的cron任务。

### 2.计划任务的配置文件

cron任务的配置文件是具有一定格式的文件，由crontab命令编辑与维护，因此也称crontab文件。守护神进程crond加载crontab文件到内存，并根据其设定的时间来决定当前是否执行cron任务。crontab文件中每行是由若干字段描述的一个cron任务记录，可以有空行和#开始的注释行。cron任务记录各字段的含义见表2-15。

表2-15　cron任务记录的字段

| 字段名 | 含义 | 取值 |
|---|---|---|
| minute | 一个小时中的某一分钟 | 0—59 |
| hour | 一天中的某个小时 | 0—23 |
| day-of-month | 一个月的某一天 | 1—31 |
| month-of-year | 一年的某个月 | 1—12 |
| day-of-week | 一周的某一天 | 0—7，0和7都是星期日 |
| username | 运行cron任务的账户名 | 普通用户不能使用此字段，root账户安排任务时，在/etc/crontab和/etc/cron.d/*才能使用该字段 |
| commands | cron任务要执行的命令 | |

cron任务记录前5个时间字段不能为空，可用*表示任何时间；可用逗号分隔多个时间，如2，4；用连字符-指定时间段，如15-30；用/n表示时间序列的步长，如15-30/5表示15，20，25，30。

crond在表2-16所示的目录中去寻找并加载计划任务的配置文件。

表2-16　cron任务的配置文件

| 目录/配置文件 | 说明 | 格式 |
|---|---|---|
| /etc/crontab | root手工安排的计划任务 | crontab |
| /etc/cron.d/* | root使用crontab命令安排的计划任务 | crontab |
| /var/spool/cron/* | 普通用户安排的计划任务，配置文件与用户同名 | crontab |
| /etc/anacrontab | 调用/etc/cron.{daily，weekly，monthly}计划的任务描述，采用anacrontab格式。当anacron执行时读取。anacrontab格式的任务记录有以下字段。<br>period：执行的时间间隔天数<br>delay：任务符合执行到实际执行等待的分钟数<br>job-identifier：任务标识符<br>command：实际执行的计划任务 | anacrontab |

anacrontab格式的配置文件中任务描述的job-identifier字段值不能包含空白字符，如：cron.daily、cron.weekly、cron.monthly等，它们将作为/var/spool/anacron目录下任务时间戳文件的名称。时间戳文件记录了任务执行的时间，当anacron运行时，它根据时间戳文件来判定任务是否已经在period指定的时间内执行了。如果还没有执行，anacron会等待delay字段设定的时间再加上一个随机延时（默认最小是6分钟，最大值由变量RANDOM_DELAY设置）后执行command指定的命令。command是用run-parts命令调用/etc/cron.{daily，weekly，monthly}目录中的常规计划任务。环境变量START_HOURS_RANGE定义了计划任务每天运行的时间段，默认为2-22，即凌晨3点到晚上10点之间。

## 二、管理计划任务

### 1.管理crond服务

systemctl  start|stop|restart|try-restart|reload|status|is-active <服务名>[.service]

服务名是以守护神进程方式支持的服务进程的名称，如cron服务的进程名是crond，日志服务进程名是rsyslogd等。

start：启动指定的服务

stop：停止指定的服务

restart：重启指定的服务

try-restart：指定的服务正在运行时才重新启动

reload：重新加载指定的服务的配置文件

status：查看指定服务的运行状态

is-active：查看指定服务是否正在运行

### 2.安排一次性计划

一次性计划使用at命令安排其执行时间，at的守护进程atd每隔60s检查一次/var/spool/at目录中的计划任务，如果与系统时间匹配，则执行任务。

at [-mldc] [-f <文件>] [-q <队列名>]  <时间>

-m：将命令执行时产生的输出信息发送给建立任务的账户邮箱

-l：列出等待执行的任务，相当于命令atq

-d：删除指定的任务，相当于atrm

-c：查看任务的具体执行命令

-f：将文件中的脚本作为任务提交，而不是从标准输入建立任务

-q：建立任务队列，队列名是单字母a-z或A-Z

指定任务执行时间的格式：

HH：MM                    如08：15

| HH：MM YYYY-MM-DD | 如10：00 2011-7-1 |
| HH[pm\|am] [month] [day] | 如5pm July 1 |
| HH[pm\|am]+<数字> [hours\|days\|weeks] | 如8am +5 days |
| now +<数字> [ minutes\|hours\|days\|weeks] | 如now + 10hours |

从标准输入建立任务时，按Ctrl+D完成任务安排。

### 3.建立周期性执行任务

crontab [-u <账户名>] [-l\|-e\|-r]

-u 账户名：为指定用户编辑或查看周期性任务计划

-l：显示crontab的任务计划记录内容

-e：编辑crontab的任务计划记录，可添加、修改和删除

-r：删除crontab的所有任务计划

### 4.管理安排计划任务的用户

允许用户安排计划任务，则把用户名写入/etc/cron.allow文件中，一行一个账户名称。如果不允许用户安排计划任务，则把其账户名写入/etc/cron.deny文件中。这两个控制文件对root账户无效，即root总能够使用cron服务。

## 计划&决策

四方科技有限公司信息中心的运维技术员对公司各部门进行调研，梳理出需要执行任务计划的事务，并按一次性定时执行还是按周期性执行分类，根据分类安排系统管理员分头负责。多名管理员可同时开展下列任务计划。

①建立临时任务计划；

②建立周期性任务计划；

③协助用户安排自己的任务计划。

## 实施

### 一、安排临时任务计划

管理员需要在2小时后，重新启动系统。可以安排一个临时任务计划来执行这一任务，以免遗漏工作。

## 1.提交临时任务计划

执行at命令从命令行安排要执行的任务命令，如图2-41所示。

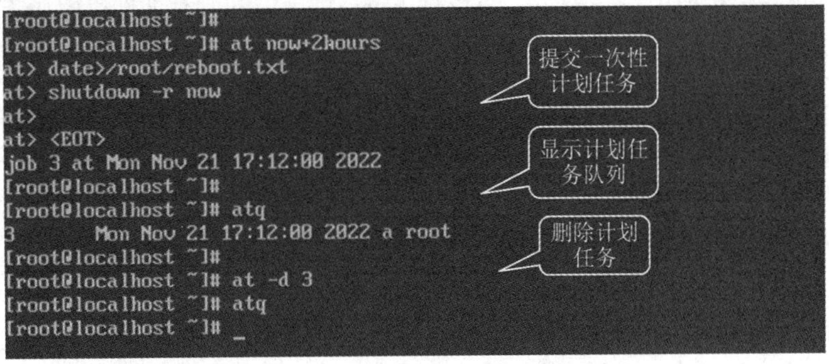

图 2-41　管理临时性任务计划

[root@localhost ~]#at　now+2hours

at>date >/root/reboot.txt

at>shutdown –r now

at> <EOT>　　　　　　　　　　　　　　#按Ctrl+D提交

## 2.查看临时性任务计划

[root@localhost ~]#atq　　　　　　　　#显示任务计划

## 3.删除临时性任务计划

删除临时性任务计划，如图2-42所示。

[root@localhost ~]#at –d 3　　　　　　#删除3号任务计划

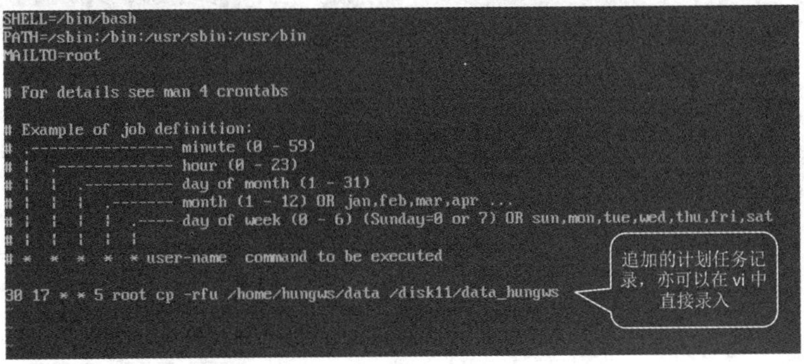

图 2-42　root 安排计划任务

## 二、安排周期性任务计划

### 1.root安排计划任务

每周五下午5:30把用户hungws工作目录下data目录中的所有文件以覆盖方式复制到/disk11/data_hungws目录中。通过编辑/etc/crontab文件添加需要安排的周期性计划，如图2-42所示。

```
[root@localhost ~]#cat>>/etc/crontab <<_END

30 17 * * 5 root cp –rfu /home/hungws/data  /disk11/data_hungws

_END

[root@localhost ~]#vi  /etc/crontab
```

### 2.普通用户自行安排计划任务

用户kate每天凌晨3:00复制数据目录data到/disk11/data_kate目录中，如图2-43所示。切记，kate用户名不能添加到/etc/cron.deny文件。用户定义的计划任务记录以用户为文件名存储在目录/var/spool/cron中。

```
[root@localhost ~]#crontab –e

[root@localhost ~]#crontab –l
```

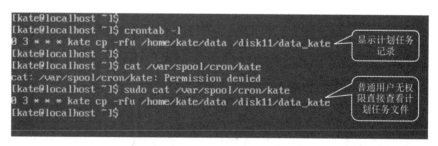

图 2-43　用户自排任务计划

## 检查

一、填空题

1._____是指在预定的时间执行预先安排的进程任务。

2.安排一次任务计划的命令是_____，周期性任务计划由_____和_____管理。

3.anacron根据_____来判断任务计划是否在规定的时间执行了。

4.控制用户是否有安排任务计划权限的文件是_____和_____。

5.普通用户的任务配置文件名就是_____，存储在_____。

6.crond启动后，每隔_____检查任务配置文件以执行相关任务计划。

二、判断题

1.如果系统宕机，错过时间的周期性任务计划就不会再执行。　　　（　　）

2.任何用户都可以安排任务计划。　　　（　　）

3.普通用户只能使用工具crontab安排自己的任务计划。　　　（　　）

4.anacrontab格式的配置文件中job-identifier字段值不能有空白字符。　　　（　　）

5.所有任务计划都是由crond调用执行的。　　　（　　）

三、简述题

1.安排周期性任务计划的配置文件格式有哪两种？配置具体格式是什么？

2.写出完成下列管理要求的命令。

（1）安排在下午6点钟重新启动系统。

（2）安排在每周五下午5：00把/root下的文件复制到/home/root中。

# 评价

| 序号 | 评价内容 | 识记 | 理解 | 应用 | 分析 | 评价 | 创造 | 问题 |
|---|---|---|---|---|---|---|---|---|
| 1 | 任务计划与类型 | | | | | | | |
| 2 | cron与anacron的区别 | | | | | | | |
| 3 | crontab格式的任务配置文件 | | | | | | | |
| 4 | /anacrontab格式的任务配置文件 | | | | | | | |
| 5 | 一次性任务计划建立与管理 | | | | | | | |
| 6 | 周期性任务计划建立与管理 | | | | | | | |

教师诊断评语：

# ［任务六］

# 配置网络连接

## 资讯 🔍

## 任务描述

不连接网络的计算机功能将受到极大的限制，现在几乎找不到有人还使用与网络隔绝的计算机。现代信息系统服务离不开网络的支持，四方科技有限公司的管理信息系统也不能例外。信息中心除了要维护服务器之间的网络连接，还要协助员工的个人计算机与信息系统中服务的网络连接，以保证公司信息系统的正常运行。因此，在维护网络连接方面，信息中心的工作有：

①认识网络连接参数及作用；

②配置网络适配器连接参数；

③查看修改网络连接参数；

④管理网络服务；

⑤监测网络服务状态。

## 知识准备

### 一、网络连接参数

1.IP地址

当前IP网络采用IPV4协议，其IP地址是网络中唯一标识计算机的32bit二进制编码。一般按8bit一组把32bit的IP地址分成4个节，每节转换为一个0~255的十进制数，并用小数点分隔来表示IP地址，如181.23.0.33，这种方法被称为点分十进制表示法。IP地址中左边的连续若干位表示计算机所在网络的网络号，其余位为计算机在网络中的主机号。

IPv4把IP地址分成A、B、C、D、E类，见表2-17。

表2-17　IPv4地址分类

| IP地址类别 | 网络号范围 | 说明 |
|---|---|---|
| A | 1.0.0.0 ~126.0.0.0 | 前8位表示网络号 |
| B | 128.1.0.0~191.254.0.0 | 前16位表示网络号 |
| C | 192.0.1.0 ~223.255.254.0 | 前24位表示网络号 |
| D | 224.0.0.0~239.255.255.255 | 用于多点广播 |
| E | 240.0.0.0~255.255.255.254 | 保留 |
| 自动专用IP地址 | 169.254.0.0–169.254.255.255 | 计算机没有找到DHCP服务器时,自动获得的IP地址 |
| | 255.255.255.255 | 受限网络(或本地网络)的广播地址 |
| | 0.0.0.0 | 代表默认网络 |
| | 127.0.0.0 | 环回测试地址 |
| | X.255.255.255<br>X.X.255.255<br>X.X.X.255 | 指定网络的广播地址 |
| 私有网络IP地址 | 10.0.0.0~10.255.255.255<br>172.16.0.0~172.31.255.255<br>192.168.0.0~192.168.255.255 | A、B、C类地址中分别划出的一块IP地址用于单位内部网络使用,不可在互联网上公开使用 |

2.子网掩码

子网掩码也是一串32位的二进制串,与网络号对应的位为1,与主机号对应的位为0。如A类地址的子网掩码为255.0.0.0,因为A类地址的前8位是网络号,同理B、C类的子网掩码分别是255.255.0.0、255.255.255.0。标准网络IP地址的网络位是固定的,子网掩码是定长子网掩码。

一个标准的A、B、C类网络可以根据需要划分成多个子网络,办法是从主机号左边开始连续取若干位作为网络号使用,从主机号中取n位,你就可以得到$2^{n-2}$个有效子网,如取2位,将得到2个有效子网。如把一个A类网络33.0.0.0划分成两个子网,子网掩码就是255.192.0.0。

子网掩码的作用就是与IP地址运算后获得该IP地址所在的网络。

3.网络地址

IP地址中主机号全为0表示的就是网络地址,如一个标准的B类IP地址177.32.100.3其对应的网络地址就是17.32.0.0。IP地址与子网掩码与操作可得到对应的网络地址。

4.网关地址

网关是网络之间连接的关口,一个网络要与外界通信的数据必须经过网关才能转发出去，因此，计算机要与外部网络通信就必须要知道网关的IP地址，即要配置网关地址。

5.DNS地址

DNS地址是DNS服务器的IP地址。DNS是域名服务的简称，域名服务的功能是把人们易于记忆的主机名转换成计算机通信使用的IP地址。如要访问京东商城，在浏览器地址栏输入"www.jd.com"就可以了，而不用输入其服务器IP地址120.192.86.144，而这个转换工作是由DNS服务器来完成的。所以，要能方便地访问互联网就需要正确配置DNS地址。

## 二、Linux的网络接口设备

网络接口设备俗称网卡，Linux支持多种类型的网卡，常见的网络接口设备见表2-18。

表2-18  Linux支持的网络接口设备

| 接口类型 | 说明 | 内核接口名称 |
|---|---|---|
| 以太网接口 | 有线网卡 | ethn |
| 无线网接口 | WLAN网卡 | wlann |
| 点对点协议接口 | ADSL拨号或PPP协议的VPN | pppn |
| 光纤分布式数据接口 | 用于骨干网络 | fddin |
| 环回接口 | 用于系统进程间通信 | lo |

表中接口名称后斜体n代表接口的编号，0表示第一个接口，1表示第二个接口，依次类推。例如，服务器安装了2块有线以太网卡，它们的内核接口名称就是eth0和eth1。由于内核采用的接口名称不能直接反映硬件信息且存在不确定性，即原来为eth0的网络接口可能变成了eth1，为了从接口名反映设备的硬件特性，CentOS 7使用了一致的网络设备命名方法。一致的网络设备命名基于设备的固件、硬件拓扑、安装插槽位置等信息而分配固定的名称。一致的网络设备命名为网络接口提供了一致且可预测的网络设备命名方法，让用户可以方便地查找和区分接口，有利于定位网络接口故障。一致的网络设备命名方法从双字符开始用以区分接口类型，第3字符则用于区分硬件类型，见表2-19。

表2-19  一致的网络设备命

| 前缀双字符 | 含义 | 第3字符 | 含义 | 示例 |
|---|---|---|---|---|
| en | 以太网设备 | o | 板载设备 | ens33是可热插拔插槽上的以太网卡；wlp7s0表示PCI接口上的无线网卡 |
| wl | 无线局域网设备 | s | 热插拔设备 | |
| ww | 广域网设备 | p | PCI或USB接口设备 | |

CentOS 7开始，由动态设备管理器Udev根据内核侦测到的硬件数据来维护一致的网络

设备命名。

## 三、网络接口的配置与管理

### 1.查看网络接口配置

（1）显示网络接口参数

ifconfig [<网络接口设备名>]

（2）显示网络接口的IP地址

ip [-4r] address show [<网络接口设备名>]　#命令可简写成ip a s或ip a

-4：仅显示IPv4协议（-6仅显示IPv6协议）

-r：不显示IP地址而显示主机名

（3）显示网络接口运行状态信息

ip [-s] link [<网络接口设备名>]

-s：显示详细统计信息

（4）显示路由信息

ip route show

### 2.配置网络接口参数

（1）临时配置IPv4地址

ifconfig <IP地址> netmask <子网掩码>

或

ip address add|del <CIDR形式的地址> dev <网络接口设备名>

add：添加IP地址，同一网络接口可以配置多个IP地址

del：删除指定的IP地址

dev：指定网络接口

（2）编辑网络接口配置文件

网络接口配置文件位于/etc/sysconfig/network-scripts目录中，文件名为ifcfg-<网络设备名>。第一块网卡的配置文件名为ifcfg-eth0，使用一致网络设备命名的配置文件名可能是ifcfg-ens33。网络接口配置文件中配置参数含义见表2-20。

表2-20　网络接口配置文件参数

| 参数 | 含义 | 示例 |
|---|---|---|
| TYPE | 接口类型，Ethernet、Bridge | TYPE=Ethernet |
| BOOTPROTO | 指定地址配置协议，dhcp（动态配置）、static（静态配置）、none（未配置）、bootp（无盘站动态配置） | BOOTPROTO=static |

续表

| 参数 | 含义 | 示例 |
|---|---|---|
| DEVICE | 系统使用的网络接口设备名 | DEVICE=ens33 |
| NAME | 用户看到的网络接口名 | NAME=ens33 |
| ONBOOT | 系统启动时是否激活设备，yes\|no | ONBOOT=yes |
| UUID | 设备的统一唯一ID号，128位编号 | |
| DEFROUTE | 是否设置IPv4默认路由，yes\|no | DEFROUTE=yes |
| IPV6_DEFROUTE | 基于本接口设置IPv6默认路由 | IPV6_DEFROUTE=yes |
| IPV4_FAILURE_FATAL | IPv4配置失败是否禁用设备，yes（禁用），no（不禁用） | IPV4_FAILURE_FATAL=yes |
| IPV6INIT | 是否启用IPv6协议，yes\|no | IPV6INIT=no |
| IPV6_FAILURE_FATAL | IPv6配置失败是否禁用设备 | IPV6_FAILURE_FATAL=yes |
| IPV6_AUTOCONF | 是否自动配置IPv6协议 | IPV6_AUTOCONF=yes |
| IPV6ADDR | 设置IPv6地址 | |
| IPV6_ADDR_GEN_MODE | 设置IPv6地址生成模式 stable-privacy：用于有线网卡 eui64：用于无线网卡 | IPV6_ADDR_GEN_MODE= stable-privacy |
| IPADDR | 设置静态IP地址，后跟数字可配置多个IP地址 | IPADDR=199.16.30.97 IPADDR1=199.16.30.100 |
| PREFIX | 设置子网掩码长度（掩码1的个数） | PREFIX=24 |
| NETMASK | 设置子网掩码 | NETMASK=255.255.255.0 |
| GATEWAY | 设置网关地址 | GATEWAY=199.16.30.2 |
| DNS1 | 设置第一域名服务器地址 | DNS1=61.128.128.68 |
| DNS2 | 设置第二域名服务器地址 | DNS2=61.128.192.4 |
| USERCTL | 是否允许非root控制本接口，yes\|no | USERCTL=no |
| HWADDR/MACADDR | 指定MAC地址，用其一 | HWADDR=00:0c:29:7c:e9:b6 |
| PEERDNS | 是否指定DNS。如果使用DHCP协议，默认为yes。yes修改/etc/resolv.conf中的DNS地址，no不修改 | PEERDNS=yes |
| NM_CONTROLLED | 是否由Network Manager控制该网络接口，yes\|no | NM_CONTROLLED=no |

使用带编号的IPADDRn和PREFIXn可以为网络接口配置多个IP地址，如：

IPADDR1=192.20.69.31

PREFIX1=24

IPADDR2=192.20.69.32

PREFIX1=24

3.配置静态路由

可以把安装多网卡的Linux主机当成路由器使用，让其作为连接多外网络的节点机。Linux内核有路由转发功能，需要使用sysctl –w net.ipv4.ip_forward=1命令来开启。

（1）设置静态路由

ip route [add|del] <default |目的IP|目的网络地址> 　via <网关地址>| dev <网络接口>

add：添加一条路由

del：删除一条路由

或

route [add|del] default |–net<目的网络地址> netmask <子网掩码>|–host <目的IP> dev <网络接口>

（2）查看路由

ip route或 　route

4.设置主机名称

Linux主机名存储在配置文件/etc/hostname中，可用vi直接编辑该文件设置。默认主机名为localhost.localdomain。

（1）查看主机名

hostname

或

hostnamectl

（2）设置主机名

CentOS 7中由systemd–hostnamed服务管理主机名，它能自动发现主机名的变化。

hostnamectl set–hostname <主机名>

5.配置域名服务器地址

域名服务器的作用是把互联网主机的主机名解析到它的IP地址，用户只要知道主机名称就能方便访问互联网，而不需要记其IP地址。当网络接口配置参数PEERDNS=no时，需要用户手工设置域名服务器地址。这时需要编辑/etc/resolv.conf配置文件，配置项包括：

nameserver 　　　DNS地址 　　　#最多可设置3个

| domain | 域名 | #设置主机所在域域名 |
| --- | --- | --- |
| search | 域名 | #设置搜索域名 |

### 6.配置本地域名解析

本地域名解析数据保存在配置文件/etc/hosts，其内容每行记录一条IP地址和域名的映射关系。

记录格式为：IP地址 　　　　主机完整域名 　　　　[主机名]

　　　　　　 127.0.0.1 　　 localhost.localdomain 　 localhost

### 7.激活或禁用网络接口

（1）激活网络接口

ifup <网络接口设备名> 　　　　　　　#读取网络接口配置文件激活

ifconfig <网络接口设备名> up 　　　#使用临时配置的IP地址激活

（2）禁用网络接口

ifdown <网络接口设备名>

ifconfig <网络接口设备名> down

### 8.启用或关闭网络功能

Linux系统中的网络功能是由系统服务network提供的，使用systemctl命令管理它的启动与停止。

（1）开启系统网络功能

systemctl　start　network

systemctl　restart　network 　#重新启动网络功能

（2）关闭系统网络功能

systemctl　stop　network

## 四、监测网络

### 1.测试网络的连通性

ping [-c] <主机名|主机IP地址>

-c：指定发送请求数据包的个数，如：-c 10

### 2.显示套接字信息

套接字（Socket）表示使用网络通信的主机中进程的一端，用主机IP地址加TCP或UDP协议的端口号表示。套接字包括IP地址、端口号和协议3个要素。

ss [-anloempistu]

-a：显示所有套接字

-n：显示服务端口号，而不是服务名

-l：显示处于监听状态的套接字

-o：显示计时器信息

-e：显示详细的套接字信息

-m：显示套接字的内存使用情况

-p：显示使用套接字的进程

-i：显示内部的TCP信息

-s：显示套接字使用概况

-t：只显示TCP套接字

-u：只显示UDP套接字

ss（Socket Statistics）显示套接字使用统计信息各字段的含义见表2-21。

表2-21　ss的输出字段

| 字段名 | 说明 |
|---|---|
| State | 连接状态，LISTEN监听，ESTABLISHED建立 |
| Recv-Q | 接收队列 |
| Send-Q | 发送队列 |
| Local Address:Port | 本地IP地址与端口号 |
| Peer Address:Port | 对端IP地址与端口号 |

### 3.跟踪数据包到达目的主机经过的路由

traceroute命令用于追踪数据包在网络上传输时的全部路径，让用户知道数据包从本地计算机到互联网另一端的主机是走的什么路径。

traceroute [-n] [-i <网络接口>] [-s <源IP地址>] <目的主机名|主机IP地址>

-n：使用IP地址表示主机

-i：指定源数据包发出的网络接口

-s：指定源数据包的IP地址

### 4.显示网络状态

netstat　[-apltuirn]

-a：显示所有连线中的Socket

-p：显示正在使用Socket的程序识别码和程序名称

–l：仅列出在监听的服务状态

–t：显示TCP传输协议的连线状况

–u：显示UDP传输协议的连线状况

–i：显示网络界面信息表单

–r：显示路由表信息

–n：直接使用IP地址表示主机

netstat输出的信息与ss相似，顺序略有不同，请参考表2–21中ss的输出字段，Proc表示连接使用的协议，Foreign Address对应Peer Address。

## 五、使用nmcli管理网络

NetworkManager是CentOS中管理和配置网络接口的系统服务，它能连接管理各种网络，支持动态配置与管理。网络状态的变化通过D–BUS（一种简易的内部进程通信机制）发送给NetworkManager服务，用户使用NetworkManager管理工具来管理网络。

1.管理NetworkManager服务

systemctl start|stop|restart|status NetworkManager

2.使用NetworkManager管理工具nwcli

（1）显示网络接口状态

nmcli [–p] device status [<网络接口>] #命令可简写为 nwcli d s

–p：输出表格线

（2）断开设备连接

nmcli [–p] device disconnect <网络接口> #命令可简写为 nwcli d d

（3）激活网络接口连接

nmcli connection up ifname <网络接口> #命令可简写为 nwcli c up ifname

（4）显示网络接口连接信息

nmcli [–p] connection show [--active] [ <网络接口>] #命令可简写为 nwcli c s

--active：显示激活的连接

（5）重新加载网络接口配置文件

nmcli con reload

## 计划&决策

四方科技有限公司的员工基本上会使用浏览器查看网页，但大都不知道计算机是怎样连接网络的。信息中心准备为全体员工组织一次有关网络知识的普及培训，以扫除连网障碍。同时，管理员为了加强网络管理，及时发现网络连接问题，确保系统网络通信正常，决定按如下流程开展工作：

①组织全员网络知识培训；

②指导网络连接参数配置操作；

③巡查网络连接状态；

④管理网络服务。

## 实施

### 一、查看系统网络信息

#### 1.查看网络接口工作参数

主要查看为网卡配置的IP地址、子网掩码、MAC地址等重要参数，如图2-44所示。

[root@localhost ~]#ifconfig

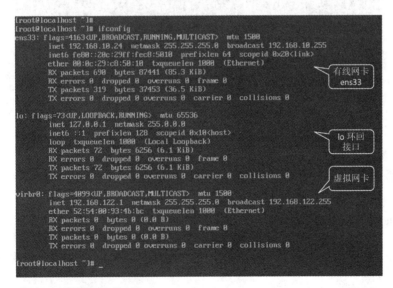

图 2-44　网络接口工作参数

## 2.查看系统路由信息

查看系统路由信息,如图2-45所示。

[root@localhost ~]#route

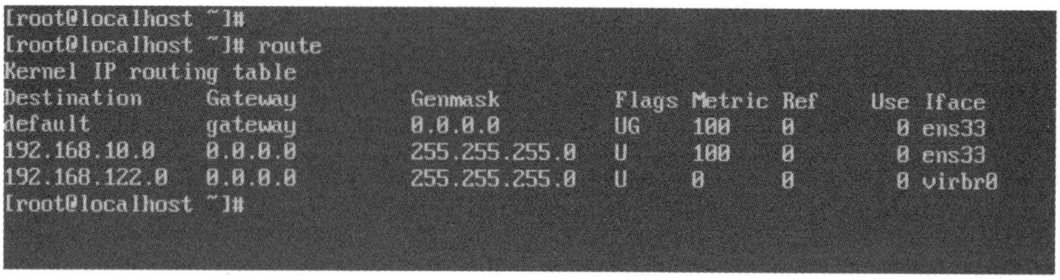

```
[root@localhost ~]#
[root@localhost ~]# route
Kernel IP routing table
Destination     Gateway         Genmask         Flags Metric Ref    Use Iface
default         gateway         0.0.0.0         UG    100    0        0 ens33
192.168.10.0    0.0.0.0         255.255.255.0   U     100    0        0 ens33
192.168.122.0   0.0.0.0         255.255.255.0   U     0      0        0 virbr0
[root@localhost ~]#
```

图 2-45　路由信息

## 3.查看网络连接信息

列出使用网络连接的IP地址、端口号、连接状态、进程名、PID等,如图2-46所示。

[root@localhost ~]#ss –tl

[root@localhost ~]#netstat –tl

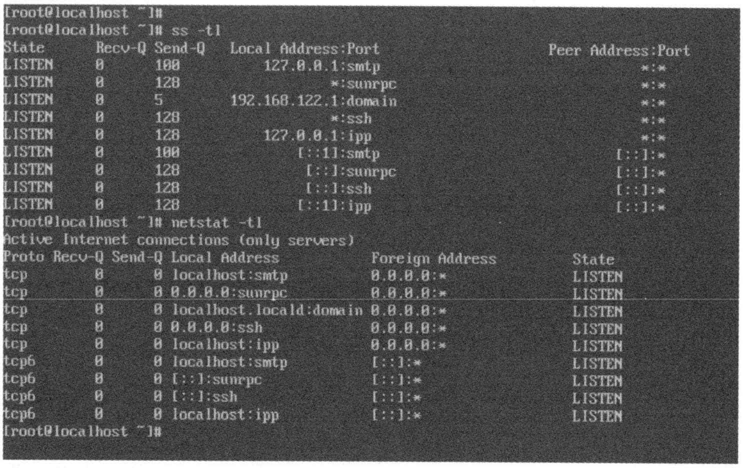

```
[root@localhost ~]#
[root@localhost ~]# ss -tl
State    Recv-Q Send-Q  Local Address:Port              Peer Address:Port
LISTEN   0      100         127.0.0.1:smtp              *:*
LISTEN   0      128              *:sunrpc               *:*
LISTEN   0      5       192.168.122.1:domain            *:*
LISTEN   0      128              *:ssh                  *:*
LISTEN   0      128         127.0.0.1:ipp               *:*
LISTEN   0      100            [::1]:smtp               [::]:*
LISTEN   0      128              [::]:sunrpc            [::]:*
LISTEN   0      128              [::]:ssh               [::]:*
LISTEN   0      128            [::1]:ipp                [::]:*
[root@localhost ~]# netstat -tl
Active Internet connections (only servers)
Proto Recv-Q Send-Q Local Address          Foreign Address         State
tcp        0      0 localhost:smtp          0.0.0.0:*               LISTEN
tcp        0      0 0.0.0.0:sunrpc          0.0.0.0:*               LISTEN
tcp        0      0 localhost.locald:domain 0.0.0.0:*               LISTEN
tcp        0      0 0.0.0.0:ssh             0.0.0.0:*               LISTEN
tcp        0      0 localhost:ipp           0.0.0.0:*               LISTEN
tcp6       0      0 localhost:smtp          [::]:*                  LISTEN
tcp6       0      0 [::]:sunrpc             [::]:*                  LISTEN
tcp6       0      0 [::]:ssh                [::]:*                  LISTEN
tcp6       0      0 localhost:ipp           [::]:*                  LISTEN
[root@localhost ~]#
```

图 2-46　网络连接信息

## 二、配置网络接口参数

### 1.临时配置IP协议参数

临时配置网络接口参数常用于网络调试,需要重启网卡使配置的参数生效,如图2-47所示。

[root@localhost ~]#ifconfig ens33 172.19.79.200 netmask 255.255.0.0

124

[root@localhost ~]#ifconfig ens33 down　#禁用网络接口

[root@localhost ~]#ifconfig ens33 up　　#启动接口使临时配置生效

```
[root@localhost ~]#
[root@localhost ~]# ifconfig ens33 172.19.79.200 netmask 255.255.0.0
[root@localhost ~]# ifconfig ens33 up
[root@localhost ~]# ifconfig ens33
ens33: flags=4163<UP,BROADCAST,RUNNING,MULTICAST>  mtu 1500
        inet 172.19.79.200  netmask 255.255.0.0  broadcast 172.19.255.255
        ether 00:0c:29:c8:50:10  txqueuelen 1000  (Ethernet)
        RX packets 1135  bytes 142301 (138.9 KiB)
        RX errors 0  dropped 0  overruns 0  frame 0
        TX packets 613  bytes 63782 (62.2 KiB)
        TX errors 0  dropped 0 overruns 0  carrier 0  collisions 0

[root@localhost ~]#
```

图 2-47　临时配置 IP 协议参数

如果要使用原网络接口配置文件中的参数，可以重启系统，或执行ifdown ens33禁用网络接口后，再执行ifup ens33重启，都会使临时配置的参数失效。

2.固定配置网络接口参数

一般需设置获取IP地址的方式、IP地址、子网掩码、网关地址、DNS地址等，如图2-48所示。

[root@localhost ~]#vi /etc/sysconfig/network-scripts/ifcfg-ens33

```
TYPE=Ethernet
PROXY_METHOD=none
BROWSER_ONLY=no
BOOTPROTO=static
DEFROUTE=yes
IPV4_FAILURE_FATAL=no
IPV6INIT=no
IPV6_AUTOCONF=nos
IPV6_DEFROUTE=no
IPV6_FAILURE_FATAL=no
IPV6_ADDR_GEN_MODE=stable-privacy
NAME=ens33
UUID=7c30bdaa-7415-4edd-9dea-6c982816d270
DEVICE=ens33
ONBOOT=yes
IPV6_PRIVACY=no
IPADDR=172.19.79.200
NETMASK=255.255.0.0
GATEWAY=172.19.79.1
DNS1=172.19.79.250
DNS2=61.128.128.68
```

图 2-48　固定配置网络接口参数

## 三、测试网络接口

网络接口参数应用生效后，就通过测试来确认配置的正确性，如图2-49所示。

[root@localhost ~]#ping -c 5 172.19.79.200

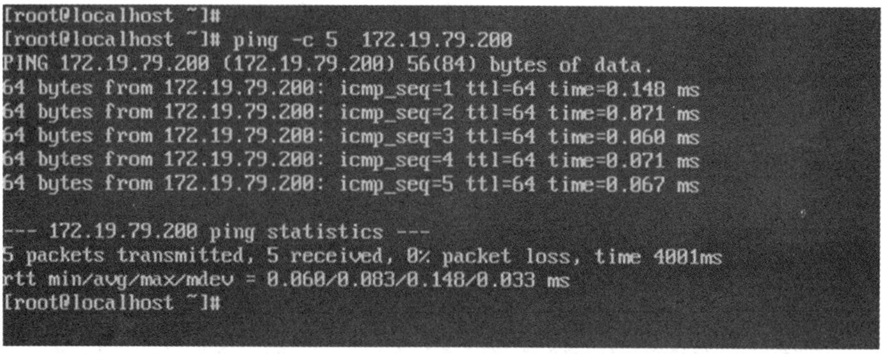

```
[root@localhost ~]#
[root@localhost ~]# ping -c 5  172.19.79.200
PING 172.19.79.200 (172.19.79.200) 56(84) bytes of data.
64 bytes from 172.19.79.200: icmp_seq=1 ttl=64 time=0.148 ms
64 bytes from 172.19.79.200: icmp_seq=2 ttl=64 time=0.071 ms
64 bytes from 172.19.79.200: icmp_seq=3 ttl=64 time=0.060 ms
64 bytes from 172.19.79.200: icmp_seq=4 ttl=64 time=0.071 ms
64 bytes from 172.19.79.200: icmp_seq=5 ttl=64 time=0.067 ms

--- 172.19.79.200 ping statistics ---
5 packets transmitted, 5 received, 0% packet loss, time 4001ms
rtt min/avg/max/mdev = 0.060/0.083/0.148/0.033 ms
[root@localhost ~]#
```

图 2-49　测试网络接口

# 检查

一、填空题

1.IPv4地址是一个_____位的二进制编号，由_____和_____组成。

2.127开始的网络地址用于_____。

3.0.0.0.0表示_____。255.255.255.255表示_____。

4.在CentOS 7中有线网卡名以_____打头，无线网卡以_____打头。

5.网络接口配置文件保存目录是_____。

6.配置网络接口IP地址的方式有_____和_____。

7.配置文件/etc/resolv.conf用于配置_____。

二、判断题

1.子网掩码长度是指IP地址中网络号的位数。                          (      )

2.私有地址不用申请可以在单位内部使用。                          (      )

3.跨网络通信必须设置正确的网关地址。                            (      )

4.网络接口必须在系统启动时才能激活。                            (      )

5.配置动态获得IP地址的配置命令是ONBOOT=static。                (      )

三、简述题

1.配置静态获得IP地址177.68.90.111，网关地址177.68.0.10。写出相关需要修改的配置项。

2.写出下列网络管理命令。

（1）配置临时IP地址199.89.9.132/24，并使之生效。

（2）测试到IP地址199.89.9.132/24的连接性，只发出8个测试数据包。

（3）使用网络接口配置文件中的配置启动激活网络接口。

（4）显示网络连接状态信息。

（5）重新启动网络功能。

## 评价

| 序号 | 评价内容 | 识记 | 理解 | 应用 | 分析 | 评价 | 创造 | 问题 |
|---|---|---|---|---|---|---|---|---|
| 1 | IPv4地址分类及特殊地址 | | | | | | | |
| 2 | 网络配置的相关配置文件 | | | | | | | |
| 3 | 网络接口配置文件参数 | | | | | | | |
| 4 | 网络功能的启动与关闭 | | | | | | | |
| 5 | 网络状态监测 | | | | | | | |
| 6 | 网络接口的管理操作 | | | | | | | |

教师诊断评语：

## [ 任务七 ]

NO.7

# 安装和卸载程序

## 资讯

### 任务描述

在安装Linux系统时根据计算机要担当的角色已安装了部分软件，但往往不能满足各企业级、组织的实际应用需要。况且，让Linux系统发行版收录所有软件是根本不现实的。掌握软件的安装与卸载是信息化企业员工的基本技能，可根据应用需要安装软件，卸载不再使用的软件以释放系统的存储空间，并能减少对其他软件的干扰，对计算机的运行性能也是有益的。本任务的工作内容有：

①认识Linux软件包管理方式与工具；

②使用RPM管理软件；

③使用YUM管理软件。

## 知识准备

### 一、RPM包管理

1.RPM包管理程序

RPM的全称是RedHat Package Manager，即RedHat公司的软件包管理程序（Debian/Ubuntu使用DPKG包管理器）。RPM就是把RPM包格式的套件安装到Linux主机上的一套管理程序。使用RPM套件管理程序可以方便完成软件的安装、查询、升级和卸载等管理操作。RPM包管理的基本操作见表2-22。

表2-22　RPM包管理的基本操作

| 命令 | 执行的管理操作 |
|---|---|
| rpm –Vp <RPM包文件> | 校验RPM包文件 |
| rpm –i <RPM包文件> | 安装RPM包 |
| rpm –e <软件包名> | 卸载软件包 |
| rpm –U <RPM包文件> | 升级同名软件包 |
| rpm –q <软件包名> | 查询软件包是否安装 |
| rpm –qa | 查询所有安装的软件包 |
| rpm –ql <软件包名> | 查询已安装软件包中包含的文件 |
| rpm –qc <软件包名> | 查询已安装软件包配置文件的位置 |
| rpm –qd <软件包名> | 查询已安装软件包文档的位置 |
| rpm –q ––whatrequires<软件包名> | 查询依赖该软件包的所有RPM包 |
| rpm –q ––requires<软件包名> | 查询该软件包依赖的RPM包 |
| rpm –q ––conflicts <软件包名> | 查询与该软件包冲突的RPM包 |
| rpm –V <软件包名> | 校验软件包 |
| rpm ––rebuilddb | 重建RPM数据库 |
| rpm ––import <签名文件> | 导入指定RPM包的签名文件 |

## 2.RPM包

RPM包就是以RPM格式编译打包的软件安装包，是CentOS Linux系统中软件发行的主要格式。RPM套件是在特定Linux主机上编译打包完成的，RPM套件中不但包含有软件编辑后的程序，还记录了建立该套件包Linux主机的安装环境参数，特别是该套件安装时所需的必须事先安装的其他套件，即套件的依赖关系。这些数据被称为RPM数据库记录。RPM管理程序就是利用这些数据记录把套件安装在目标Linux主机上的。

RPM套件包文件的一般格式形如linuxqq-v1.0.2.i386.rpm，如图2-52所示。

| linuxqq | – | v1.0.2 | . | i386 | . | rpm |
|---------|---|--------|---|------|---|-----|
| ① | | ② | | ③ | | ④ |

图 2-52　RPM 套件包文件的一般格式

①套件名或软件名。

②版本号。

③硬件平台，可以是i386、i586、i686、noarch等，i386可用于所有x86硬件平台，noarch则表示没有硬件平台限制。

④RPM包的后缀名。

使用RPM管理程序按RPM包中的安装环境参数记录，把套件中的文件放到相关的目录中就完成了软件的安装。RPM包安装涉及的目录见表2-23。

表2-23　安装RPM包安装使用的目录

| 目录 | 作用 |
|------|------|
| /etc | 存放配置文件 |
| /usr/bin | 软件的可执行程序 |
| /usr/lib | 程序使用的函数库 |
| /usr/share/doc | 软件的使用手册或说明文件 |
| /var/lib/RPM | 软件的安装环境数据库记录，用于查询和升级 |
| /usr/share/man | 软件的man帮助文件 |

## 二、使用YUM管理软件包

YUM软件包管理工具是对RPM的改进，它很好地解决了安装RPM软件包时的依赖性问题。YUM通过在线方式自动地解决包的依赖性问题，方便用户安装、升级、卸载RPM软件包。Debian/Ubuntu系统的APT（Advanced Packaging Tool，高级包管理工具）与YUM功能相同。

### 1.YUM的组件

YUM软件包管理系统包含的组件见表2-24。

表2-24 YUM的组件

| 组件 | 作用 |
|---|---|
| yum命令 | YUM客户端工具，通过yum使用YUM的功能 |
| YUM仓库<br>（repository） | YUM仓库是包含仓库数据的存放RPM包文件的目录。仓库数据包含RPM包的描述、功能、包含的文件、依赖性等信息，存放在repodata子目录中。仓库可以是远程的或本地的，分别通过http：//、ftp：//、file：//访问 |
| YUM缓存 | 存储从仓库下载的RPM包文件和其他相关文件，默认存储在/var/cache/yum |
| YUM插件 | 用于扩充YUM功能 |

### 2.YUM的主配置文件

YUM需要读取/etc/yum.conf中的配置参数来设定工作特性。用户需要明白YUM的主要配置参数及其含义并做适宜的修改。

```
[main]                    #主配置节名
#设置YUM缓存目录，$basearch代表系统架构，$releasever代表系统版本
cachedir=/var/cache/yum/$basearch/$releasever
keepcache=0               #是否保持缓存，0不保持，1保持
debuglevel=2              #除错级别，0-10，默认2
logfile=/var/log/yum.log  #配置YUM日志文件
exactarch=1               #是否允许更新不同架构的RPM包，0否，1是
obsoletes=1               #是否更新已废弃的RPM包
gpgcheck=1                #是否检查GPG(GNU Private Guard)签名
plugins=1                 #是否允许使用插件
installonly_limit=5       #允许保留多少个内核包
#yum根据指定的包判断发行版本，默认是redhat-release
distroverpkg=centos-release
#屏蔽不想更新的RPM包，可用通配符，多个RPM包之间使用空格分离
exclude=<包名>
#网络链接发生错误后的重试次数，若是设为0，则会无限重试
retries=6
metadata=60               #配置仓库数据失效时间，单位分钟
tolerant=0                #是否容忍发生与软件包有关的错误
pkgpolicy=newest #使用仓库中包的策略，newest最新的，last最后的
```

reposdir=/etc/yum.repos.d　　#配置仓库配置文件目录

#设置yum命令使用代理服务器

proxy=<代表服务器IP地址：服务端口>

proxy_username=<用户名>　#在代理服务器上的用户名

proxy_password=<密码>

### 3.仓库配置文件

仓库配置文件定义仓库的地址，用于指定RPM包的位置。仓库配置文件位于/etc/yum.repos.d 中，CentOS中有8个仓库配置文件，除CentOS-Base.reps外，其余默认未使用。仓库配置文件包含多个仓库定义，每个仓库定义的语法相同，包括下面的内容。

#[]中是仓库名，必须唯一

[base]

#仓库名的详细描述

name=CentOS-$releasever – Base

#仓库的URL（统一资源定位符），有http：//、ftp：//和file：//3种类型

baseurl=http：//mirror.centos.org/centos/$releasever/os/$basearch/

#配置仓库镜像站点列表

mirrorlist=http：//mirrorlist.centos.org/？release=$releasever&arch=$basearch&repo=os&infra=$infra

#配置镜像仓库的选择方式，priority优先选择，roundrobin轮询调度

failovermethod=priority

#是否启用本仓库，0禁用，1启用

enabled=1

#是否检查RPM包的GPG签名

gpgcheck=1

#配置GPG签名文件的URL

gpgkey=file：///etc/pki/rpm-gpg/RPM-GPG-KEY-CentOS-7

CentOS Linux常用的仓库见表2-25。

表2-25　CentOS Linux常用的仓库

| 仓库名 | 说明 |
| --- | --- |
| base | 包含一个发行版的所有软件包 |
| updates | 包含基于base仓库软件的升级包 |
| extras | 包含扩展RHEL的软件包 |
| centosplus | 包含增强现有软件包功能的附加软件包 |

续表

| 仓库名 | 说明 |
|---|---|
| sclo | 提供了同一软件包的不同版本 |
| 以下是第三方仓库，需要安装相应的仓库release RPM包方可使用 | |
| epel | 包含Fedora的大量软件包的仓库 |
| repoforge | 一个综合性仓库 |
| Nginx | Nginx开源项目提供的软件仓库 |
| ownCloud | ownCloud开源项目提供的云计算解决方案的软件仓库 |
| oVirt | oVirt开源项目提供的虚拟化解决方案的软件仓库 |
| RDO | RDO开源项目提供的云计算解决方案的软件仓库 |

### 4.使用YUM的客户工具yum

yum [选项]　<子命令>　[<命令参数>]

选项：

-y：对yum命令的询问自动应答y

-C：仅使用本地缓存中的包

--enablerepo=<仓库名>：临时启用指定的仓库

--disablerepo=<仓库名>：临时禁用指定的仓库

yum管理软件包的常用方法见表2-26。

表2-26　yum常用软件包管理操作

| 操作命令 | 执行的功能 |
|---|---|
| yum install <包名> | 安装指定软件包 |
| yum remove <包名> | 卸载指定软件包 |
| yum update [<包名>] | 升级指定软件包，不指定包名，升级所有 |
| yum check-update | 检查更新所有软件包 |
| yum localinstall <RPM包> | 安装本地RPM软件包，同时安装依赖包 |
| yum localupdate <RPM包> | 升级本地RPM软件包，同时安装依赖包 |
| yum search <包模板名> | 查找匹配的软件包 |
| yum list [<包模板名>] | 列出所有或匹配包模板名的软件包 |
| yum list installed[<包模板名>] | 列出所有或匹配包模板名的已安装软件包 |

续表

| 操作命令 | 执行的功能 |
|---|---|
| yum list available[<包模板名>] | 列出所有或匹配包模板名的可用软件包 |
| yum list updates[<包模板名>] | 列出所有或匹配包模板名的可升级软件包 |
| yum deplist <包名> | 显示软件包的依赖关系 |
| yum clear all | 清除缓存中的RPM头和包文件 |

## 计划&决策

四方科技有限公司员工完全没有在Linux系统下安装/卸载过软件，个别员工有在Windows系统安装或卸载软件，但这没有任何借鉴意义。通过培训是解决问题的好方法，为此信息中心制订了如下工作计划：

①认识CentOS Linux的软件包；

②使用包管理工具RPM查询、安装与卸载软件；

③认识YUM软件管理系统；

④配置YUM及YUM仓库；

⑤使用YUM查询、安装、升级与卸载软件。

## 实施

### 一、安装RPM软件包

管理员需要为公司的计算机安装WPS办公套件。WPS针对Linux系统是以RPM格式发布的，通过WPS官网下载wps-office-10.1.0.6634-1.x86_64.rpm安装包，保存于系统中，如/home目录下。

1.安装软件

进入命令终端，按图2-50所示完成安装操作。

[root@localhost ~]#rpm –ih /home/wps-office-10.1.0.6634-1.x86_64.rpm

```
[root@localhost ~]#
[root@localhost ~]# rpm -ih /home/wps-office-10.1.0.6634-1.x86_64.rpm
############################# [100%]
Updating / installing...
############################# [100%]
[root@localhost ~]# _
```

图 2-50　安装软件

## 2.测试软件

WPS是图形用户界面的软件，按"Ctrl+Alt+F1"切换到图形用户终端并登录，在桌面上有WPS的文字处理、电子表格和演示文稿3个软件的启动图标，需要通过用户信任才能使用，如图2-51所示，单击"Trust and Launch"按钮。

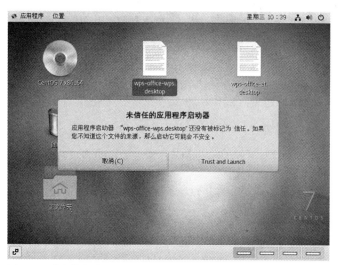

图 2-51　信任并启动 WPS

在图2-52所示WPS界面中新建文件，按"Shift+Win+空格"切换到中文输入法，可以像在Windows环境中一样进行办公操作。

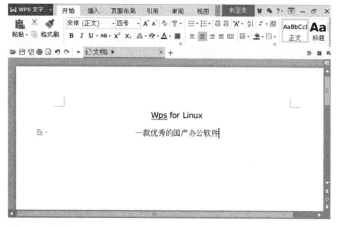

图 2-52　测试 WPS

### 3.查询安装的软件

管理员使用rpm来查询功能以了解系统中安装的软件情况，如图2–53所示。

[root@localhost ~]#rpm –qa |grep wps

[root@localhost ~]#rpm –qi wps–office

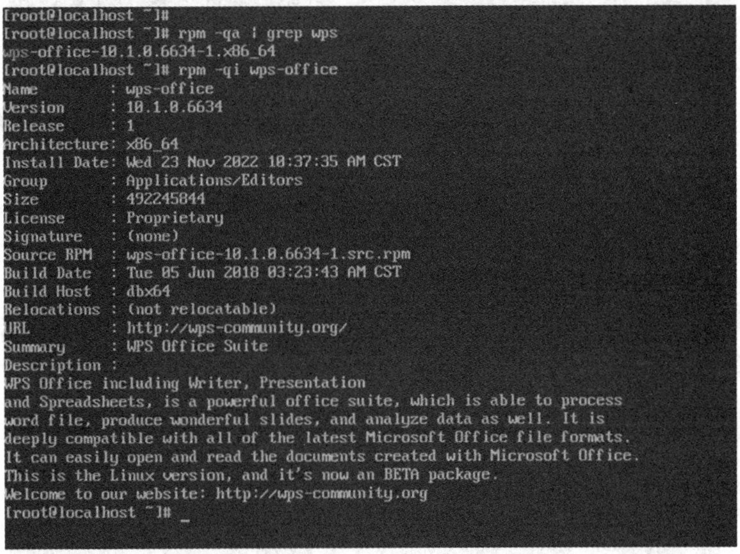

```
[root@localhost ~]#
[root@localhost ~]# rpm -qa | grep wps
wps-office-10.1.0.6634-1.x86_64
[root@localhost ~]# rpm -qi wps-office
Name        : wps-office
Version     : 10.1.0.6634
Release     : 1
Architecture: x86_64
Install Date: Wed 23 Nov 2022 10:37:35 AM CST
Group       : Applications/Editors
Size        : 492245844
License     : Proprietary
Signature   : (none)
Source RPM  : wps-office-10.1.0.6634-1.src.rpm
Build Date  : Tue 05 Jun 2018 03:23:43 AM CST
Build Host  : dbx64
Relocations : (not relocatable)
URL         : http://wps-community.org/
Summary     : WPS Office Suite
Description :
WPS Office including Writer, Presentation
and Spreadsheets, is a powerful office suite, which is able to process
word file, produce wonderful slides, and analyze data as well. It is
deeply compatible with all of the latest Microsoft Office file formats.
It can easily open and read the documents created with Microsoft Office.
This is the Linux version, and it's now an BETA package.
Welcome to our website: http://wps-community.org
[root@localhost ~]# _
```

图 2–53　查询系统中软件信息

### 4.卸载软件

卸载不用的软件可以释放其占用的存储空间，如图2–54所示。

[root@localhost ~]#rpm –eh linuxqq–2.0.0–b2

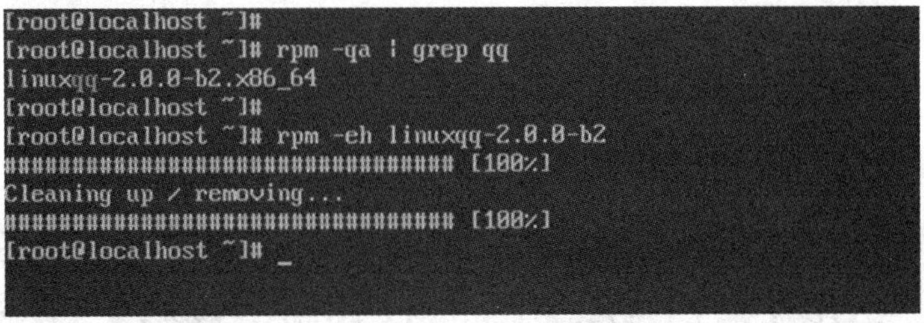

```
[root@localhost ~]#
[root@localhost ~]# rpm -qa | grep qq
linuxqq-2.0.0-b2.x86_64
[root@localhost ~]#
[root@localhost ~]# rpm -eh linuxqq-2.0.0-b2
################################## [100%]
Cleaning up / removing...
################################## [100%]
[root@localhost ~]# _
```

图 2–54　卸载软件

## 二、使用YUM管理系统软件

### 1.配置YUM仓库

由于默认的仓库文件中配置的软件包安装源的地址在国外，下载速度较慢，为方便使用，需要把安装源地址配置到国内镜像地址，如阿里云、华为、中科大、网易等，如图2–55所示。

[root@localhost ~]#vi /etc/yum.repos.d/CentOS–Base.repo

```
[base]
name=CentOS-$releasever - Base - mirrors.aliyun.com
failovermethod=priority
baseurl=http://mirrors.aliyun.com/centos/$releasever/os/$basearch/
        http://mirrors.aliyuncs.com/centos/$releasever/os/$basearch/
        http://mirrors.cloud.aliyuncs.com/centos/$releasever/os/$basearch/
gpgcheck=1
gpgkey=http://mirrors.aliyun.com/centos/RPM-GPG-KEY-CentOS-7

#released updates
[updates]
name=CentOS-$releasever - Updates - mirrors.aliyun.com
failovermethod=priority
baseurl=http://mirrors.aliyun.com/centos/$releasever/updates/$basearch/
        http://mirrors.aliyuncs.com/centos/$releasever/updates/$basearch/
        http://mirrors.cloud.aliyuncs.com/centos/$releasever/updates/$basearch/
gpgcheck=1
gpgkey=http://mirrors.aliyun.com/centos/RPM-GPG-KEY-CentOS-7

#additional packages that may be useful
[extras]
name=CentOS-$releasever - Extras - mirrors.aliyun.com
failovermethod=priority
baseurl=http://mirrors.aliyun.com/centos/$releasever/extras/$basearch/
        http://mirrors.aliyuncs.com/centos/$releasever/extras/$basearch/
        http://mirrors.cloud.aliyuncs.com/centos/$releasever/extras/$basearch/
gpgcheck=1
gpgkey=http://mirrors.aliyun.com/centos/RPM-GPG-KEY-CentOS-7

#additional packages that extend functionality of existing packages
[centosplus]
name=CentOS-$releasever - Plus - mirrors.aliyun.com
failovermethod=priority
baseurl=http://mirrors.aliyun.com/centos/$releasever/centosplus/$basearch/
        http://mirrors.aliyuncs.com/centos/$releasever/centosplus/$basearch/
```

使用阿里云镜像

图 2–55 配置 YUM 仓库

## 2.列出YUM可管理的软件包

由于软件仓库中的软件包为数众多，一般需要使用grep命令对列出的软件包进行筛选，只显示你关注的内容，如图2–56所示。

[root@localhost ~]#yum list | grep dhcp　　　　#列出可管理的所有软件

[root@localhost ~]#yum list installed | grep dhcp　　#列出已安装的软件

```
[root@localhost ~]#
[root@localhost ~]# yum list | grep dhcp
dhcp-common.x86_64                      12:4.2.5-82.el7.centos          @anaconda
dhcp-libs.x86_64                        12:4.2.5-82.el7.centos          @anaconda
dhcp.x86_64                             12:4.2.5-83.el7.centos.1        updates
dhcp-common.x86_64                      12:4.2.5-83.el7.centos.1        updates
dhcp-devel.i686                         12:4.2.5-83.el7.centos.1        updates
dhcp-devel.x86_64                       12:4.2.5-83.el7.centos.1        updates
dhcp-libs.i686                          12:4.2.5-83.el7.centos.1        updates
dhcp-libs.x86_64                        12:4.2.5-83.el7.centos.1        updates
[root@localhost ~]# yum list installed | grep dhcp
dhcp-common.x86_64                   12:4.2.5-82.el7.centos             @anaconda
dhcp-libs.x86_64                     12:4.2.5-82.el7.centos             @anaconda
[root@localhost ~]#
```

图 2–56 查询 YUM 可管理的软件包

## 3.安装软件

以安装十六制数编辑器hexedit为例，如图2-57所示。

[root@localhost ~]#yum install hexedit_x86.64

```
 * extras: mirrors.aliyun.com
 * updates: mirrors.aliyun.com
Resolving Dependencies
--> Running transaction check
---> Package hexedit.x86_64 0:1.2.13-5.el7 will be installed
--> Finished Dependency Resolution

Dependencies Resolved

================================================================================
 Package          Arch            Version               Repository        Size
================================================================================
Installing:
 hexedit          x86_64          1.2.13-5.el7          base              39 k

Transaction Summary
================================================================================
Install  1 Package

Total download size: 39 k
Installed size: 69 k
Is this ok [y/d/N]: y
Downloading packages:
hexedit-1.2.13-5.el7.x86_64.rpm                          |  39 kB  00:00:00
Running transaction check
Running transaction test
Transaction test succeeded
Running transaction
Warning: RPMDB altered outside of yum.
  Installing : hexedit-1.2.13-5.el7.x86_64                                 1/1
  Verifying  : hexedit-1.2.13-5.el7.x86_64                                 1/1

Installed:
  hexedit.x86_64 0:1.2.13-5.el7

Complete!
[root@localhost ~]#
```



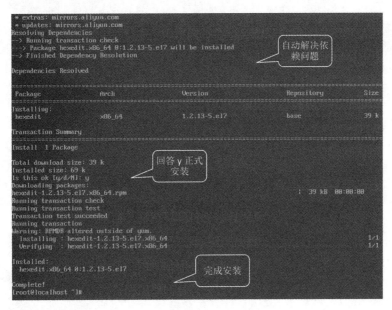

图 2-57　安装软件

## 4.升级软件

对安排临时任务计划的工具at升级，如图2-58所示。

[root@localhost ~]#yum update at.x86_64

```
[root@localhost ~]#
[root@localhost ~]# yum update at.x86_64
Loaded plugins: fastestmirror, langpacks
Loading mirror speeds from cached hostfile
 * base: mirrors.aliyun.com
 * extras: mirrors.aliyun.com
 * updates: mirrors.aliyun.com
Resolving Dependencies
--> Running transaction check
---> Package at.x86_64 0:3.1.13-24.el7 will be updated
---> Package at.x86_64 0:3.1.13-25.el7_9 will be an update
--> Finished Dependency Resolution

Dependencies Resolved

================================================================================
 Package        Arch          Version                 Repository          S
================================================================================
Updating:
 at             x86_64        3.1.13-25.el7_9         updates             5

Transaction Summary
================================================================================
Upgrade  1 Package

Total download size: 51 k
Is this ok [y/d/N]: _
```



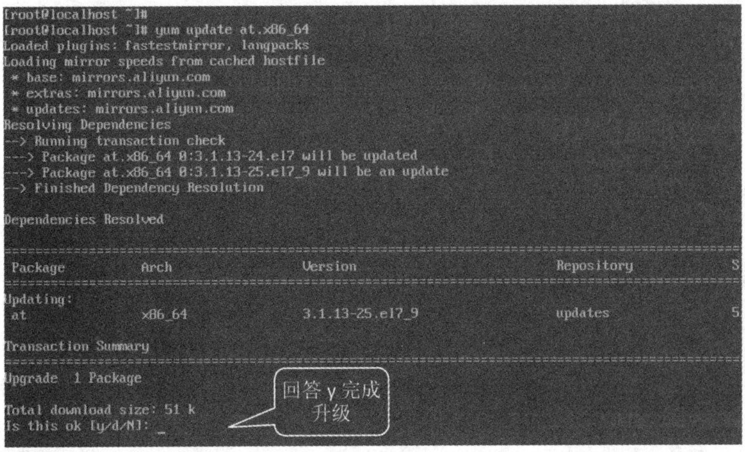

图 2-58　升级软件

### 5.卸载软件

以卸载hexedit为例，如图2-59所示。

[root@localhost ~]#yum remove hexedit_x86.64

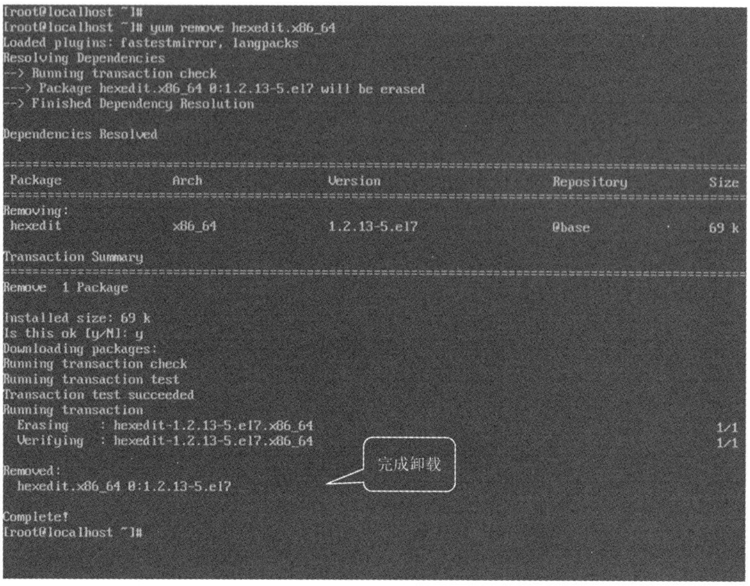

```
[root@localhost ~]#
[root@localhost ~]# yum remove hexedit.x86_64
Loaded plugins: fastestmirror, langpacks
Resolving Dependencies
--> Running transaction check
---> Package hexedit.x86_64 0:1.2.13-5.el7 will be erased
--> Finished Dependency Resolution

Dependencies Resolved

================================================================================
 Package              Arch              Version               Repository    Size
================================================================================
Removing:
 hexedit              x86_64            1.2.13-5.el7          @base         69 k

Transaction Summary
================================================================================
Remove  1 Package

Installed size: 69 k
Is this ok [y/N]: y
Downloading packages:
Running transaction check
Running transaction test
Transaction test succeeded
Running transaction
  Erasing    : hexedit-1.2.13-5.el7.x86_64                                  1/1
  Verifying  : hexedit-1.2.13-5.el7.x86_64                                  1/1

Removed:
  hexedit.x86_64 0:1.2.13-5.el7

Complete!
[root@localhost ~]#
```



图 2-59　完成卸载

## 检查

一、填空题

1.RPM是一种____________。

2.RPM格式的软件包文件名中的noarch表示____________。

3.在____________目录中可以找到RPM安装软件的执行程序。

4.YUM软件包管理工具实现了____________软件安装模式，能自动解决软件之间的关系。

5.YUM通过____________来确定在何处查询、下载软件包。

二、判断题

1.YUM管理的软件包格式仍为RPM格式。（　　）

2.YUM比RPM管理软件包更方便、更智能化。（　　）

3.YUM只能在线安装软件。（　　）

4.所有软件都能通过YUM安装。（　　）

5.RPM能卸载由YUM安装的软件。（　　）

三、简述题

1.CentOS中YUM仓库有哪些？各包含了哪些软件？

2.写出实现下面要求的命令。

（1）查询是否安装了ftp相关软件包。

（2）安装tree-1.5.3-3.el6.x86_64.rpm。

（3）列出YUM管理的软件包。

（4）升级所有软件包。

（5）安装telnet和telnet-server软件包。

# 评价

| 序号 | 评价内容 | 识记 | 理解 | 应用 | 分析 | 评价 | 创造 | 问题 |
|---|---|---|---|---|---|---|---|---|
| 1 | 软件包管理的功能 | | | | | | | |
| 2 | RPM包管理操作 | | | | | | | |
| 3 | YUM包管理系统的组成 | | | | | | | |
| 4 | YUM主配置参数的作用 | | | | | | | |
| 5 | YUM仓库组成与配置 | | | | | | | |
| 6 | YUM包管理基本操作 | | | | | | | |

教师诊断评语：

[ 任务八 ]                                                    NO.8

# 维护系统运行

## 资讯 ⊕

## 任务描述

为了使系统始终保持在良好运行状态，管理员需要密切关注文件系统、内存、进程的运行情况和硬件的使用信息，以此判断系统是否处于正常工作状态，当系统出现异常时，才能及时排除故障。系统管理员必须掌握的知识和运维技能包括以下内容：

①分析系统的启动与初始化；

②收集系统运行状态信息；

③通过日志分析系统运行；

④备份系统重要数据。

## 知识准备

### 一、Linux的启动与初始化

#### 1.认识Linux的初始化进程

Linux系统启动的初始化是启动的后一阶段，由特定的初始化系统来执行，让计算机系统进入用户预定义的运行模式，如命令行模式或图形界面模式。在很长一个时期Linux的初始化采用的是Unix System V（在PC机上运行的Unix）系统使用的初始化系统SysVinit，它是基于运行级别（0~6共7个级别，如level3是多用户命令行模式，level5是X-Window模式）来启动或停止系统要进入的运行模式需要的系统服务。SysVinit的init启动脚本是直接用Shell脚本语言编写，且不能自动管理服务间的依赖关系，只能按预先定义的模式顺序启动服务，导致系统的启动过程缓慢。除此之外，SysVinit不能自动感知并处理即插即用设备和网络共享磁盘的挂载，妨碍Linux的桌面应用。而一种用C语言全新设计的基于事件驱动的初始化系统Systemd以其灵活、强大的功能很快取代SysVinit成为众多Linux发行本的初始化系统。

（1）Systemd初始化系统的组成

Systemd初始化系统功能强大，使用方便，其体系结构比SysVinit要复杂，由底层的函数库、核心层、守护神进程和用户工具组成，如图2-60所示。

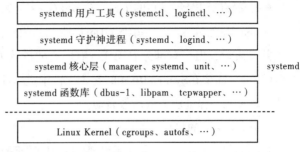

图2-60　Systemd 初始化系统架构

Systemd向后兼容SysVinit，方便旧系统向Systemd系统切换。其基于依赖关系的服务控制逻辑解决了启动进程间的依赖问题，实现服务的高并发启动，基于内核事件驱动机制按需启动服务，减少不必要的服务启动，大大提高了系统的启动速度。Systemd通过内核的控制组Cgroups（Controller Groups）跟踪和管理进程的生命周期，当停止服务时，Systemd可以确保找到所有的相关进程，从而干净地停止服务，极大地降低了系统资源的浪费，提高了系统的性能。

（2）Systemd的单元

Systemd通过单元（Unit）来组织所管理的资源，Systemd的常用单元类型见表2-27。

表2-27　Systemd 常用单元类型

| Unit类型 | 说明 | 示例 |
|---|---|---|
| sevice | 代表一个后台服务进程 | |
| socket | 封装系统和互联网中的一个套接字 | |
| device | 封装一个存在于 Linux 设备树中的设备 | |
| path | 封装文件系统中的一个文件或目录 | |
| mount | 封装文件系统结构层次中的一个挂载点 | |
| automount | 封装系统结构层次中的一个自挂载点 | |
| timer | 用来定时触发用户定义的操作，可以取代 atd、crond 等传统定时服务 | |
| scope | 用于 cgroups，表示从 systemd 外部创建的进程 | |
| snapshot | 快照是一组配置单元，保存了系统当前的运行状态 | |
| swap | 交换配置单元用来管理交换分区 | |
| target | 为其他配置单元进行逻辑分组 | |
| slice | 用于 cgroups，表示一组按层级组织管理 service和scope | |

Systemd单元的配置文件存储在以下3个目录中。

● 管理员创建和管理的单元：/etc/systemd/system

● 系统运行时创建的单元：/run/systemd/system

● 由安装的RPM包发布的单元：/usr/lib/systemd/system

Systemd基于Socket、D-BUS、Device和Path激活机制，使大多数启动任务可以尽可能多地并发启动，但仍有部分启动任务有固有的依赖关系，包括需求依赖、顺序依赖和冲突依赖3种，需要在Systemd单元的配置文件中进行相关定义，而后Systemd就能自动处理这些依赖关系，保证服务的高效启动。

（3）Systemd的目标

Systemd的目标（Target）是指管理一组单元的特殊单元，其配置文件的扩展名为target。一个目标按一定依赖关系组织起来的单元的集合，代表系统启动后的一种运行模式，如想让系统进入图形化用户界面，需要运行一系列的服务和配置命令，这些操作都由一个个的配置单元表示，将所有配置单元组合为一个目标即graphical.targe，表示需要将这些配置单元全部执行一遍以便进入目标所代表的系统运行状态——图形用户界面。Systemd的目标与SysVinit的运行级对应关系见表2-28。

表2-28　Systemd目标与SysVinit运行级对应关系

| Systemd的目标 | SysVinit运行级 | 运行模式 |
| --- | --- | --- |
| poweroff.target | 0 | 关机 |
| rescue.target | 1 | 救援 |
| multi-user.target | 2 | 命令行多用户 |
| multi-user.target | 3 | 命令行多用户 |
| multi-user.target | 4 | 命令行多用户 |
| graphical.target | 5 | 图形多用户界面 |
| reboot.target | 6 | 重新启动 |

（4）Systemd单元和目标的管理

①查看已加载的单元或目标。

systemctl  list-units

②查看已安装的单元或目标。

systemctl  list-units-files

③显示指定类型的单元。

systemctl [list-units ] -t <单元类型>

④查看当前默认的目标。

systemctl  get-default

⑤设置默认目标。

systemctl  set-default <目标配置文件名>

⑥切换当前目标。

systemctl  isolate <目标配置文件名>

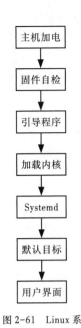

图 2-61　Linux系统启动流程

## 2.Linux系统的启动过程

系统的启动是指从计算机加电开机直到操作系统进入某一用户操作界面的全过程。Linux系统启动过程的启动流程如图2-61所示。

（1）开机自检

主机加电后，存储在主板上一片COMS芯片中的BIOS或UEFI BIOS程序（称为固件）启动运行，从CMOS存储器中读取主机硬件参数配置，然后启动自检程序完成硬件的侦测与初始化，搜寻系统启动设备，接着从启动设备的MBR中加载启动引导程序（Boot Loader）到内存，然后将控制权交给启动引导程序。

（2）启动引导程序

Linux当前广泛使用的启动引导程序是grub2，它向用户显示启动菜单，待用户选择启动项或设定的等待时间超时后，即从硬盘加载Linux核心和initramfs文件。

（3）内核初始化

加载到内存中的Linux内核重新侦测包括内存、CPU、外存储器、网卡等设备，而不是直接使用 BIOS 侦测的硬件参数，然后搜索为设备加载硬件驱动程序。Linux系统中硬件驱动程序被设计成可加载的程序模块存储在 /lib/modules目录中，要读取设备的驱动程序模块就必须要先挂载根目录。但由于硬盘存储设备的驱动程序模块还没有加载，是无法加载根目录的。Linux系统采用的办法是把引导启动程序加载到内存中的initramfs，这个是cpio归档文件解压缩后在内存建立起一个虚拟文件系统ramfs，initramfs文档中有系统开机过程中必需的核心模块，包括那些外存储设备的驱动程序。内核从ramfs中启动/sbin/init初始化进程，它是Systemd的副本，PID为0，Systemd执行initrd.target目标，在ramfs中搜索驱动程序完成硬件初始化，接下来执行initrd-root-fs.tartget目标以只读方式把系统实际的根文件系统挂载到/sysroot，最后执行initrd-switch-root.target目标切换根文件系统到实际的根文件系统，释放到ramfs虚拟文件系统，并把控制权交给实际根文件系统中的Systemd。

（4）Systemd进行系统初始化

Linux内核调用实际硬盘文件系统中的Systemd副本重新执行，其PID为1。Systemd执行系统配置的默认目标，引导系统进入用户设置的运行模式——命令行用户界面或图形用户界面，等待用户登录，至此系统启动完成。

## 二、收集系统信息

### 1.查看系统基本信息

用户全面了解系统的基本信息有助于使用与管理。

（1）查看系统硬件信息

| | |
|---|---|
| lshw | #查看系统硬件全面信息 |
| lspci/lsusb | #查看系统PCI/USB接口信息 |
| lscpu | #查看系统CPU信息 |
| free –m | #查看系统内存使用信息，cat /proc/meminfo |

（2）查看软件系统信息

| | |
|---|---|
| uname –r | #查看Linux的内核版本 |
| arch | #查看系统架构 |
| lsmod | #查看系统加载的模块 |
| dmesg | #查看系统过程的输出信息 |
| date | #查看系统日期和时间，或用timedaectl |
| hostname | #查看系统主机名，或用hostnamectl |
| locale | #查看语言与键盘设置，或用localectl |

2.查看系统运行状态信息

（1）查看进程信息

top [–csinb] [–d<n>]

–c：显示进程的完整路径及名称

–s：安全模式，不允许交互式指令

–i：不显示任何闲置或僵尸进程

–n：设定显示的总次数，完成后将会自动退出

–b：批处理模式，不进行交互式显示

–d <n>：设置刷新时间，单位：秒

top输出的信息包括两大部分，位于上部的信息统计区和下方的进程信息列表区。它输出字段的含义见表2-29。

表2-29　top命令的输出字段

| 输出字段 | 说明 |
|---|---|
| PID | 进程的ID号 |
| USER | 启动进程的用户名 |
| PR | 进程运行的优先级，值小优先 |
| NI | 进程运行优先级调整值，负值提高优先级 |
| VIRT | 进程使用的虚拟内存大小 |
| RES | 进程使用的未交换到交换区的物理内存大小 |

续表

| 输出字段 | 说明 |
|---|---|
| SHR | 使用的共享内存大小 |
| S | 进程运行状态，R运行、S睡眠、D深度睡眠、T跟踪、Z僵尸 |
| %CPU | 占用CPU百分比 |
| %MEM | 使用物理内存百分比 |
| TIME+ | 使用CPU总时间，单位ms |
| COMMAND | 进程的命令名 |

top为用户提供了交互操作命令，以方便用户查看进程各方信息，其常用命令见表2-30。

表2-30　top常用交互命令

| 命令 | 功能 | 命令 | 功能 |
|---|---|---|---|
| 空格/回车 | 刷新 | g[1-4] | 切换窗口显示方案 |
| u/U | 显示指定用户进程 | r | 重设进程优先级 |
| d | 设置刷新时间 | k | 结束进程 |
| x | 加亮排序字段 | y | 加亮正在运行的进程 |
| c | 是否显示完整路径 | M | 按%MEM排序 |
| N | 按PID排序 | P | 按%CPU排序 |
| i | 是否显示闲置/僵死进程 | q | 退出top |

（2）查看系统I/O统计信息

系统I/O统计信息有助于用户了解CPU和磁盘的数据读写情况。

iostat [-c|-d] [-k|-m] [-p]

-c：仅显示CPU使用情况

-d：仅显示磁盘利用率

-k：显示状态以千字节每秒为单位，而不使用块每秒

-m：显示状态以兆字节每秒为单位

-p：显示块设备和所有被使用的其他分区的状态

（3）查看CPU使用信息

mpstat [采样时间间隔] [输出次数]

（4）查看内存使用信息

vmstat [-f][-s][-d][-p<分区设备名>][-S<单位名>]

–f：显示启动后创建的进程总数

–s：显示内存使用统计数据

–d：输出磁盘使用情况

–p <分区设备名>：显示指定硬盘分区的使用信息

–S<单位名>：输出信息的单位，单位名k、m

### 三、系统日志系统

日志系统用于记录系统运行过程中发生的所有事件，包括什么时间、在什么主机上、哪个进程、做了什么（读、写、修改了什么数据），这些信息称为日志数据（Log）。用户通过查看日志数据可以准确找到系统问题所在，有助于排查、修复故障。Linux系统的内存、文件、网络等子系统把运行过程中的消息统一发送到一个公共的信息系统，这就是日志系统（Syslog）。日志系统是专门用于接收各子系统要发送给用户的信息，然后进行分类、存储并管理这些日志数据的软件系统。当前使用的日志系统有syslog、rsyslog，CentOS 7使用rsyslog。

#### 1.认识rsyslog

rsyslog是一个开源日志系统，采用模块化设计，兼容基本的syslog日志系统，其守护神进程是rsyslogd，通过读取主配置文件/etc/rsyslog.conf来设置日志行为。

（1）rsyslog的配置文件/etc/rsyslog.conf

rsyslog的配置文件结构由Global Directives（全局指令）、Templates（模板）、Output channels（输出通道）和Rules（规则）组成。

全局指令设置rsyslog的全局特性，如工作目录、主队列大小、加载的外部模块等；模板指定消息的格式；输出通道提供用户想要的任何输出类型的预定义；规则用于定义消息的规则，说明消息的生产者、消息的级别和采取的动作。

规则的一般格式为：生产者、消息级别、动作

规则中生产者、消息级别和动作的含义见表2-31。

表2-31　规则的生产者、消息级别和动作

| 生产者 | 说明 | 级别 | 说明 | 动作 | 说明 |
|---|---|---|---|---|---|
| auth | 认证授权 | emerg | 紧急错误 | filename | 保存到文件 |
| authpriv | 认证授权 | alert | 告警错误 | :omusrmsg:users | 发送给用户 |
| kern | 内核 | crit | 临界错误 | @hostname | 通过UDP发送给主机 |
| user | 用户级 | err | 较重错误 | @@hostname | 通过TCP发送给主机 |
| daemon | 系统服务 | warn | 警示信息 | INamed_pipe | 发送到命名管道 |

续表

| 生产者 | 说明 | 级别 | 说明 | 动作 | 说明 |
|---|---|---|---|---|---|
| mail | 邮件系统 | notice | 通知信息 | discard | 丢弃 |
| cron | 任务计划 | info | 基本信息 | Output channels | 发送给输出通道 |
| ftp | FTP通信 | debug | 调试信息 | | |
| lpr | 打印服务 | | | | |
| news | 新闻组服务 | | | | |
| uucp | Unix数据交换 | | | | |
| local0~7 | 本机用户 | | | | |
| * | 所有 | | | | |

（2）常见的日志文件

rsyslog日志系统的日志文件存储在/var/log目录中，大多数日志文件是文本文件，个别为二进制文件。文件中每行就是一条日志消息，从左向右依次包含以下4个方面的内容。

事件发生的时间

事件发生的主机

引发事件的程序名

事件的具体信息

常见的日志文件见表2-32。

表2-32　常见日志文件

| 日志文件 | 说明 |
|---|---|
| boot.log | 本次系统启动相关消息 |
| cron | 计划任务 |
| dmesg | 系统启动各项消息 |
| messages | 系统发生的所有消息 |
| audit/ | 认证消息 |
| mailog | 邮件系统消息 |
| secure | 账号登录消息 |
| yum.log | YUM在线升级更新消息 |
| utmp | 用户登录终端、注销、系统事件（二进制格式） |
| wtmp | 用户登录和退出系统的时间消息（二进制格式） |
| btmp | 用户失败的登录事件（二进制格式） |

续表

| 日志文件 | 说明 |
|---|---|
| lastlog | 所有账户最近一次登录消息（二进制格式） |
| samba/ | Samba服务消息 |
| vsftpd.log | vsftpd服务消息 |
| httpd/ | Apache服务消息 |
| firewalld | 防火墙消息 |

对于文本格式的日志文件，直接使用文件查看命令cat、more、less、head或结合grep来阅读日志内容，而对于二进制日志文件需要使用相应的命令来查看。

```
who|w                #查看/var/run/utmp
lastlog              #查看/var/log/lastlog
last                 #查看/var/log/wtmp
lastb                #查看/var/log/btmp
```

（3）管理rsyslog服务

rsyslog服务是由systemd管理的，当修改了配置文件后，需要重新启动服务以使用新的配置参数。

```
systemctl start | stop |restart |status rsyslog
```

2.日志的轮替

日志文件随着系统的运行会变得越来越冗长，不便于查询。Linux系统通常轮替措施，把当前日志文件备份，创建新的空日志文件来存储新的日志消息，按设定的轮替周期，重复这样的操作，当旧日志文件数超过备份数目，则删除最早的备份，这样既能保证最新的日志文件不太大，也能有足够量日志备份。日志轮替是logrotate程序实现，它根据配置文件/etc/logrotate.log执行日志轮替。

```
logrotate [-f] [-m <命令>] <配置文件路径>
```

-f：强制执行日志轮替

-m <命令>：指定发送邮件的程序，默认/usr/bin/mail

配置文件/etc/logrotate.log的主要配置选项见表2-33。

表2-33　logrotate配置文件主要选项

| 选项 | 说明 |
|---|---|
| daily | 日志轮替周期为每天 |
| weekly | 日志轮替周期为每周 |
| monthly | 日志轮替周期为每月 |

| 选项 | 说明 |
|------|------|
| create\|nocreate | 创建/不创建新日志文件 |
| dateext | 备份日志文件名加上日期 |
| compress\|nocompress | 压缩/不压缩日志备份 |
| rotate \<n\> | 指定日志备份数，0表示不备份 |
| size \<n\> | 设置日志文件达到指定大小才轮替，以KMG后缀单位 |
| olddir\<目录\> | 指定旧日志文件的转储目录，noolddir与当前日志同目录 |
| prerotate…endscript | 日志轮替之前要执行的命令置入此标签中 |
| postrotate…endscript | 日志轮替之后要执行的命令置入此标签中 |
| ifempty\|notifempty | 空日志文件也轮替/空日志文件不轮替 |
| missingok | 日志文件丢失，继续下一个而不报错 |
| include \<目录\> | 把指定目录的配置文件包含到本配置文件中 |

/etc/logrotate.log是对日志轮替的全局配置，而将具体服务的日志轮替配置保存在/etc/logrotate.d目录中，使用include把目录中的所有配置文件包含进/etc/logrotate.log中，供logrotate命令执行定制的日志轮替操作。logrotate的执行一般配置成计划任务，而无需手工执行。

## 四、数据备份

主机中的数据会因硬件故障、软件错误、病毒感染、黑客入侵、自然灾害等原因而致破坏或丢失，将给组织或企业带来无法挽回的损失，因此，数据备份工作是系统管理的重要工作。备份就是把数据从一个文件系统复制转存到别的存储介质上的工作，存储到另个介质上的数据副本称为数据的备份。数据备份可在系统发生数据丢失或损坏后，把系统恢复到备份数据时的状态，从而把损失降到最低。

### 1.备份介质与存放

备份介质是用来存储数据副本的存储设备，一般有移动磁盘、光盘、磁带。备份存放的位置按如下优先顺序排列为：与源计算机不同的建筑、同一建筑的不同房间、同一房间的不同计算机、同一计算机的另一块硬盘、同一硬盘的另一分区。对于极重要的数据宜采用多备份策略并存放到不同的地理位置上。

### 2.备份策略

（1）完全备份

完全备份就是对系统的全部数据实施备份。完全备份工作量大，耗时长，占用存储空间大。当系统故障时，可一次性完成恢复操作。

（2）增量备份

增量备份是在完全备份的基础上，每隔一个时段备份一次这个期间发生改变的内容。当系统故障时，先用完全备份进行恢复，然后按日期先后逐个恢复增量备份，把系统恢复到最近状态。增量备份执行快、占用存储空间小，恢复时要多次执行恢复操作。

（3）差分备份

差分备份与增量备份相似，每月进行一次完全备份，完全备份后会更改全部数据。当系统出现数据损失时，使用最近的完全备份和其后的差分备份就可以较快的速度恢复系统。差分备份具有备份速度快、占用空间较小、恢复快的特点。

### 3.需要备份的数据

对一个组织或企业来说重要的数据就是需要备份的数据，首先是那些用户数据，然后是系统中各种服务的配置文件和相关的数据文件，对于Linux系统来说，表2-34所列的目录中的数据是需要备份的。

表2-34　Linux系统中需要备份的数据

| 目录 | 数据 |
| --- | --- |
| /home | 用户主目录，存储用户数据 |
| /root | 根用户主目录 |
| /etc | 系统的各种配置文件 |
| /var | 系统服务使用的数据 |
| /usr/local | 自行安装的软件包及数据 |
| /opt | 第三方软件包及数据 |

### 4.备份工具

进行数据备份时，往往把多个文件合并成一个文档，然后再复制、传输保存到备份存储设备上。

（1）文件打包

tar [-zxtcvpjJxfP] <备份包文件> <要备份的数据文件>

（2）制作cpio归档文件

cpio即copy-io，它有copy-in（备份）、copy-out（恢复备份）和copy-pass（复制）三种模式，常用前两种模式。

cpio　[选项]　[>|< <备份文档名>]

-o：执行copy-out模式，建立备份文档

-i：执行copy-in模式，还原备份文档

–p：把一个目录整个复制到另一目录下

–0：接受新增列控制字符，通常配合find指令的"–print0"参数使用

–A：附加到已存在的备份文档中

–B：将输入/输出的区块大小改成5 210B

–C<区块大小>：设置输入/输出的区块大小，单位是字节

–d或––make–directories：如有需要cpio会自行建立目录；

–F<备份文档>：指定备份档的名称，用来取代标准输入或输出

–H<备份格式>：指定备份文档格式，bin二进制（默认）、newc、crc、tar等

–I<备份文档>：指定备份文档名称，用来取代标准输入

–L：不建立符号连接，直接复制该连接所指向的原始文件

–O<备份档>：指定备份档的名称，用来取代标准输出

–u：直接覆盖已有文件

–v：显示指令详细的执行过程

––no–absolute–filenames：使用相对路径建立文件名称

––no–preserve–owner：不保留文件的拥有者，谁解开了备份档，那些文件就归谁所有

（3）读取并输出数据

dd即disk dump，实现磁盘转储，它读取指定的文件，经转换后再输出。

dd [选项]　if=<文件名> of=<文件名>

if=<文件名>：指定输入文件

of=<文件名>：指定输出文件

bs=<n>：设置输入与输出块的大小，默认单位字节，可用kB，MB，GB

ibs=<n>：指定每次读取的字节数

obs=<n>：指定每次输出的字节数

cbs=<n>：指定每次只转换指定的字节数，配合conv使用

conv=<方式>：指定文件转换的方式，ascii、ebcdic、lcase、ucase等

count=<n>：指定读取的块数；

seek=<n>：输出时跳过指定的区块数

skip=<n>：读取时跳过指定的区块数

（4）数据转储与恢复

①数据转储

xfsdump　[选项] –f<备份文件名>　–s <待备份目录>　<备份源>

–l <n>：指定备份的层级0–9，0表示完全备份，大于0表示增量备份

–L<标签名>：设定备份工作的标签

–M <标签名>：设定备份介质的标签

–I：列出当前已备份信息

–s <待备份目录>：指定备份源中要备份的目录

<备份源>：是一个文件系统

②数据恢复

xfsrestore [选项] –f <备份文件名>　–s <待恢复目录>　<恢复目的地>

–L<标签名>：设定备份工作的标签

–M <标签名>：设定备份介质的标签

–s <待恢复目录>：指定恢复数据的目录

<恢复目的地>：是一个文件系统

（5）远程数据同步

Linux系统的rsync远程数据同步程序可通过网络快速同步不同主机上的文件或目录，也可以同步本地文件系统中不同目录的文件。

本地同步

rsync [选项] <源目录> <目的目录>

–c：打开校验开关，强制对文件传输进行校验

–a：归档模式，表示以递归方式传输文件，并保持文件所有属性，等于–rlptgoD

–r：对子目录以递归模式处理

–R：使用相对路径信息

–b：对目的已经存在同名文件重命名为~filename

--backup–dir <目录名>：将备份文件存放在指定的目录下

–suffix=<前缀名>：定义备份文件前缀。

–l：保留软链接

–H：保留硬链接

–p：保持文件权限

–o：保持文件属主信息

–g：保持文件属组信息

–D：保持设备文件信息

–t：保持文件时间信息

--delete：删除那些目的端有而源端没有的文件

--delete–after：传输结束以后再删除

--partial：保留那些因故没有完全传输的文件，以加快随后的再次传输

–T --temp–dir=DIR 在DIR中创建临时文件。

--compare–dest=DIR 同样比较DIR中的文件来决定是否需要备份

–z：对备份的文件在传输时进行压缩处理

--exclude=<模式文件名>：指定排除不需要传输的文件模式

--include=<模式文件名>：指定需要传输的文件模式

远程同步

远程同步最简单的方式是使用ssh，在执行远程同步时，先检查SSH服务是否正常，执行systemctl status sshd查看SSH服务状态。

rsync [选项] <用户@远程主机：源目录> <本地目录>　　#远程同步到本地

rsync [选项] <本地目录> <用户@远程主机：源目录>　　#本地同步到远程

## 计划&决策

四方科技有限公司的服务器需要保证随时都要处于正常工作状态，这要求系统管理员加强系统性能监视，保证日志系统正常工作，对重要服务的日志数据坚持每日分析记录，做到系统异常及时发现及时解决，备份重要数据，确保在最短时间内恢复系统正常工作。为此信息中心决定由管理员分头完成下面工作后，再集中分析，诊断系统的工作状态。工作计划如下：

①分析系统启动过程，熟悉系统初始化细节；

②监视收集系统运行数据；

③维护日志系统，分析服务日志数据；

④备份系统重要数据。

## 实施 🔍

## 一、查看系统基础信息

### 1.查看CPU配置信息

管理员需要清楚所管理的服务器CPU配置情况，如图2-62所示。

[root@localhost ~]#lscpu

### 2.查看内存与外存信息

内存和外存配置是又一重要的系统信息，如图2-63可获得当前系统的中内存的使用情况和外存储器的配置情况。

[root@localhost ~]#free –h

[root@localhost ~]#lsblk

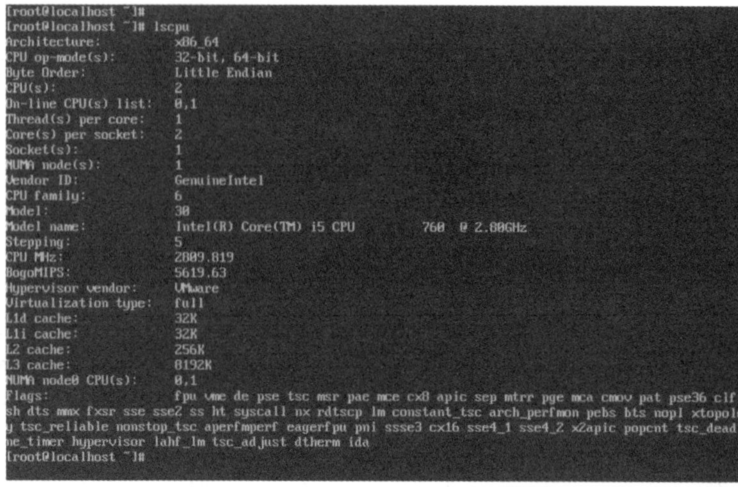

```
[root@localhost ~]#
[root@localhost ~]# lscpu
Architecture:          x86_64
CPU op-mode(s):        32-bit, 64-bit
Byte Order:            Little Endian
CPU(s):                2
On-line CPU(s) list:   0,1
Thread(s) per core:    1
Core(s) per socket:    2
Socket(s):             1
NUMA node(s):          1
Vendor ID:             GenuineIntel
CPU family:            6
Model:                 30
Model name:            Intel(R) Core(TM) i5 CPU        760  @ 2.80GHz
Stepping:              5
CPU MHz:               2809.819
BogoMIPS:              5619.63
Hypervisor vendor:     VMware
Virtualization type:   full
L1d cache:             32K
L1i cache:             32K
L2 cache:              256K
L3 cache:              8192K
NUMA node0 CPU(s):     0,1
Flags:                 fpu vme de pse tsc msr pae mce cx8 apic sep mtrr pge mca cmov pat pse36 clflu
sh dts mmx fxsr sse sse2 ss ht syscall nx rdtscp lm constant_tsc arch_perfmon pebs bts nopl xtopolog
y tsc_reliable nonstop_tsc aperfmperf eagerfpu pni ssse3 cx16 sse4_1 sse4_2 x2apic popcnt tsc_deadli
ne_timer hypervisor lahf_lm tsc_adjust dtherm ida
[root@localhost ~]#
```

图 2-62　查看 CPU 配置信息

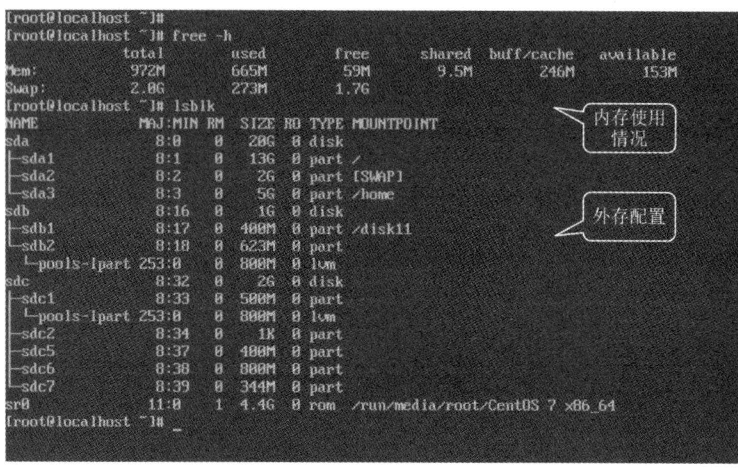

```
[root@localhost ~]#
[root@localhost ~]# free -h
              total        used        free      shared  buff/cache   available
Mem:           972M        665M         59M        9.5M        246M        153M
Swap:          2.0G        273M        1.7G
[root@localhost ~]# lsblk
NAME            MAJ:MIN RM  SIZE RO TYPE MOUNTPOINT
sda               8:0    0   20G  0 disk
├─sda1            8:1    0   13G  0 part /
├─sda2            8:2    0    2G  0 part [SWAP]
└─sda3            8:3    0    5G  0 part /home
sdb               8:16   0    1G  0 disk
├─sdb1            8:17   0  400M  0 part /disk11
└─sdb2            8:18   0  623M  0 part
  └─pools-lpart 253:0    0  800M  0 lvm
sdc               8:32   0    2G  0 disk
├─sdc1            8:33   0  500M  0 part
│ └─pools-lpart 253:0    0  800M  0 lvm
├─sdc2            8:34   0    1K  0 part
├─sdc5            8:37   0  400M  0 part
├─sdc6            8:38   0  800M  0 part
└─sdc7            8:39   0  344M  0 part
sr0              11:0    1  4.4G  0 rom  /run/media/root/CentOS 7 x86_64
[root@localhost ~]# _
```



图 2-63　系统存储信息

### 3.查看Linux系统内核版本与系统本地化设置

Linux系统运行支持的硬件和软件都与系统内核版本有关，软件运行还与系统本地化设置相关，如图2-64可得到这方面的基本信息。

[root@localhost ~]#uname –r

[root@localhost ~]#locale

### 4.监视系统运行实时数据

如图2-65所示可以实时监视系统的运行状态，通过CPU、内存的使用情况可以分析当前系统的负荷，可适度调整来保证服务的性能。

[root@localhost ~]#top

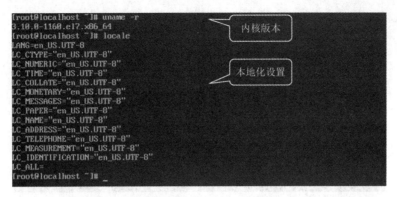

图 2-64　系统内核与本地化设置

```
top - 14:52:40 up  6:39,  2 users,  load average: 0.00, 0.05, 0.05
Tasks: 217 total,   1 running, 216 sleeping,   0 stopped,   0 zombie
%Cpu(s):  0.0 us,  0.3 sy,  0.5 ni, 99.0 id,  0.0 wa,  0.0 hi,  0.2 si,  0.0 st
KiB Mem :   995704 total,    68856 free,   678992 used,   247856 buff/cache
KiB Swap:  2097148 total,  1816868 free,   280280 used.   159212 avail Mem

  PID USER      PR  NI    VIRT    RES    SHR S  %CPU %MEM     TIME+ COMMAND
 8382 root      30  10  319804  12416   4044 S   6.6  1.2   0:09.45 urlgrabber-ext-
 8388 root      20   0  162100   2352   1572 R   1.0  0.2   0:00.46 top
   14 root      20   0       0      0      0 S   0.7  0.0   0:03.51 ksoftirqd/1
 2642 root      20   0  609528   5096   1840 S   0.7  0.5   0:41.09 vmtoolsd
  311 root      20   0       0      0      0 S   0.3  0.0   0:13.47 xfsaild/sda1
  619 root      20   0  295564   1988   1488 S   0.3  0.2   0:41.77 vmtoolsd
 1367 root      20   0  331436  24600   5544 S   0.3  2.5   1:12.06 X
 2475 root      20   0  527844    716    472 S   0.3  0.1   0:01.69 goa-identity-se
    1 root      20   0  194216   4660   2260 S   0.0  0.5   0:05.53 systemd
    2 root      20   0       0      0      0 S   0.0  0.0   0:00.83 kthreadd
    4 root       0 -20       0      0      0 S   0.0  0.0   0:00.00 kworker/0:0H
    6 root      20   0       0      0      0 S   0.0  0.0   0:04.97 ksoftirqd/0
    7 root      rt   0       0      0      0 S   0.0  0.0   0:00.17 migration/0
    8 root      20   0       0      0      0 S   0.0  0.0   0:00.00 rcu_bh
    9 root      20   0       0      0      0 S   0.0  0.0   0:12.05 rcu_sched
   10 root       0 -20       0      0      0 S   0.0  0.0   0:00.00 lru-add-drain
   11 root      rt   0       0      0      0 S   0.0  0.0   0:06.60 watchdog/0
   12 root      rt   0       0      0      0 S   0.0  0.0   0:04.16 watchdog/1
   13 root      rt   0       0      0      0 S   0.0  0.0   0:00.12 migration/1
   16 root       0 -20       0      0      0 S   0.0  0.0   0:00.00 kworker/1:0H
   18 root      20   0       0      0      0 S   0.0  0.0   0:00.00 kdevtmpfs
   19 root       0 -20       0      0      0 S   0.0  0.0   0:00.00 netns
   20 root      20   0       0      0      0 S   0.0  0.0   0:00.02 khungtaskd
   21 root       0 -20       0      0      0 S   0.0  0.0   0:00.00 writeback
   22 root       0 -20       0      0      0 S   0.0  0.0   0:00.00 kintegrityd
   23 root       0 -20       0      0      0 S   0.0  0.0   0:00.00 bioset
   24 root       0 -20       0      0      0 S   0.0  0.0   0:00.00 bioset
   25 root       0 -20       0      0      0 S   0.0  0.0   0:00.00 bioset
   26 root       0 -20       0      0      0 S   0.0  0.0   0:00.00 kblockd
   27 root       0 -20       0      0      0 S   0.0  0.0   0:00.00 md
```

图 2-65　系统的实时运行信息

## 二、查看系统日志

### 1.查看文本格式的日志

Linux系统普遍使用rsyslog日志系统，从主配置文件/etc/rsyslog.conf中可以看到大多数日志数据保存在/var/log目录下的相应文件中，其中大多为文本格式的日志文件，如图2-66所示查看yum包管理的日志。

[root@localhost ~]#ll /var/log

[root@localhost ~]#cat /var/log/yum.log

[root@localhost ~]#tail /var/log/cron

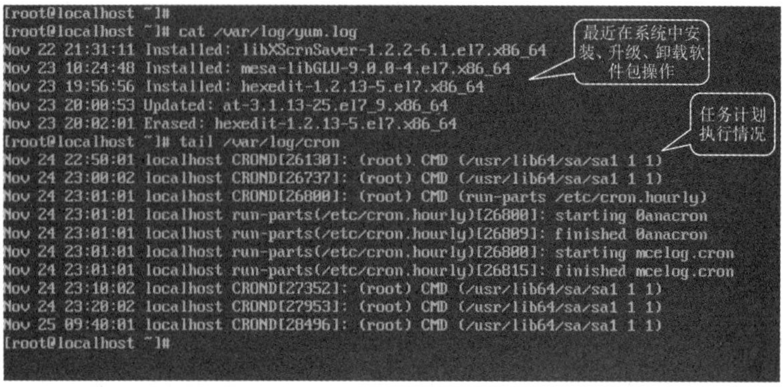

图 2-66　查看文件本格式的日志

## 2.查看二进制日志文件

使用文本文件查看工具打开二进制日志文件读得的是乱码，需要使用专门的命令来查看，如图2-67所示。

[root@localhost ~]#who

[root@localhost ~]#last

[root@localhost ~]#lastb

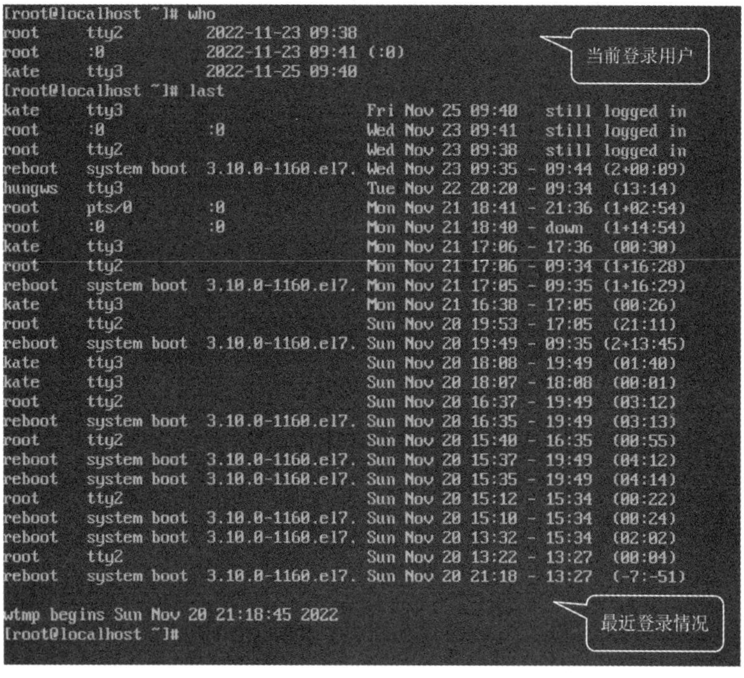

图 2-67　查看二进制日志文件

### 三、备份数据

#### 1.使用tar打包文件

当要备份一个目录中的数据时，通过tar把目录中的所有文件打包成一个文件，然后复制到备份设备上来实现数据备份；在恢复数据时，只需要系统解包到指定目录即完成数据恢复，如图2-68所示。

[root@localhost ~]#tar –zcvPf  /disk11/kate20221125.tar.gz /home/kate/*

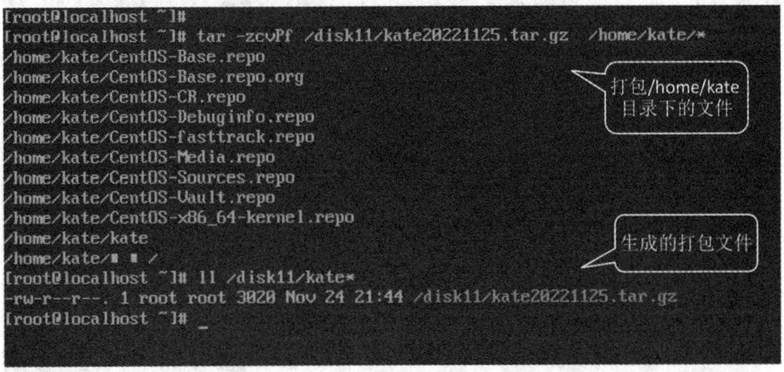

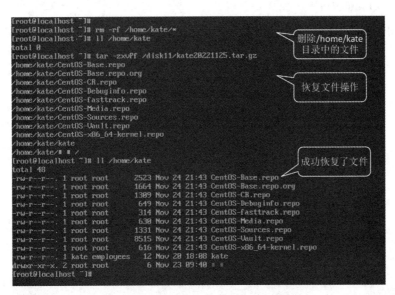

图2-68    tar打包备份数据

用生成的打包文件恢复被删除的文件，如图2-69所示。

[root@localhost ~]#rm –rf /home/kate/*

[root@localhost ~]#tar –zxvPf /disk11/kate20221125.tar.gz

图2-69    tar恢复丢失的文件

## 2.使用cpio建立归档文件

使用cpio建立归档文件，如图2-70所示。

[root@localhost ~]#find /home/kae −name *.repo | cpio −o −O /disk11/kate.cpio

[root@localhost ~]#cpio −i −I /disk11/kate.cpio

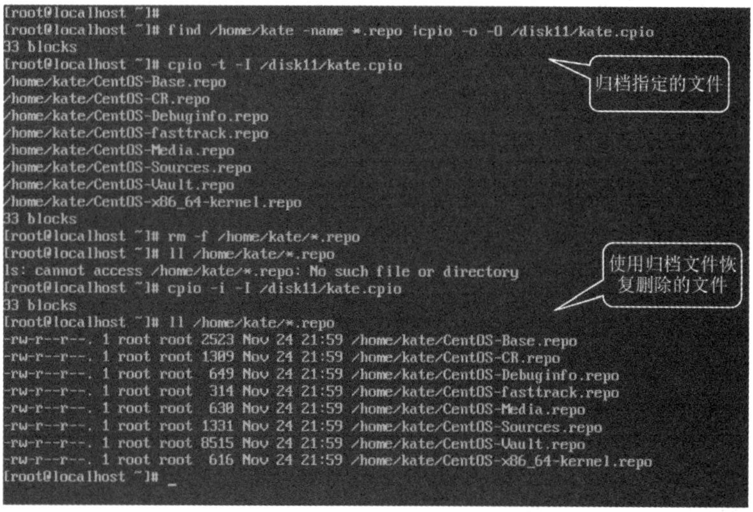

图2-70　cpio备份与恢复数据

## 3.使用dd转储整个分区

要把整个分区全备份，使用命令dd实现，如图2-71，所示备份/dev/sdb1分区到文件/mnt/vdisk/disk11.img中。

[root@localhost ~]#dd if=/dev/sdb1 of=/mnt/vdisk/disk11.img

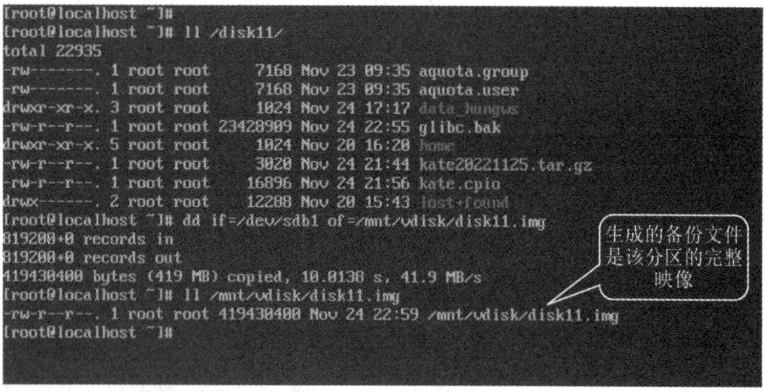

图2-71　使用dd转储整个分区

/disk11目录是分区/dev/sdb1的挂载点，删除/disk11目录中的所有文件即等同于删除了分区/dev/sdb1的所有数据，如图2-72所示，使用已生成的分区映像文件来恢复分区中的数据。

```
[root@localhost ~]#rm –rf /disk11                              #模拟数据丢失
[root@localhost ~]#umount /dev/sdb1                           #先卸载分区
[root@localhost ~]#dd if=/mnt/vidsk/disk11.img of=/dev/sdb1
```

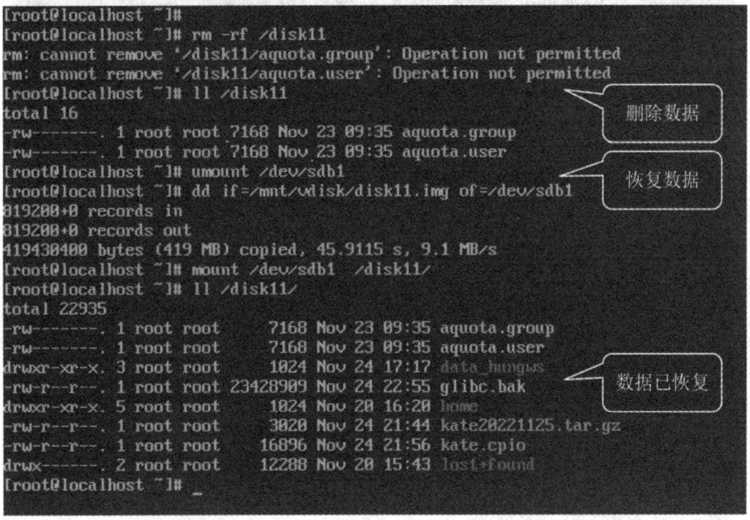

图 2-72　dd 数据备份与恢复

## 4.使用xfsdump备份指定目录的数据

xfsdump可备份分区或指定分区中的一个目录，如图2-73所示，备份用户kate的工作目录/home/kate。

```
[root@localhost ~]#xfsdump –L 20221125 –M disk11 –f /disk11/kate20221125 –s kate /home
```

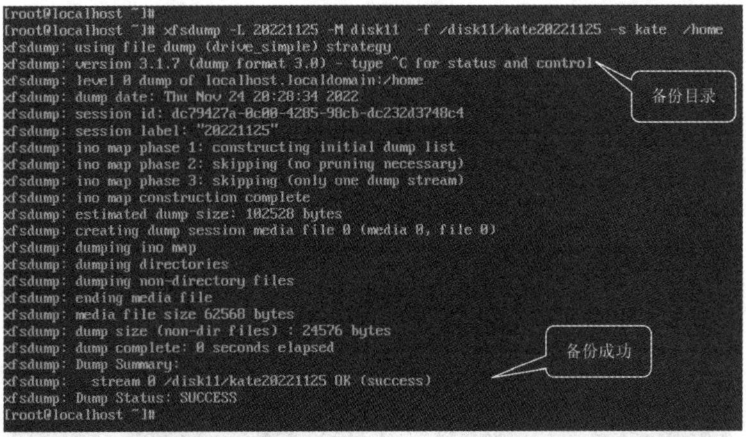

图 2-73　xfsdump 备份数据

当源数据丢失时，通过xfsrestore命令使用 xfsdump的备份文档来恢复数据，如图2-74所示。

[root@localhost ~]#xfsrestore　　–f /disk11/kate20221125 –s kate  /home

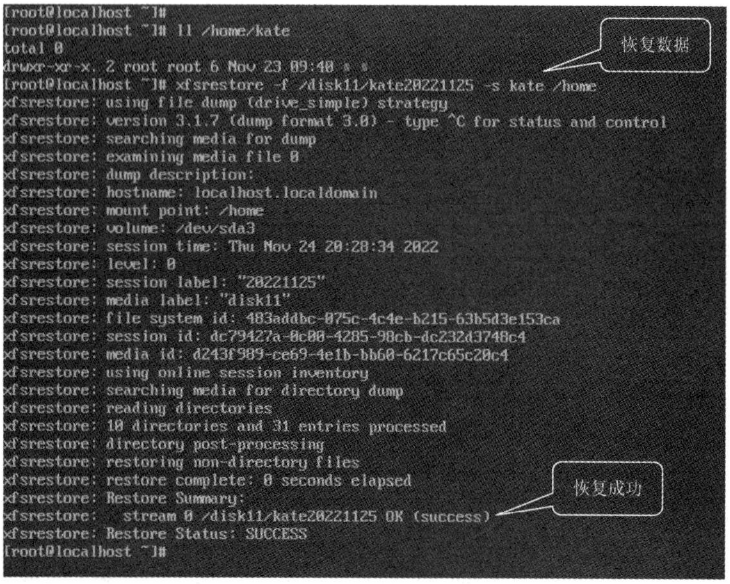

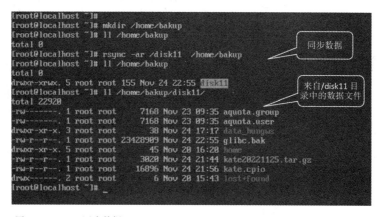

图 2-74　xfsrestore 恢复数据

5.同步文件

rsync提供了两个目录间数据的同步功能，可以把需要备份的目录和作为备份的目录作为rsync命令同步的两个目录来实现数据备份，如图2-75所示，新建/home/bakup作为备份目录，用于备份/disk11目录中的数据。

[root@localhost ~]#mkdir /home/bakup

[root@localhost ~]#rsync –ar /disk11 /home/bakup

图 2-75　rsync 同步数据

## 检查

**一、填空题**

1.CentOS 采用的初始化系统是_____。

2.Systemd 通过_____来组织所管理的资源。按一定依赖关系组织起来的单元的集合称为_____，其代表了一种系统的_____。

3.执行_____可以获得Linux系统内核的版本信息。

4._____记录了系统运行过程中发生的任何事件。

5._____是CentOS 7默认采用的日志系统。

6.日志文件有_____和_____两种格式。日志文件存储在_____。

7._____是保护数据安全的基本方法。

**二、判断题**

1.Systemd目标代表了系统的一种运行模式。　　　　　　　　　　（　　　）

2.Linux内核不依赖BIOS检测的硬件参数来加载相关驱动程序。　（　　　）

3.日志是管理员排除系统故障的重要依据。　　　　　　　　　　（　　　）

4.日志轮替将产生大量的日志文件。　　　　　　　　　　　　　（　　　）

5.重要的日志数据采用二进制文件存储以防篡改。　　　　　　　（　　　）

6.完全备份是最好的备份方式。　　　　　　　　　　　　　　　（　　　）

**三、简述题**

1.描述Linux系统的启动流程。

2.日志记录包含哪些方面的内容？

3.日志信息有哪些级别？

4.常用的备份工具有哪些？

5.写出下列要求的命令。

（1）查看当前默认设置的目标。

（2）把/etc下的所有后缀名为conf的文件制作成归档文件sysconf.cpio。

（3）把系统中第1块硬盘的第4分区完全备份到/home/sda4_202212.img中。

（4）把本在/home/data目录中的文件同步备份到主fsrv.hws.com主机的/var/databackup目录中。

（5）查看系统启动日志数据。

## 评价

| 序号 | 评价内容 | 识记 | 理解 | 应用 | 分析 | 评价 | 创造 | 问题 |
|---|---|---|---|---|---|---|---|---|
| 1 | Linux系统启动与初始化过程 | | | | | | | |
| 2 | systemd单元和目标 | | | | | | | |
| 3 | 系统信息的收集与查看 | | | | | | | |
| 4 | 日志系统与rsyslog | | | | | | | |
| 5 | 日志的基本管理 | | | | | | | |
| 6 | 数据备份与恢复相关概念 | | | | | | | |
| 7 | 数据备份与恢复基本操作 | | | | | | | |

教师诊断评语：

## ［任务九］

# 实现管理自动化

## 资讯 ①

### 任务描述

　　四方科技有限公司信息中心的系统管理员发现日常管理工作有大量需要重复执行的操作，每次都要一条一条输入命令，不但效率低下，而且时间一长还单调枯燥，他们想实现一切常规管理操作的流程化、自动化。Shell的脚本编程能力为自动化管理提供了一种简便的途径。为此，他们需要进一步研究Shell的使用技能和编程方法，内容包括：

①Shell的变量和工作环境设置；

②Shell的高效操作；

③Shell编程基础。

## 知识准备

### 一、工作环境与Shell变量

Linux是多用户操作系统，不同的用户有其个性化的要求，如用户要求在不同的路径下搜索执行程序、需要使用不同的工作语言等，这些工作要求称为系统的环境。为给用户提供不同的工作环境，就需要让系统能读取不同的参数来设置用户环境。通过在内存中建立变量来存储参数值，即可供系统进程和其他用户程序使用，实现用户环境个性化设置。

#### 1.Shell变量的类型

在Linux中Shell是常用用户界面，因此把存储用户环境参数的变量称为Shell变量。根据变量的作用不同可分为系统变量、环境变量和用户变量3种。

系统变量：由Linux系统定义的，并在系统启动时加载到内存中的变量，也称为内部变量。系统变量可被系统进程和用户程序使用，但不能被修改，如BASH_VERSION、HOME等。

环境变量：由Shell程序和应用程序定义的变量，用户通过修改这些变量的值来设置自己的工作环境，如PATH、JAVA_HOME等。

用户变量：由用户在Shell中自定义的Shell变量，主要用于Shell脚本代码中。

#### 2.设置用户工作环境

用户工作环境分为登录用户和非登录用户（一些服务用户，无须登录Shell）两种。对于登录用户通过编辑全局环境配置文件/etc/profile和用户私有环境配置文件~/.bash_profile来设定用户最终的工作环境，而对于非登录用户的工作环境则是设置全局配置文件/etc/bashrc和用户私有配置文件~/.bashrc来实现工作环境的定制。系统启动时加载环境配置文件的顺序如图2-76所示。

bash首先执行/etc/profile脚本，/etc/profile脚本先依次执行/etc/profile.d/*.sh，接着bash执行用户主目录下的.bash_profile脚本，.bash_profile脚本再执行用户主目录下的.bashrc脚本，然后.bashrc脚本调用/etc/bashrc完成用户工作环境变量的设置。多级脚本策略为用户工作环境变量设置提供了极大的灵活性。

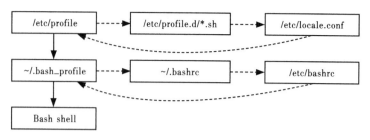

图2-76 环境配置文件的加载顺序

用户定制自己的工作环境，只需要编辑用户主目录下的文件~/.bash_profile即可，常用的环境变量见表2-35。

表2-35 Shell常用环境变量

| 变量名 | 作用 | 变量名 | 作用 |
|---|---|---|---|
| SHELL | 存储当前shell程序 | TERM | 终端类型 |
| USER | 用户名 | HOSTNAME | 主机名 |
| HISTSIZE | 最大命令历史记录数 | PATH | 可执行程序的搜索目录 |
| MAIL | 用户邮件存储档 | PWD | 当前工作目录 |
| LANG | 系统的语言、字符集 | OLDPWD | 上一次工作目录 |
| HOME | 用户主目录 | PS1 | 设置命令提示符样式 |

PATH是最常需要修改的变量，当用户安装了新软件后，就需要把软件可执行程序的目录添加到PATH变量，PATH变量的多个目录间用冒号（:）分隔。

环境配置文件修改后，使用命令source<配置文件名>重新执行配置文件使参数立即生效，也可等下次系统启动和用户登录后生效。

**3.环境变量的基本操作**

（1）查看环境变量

env

（2）输出环境变量的值

echo $<变量名>　　　　　　#在变量名前缀$为引用变量的值，或${<变量名>}

（3）设置变量的值

在Shell中使用赋值"="号给变量设置新值，值总是字符串形式，如果值中包含有空格、制表符和换行符时，必须用单引号（''）或双引号（""）定界。二者的区别是双引号允许变量引用，也即值串中出现$<变量名>时以变量的值替换，而单引号则不支持。变量在使用前不需要专门的定义，如果使用没有赋值的变量，则值为空字符串。注意给变量赋值时，赋值号两侧不能出现空格。

&lt;变量名&gt;=&lt;值&gt;

### 4.Shell变量的作用域

Shell变量的作用域分为全局作用域和局部作用域两种，环境变量是全局作用域，可以在所有Shell中使用。用户变量默认是局部变量，只能在定义它的Shell中访问。使用export命令可以把局部变量设置为全局变量，或把全局变量设置为局部变量。

（1）把变量设置为全局变量

export &lt;变量名1&gt; [&lt;变量名2&gt; …]

（2）为全局变量赋值

export &lt;变量名1&gt;=&lt;值1&gt; [&lt;变量名2&gt;=&lt;值2&gt; …]

（3）把变量设置为局部变量

export –n &lt;变量名1&gt; [&lt;变量名2&gt; …]

（4）显示全局变量

export –p

## 二、快速执行Shell命令

Shell为用户快速执行命令提供了命令补全、命令历史记录、命令别名等措施，灵活使用可提高系统管理效率。

### 1.命令补全

为减少用户操作键盘的输入量，当输入命令或目录等对象名称的开始几个字符时，按制表键&lt;Tab&gt;可自动补全。如果未出现补全，说明输入的前几个字符不能唯一确定对象的名称，连续按&lt;Tab&gt;键两次将列出所有以已输入字符开始的对象名称，提示用户输入需要的对象名称。

### 2.使用命令的历史记录

Shell会记录一定数目的历史命令，具体数目由环境变量HISTSIZE的值决定。用户可以用上下方向键和上下翻页键来查看历史命令，出现在命令提示符后的命令可编辑或直接按回车键执行；也可以输入命令history显示历史命令列表，在每条命令前有命令编号，输入!&lt;命令编号&gt;可直接执行其代表的命令。

### 3.使用命令别名

别名是对原始命令的重命名，用以代表该命令的某种常用或偏好的执行方式。例如，常用的ll是命令ls –l --color=auto的别名，输入ll来替代输入长的命令。

alias [&lt;别名&gt;= &lt;命令 [选项]&gt;]        #不带参数的alias显示已定义的别名表

### 4.命令替换

当需要用另一个命令的输出作参数时，可使用命令替换功能，即把命令放在一对反引号（`）中，或放在$()中。

&lt;命令1&gt; `&lt;命令2&gt;`　　　　　　　#命令1使用命令2的输出作参数

&lt;命令1&gt; $(&lt;命令2&gt;)

### 5.命令组合

命令组合可让用户执行一些特别要求的操作，如同时提交多条命令，前一命令执行后，才能执行后一命令等。

（1）顺序执行一组命令

&lt;命令1&gt;；&lt;命令2&gt;；[…]

{&lt;命令1&gt;；&lt;命令2&gt;；[…]}　　　　#在当前Shell中执行一组命令

（&lt;命令1&gt;；&lt;命令2&gt;；[…]）　　　　#在子Shell中执行一组命令

（2）命令1成功执行后才执行命令2

&lt;命令1&gt; && &lt;命令2&gt;

（3）命令1执行失败才执行命令2

&lt;命令1&gt; ‖ &lt;命令2&gt;

## 三、Shell脚本编程基础

Shell不仅是一个命令解释器作为用户的人机操作接口，还是一个编程语言而提供程序设计功能，它能把一个管理任务涉及的命令按照管理逻辑组织成命令执行序列——Shell脚本，通过加载执行管理脚本程序就能自动实现相应的管理功能，无须每次由管理员手动输入命令。因此，掌握Shell脚本编写能提高系统管理自动化，并提升管理效率。

### 1.Shell脚本程序的建立与基本组成

（1）建立Shell脚本程序

Shell脚本程序是以命令行为单位的纯文本文件，用户使用任何文本编辑器就可以建立、编辑Shell脚本程序。Shell脚本程序文件的约定后缀名为sh。

vi&lt;Shell脚本程序文件名.sh&gt;

（2）Shell脚本程序的基本组成

```
#!/bin/bash
# hello.sh
wcword="You are welcome.${USER}!"
echo $wcword
exit 0        #退出脚本，并向Shell返回运行状态码，0代表成功
```

上面就是一个简单的Shell脚本程序，它由命令行组成，其中以"#"开始至行尾的是注释说明。Shell脚本的第一行"#!/bin/bash"是Shell脚本必须的，开始字符必须是#!，用以声明当前脚本由哪种Shell来解释执行该脚本。

2.执行Shell脚本

（1）在子Shell执行脚本

执行Shell脚本程序时，首先调用Shell程序产生一个子Shell进程，然后在该子Shell中执行脚本中的命令。

方法1：

bash [–nvx] <shell脚本文件名>

–n：检查脚本语法

–v：显示脚本每个命令及执行结果

–x：以调试模式执行脚本

方法2：

chmod u+x <shell脚本文件名>　　　　　#给脚本赋予可执行权限

<shell脚本文件名>　　　　　　　　　　# 执行脚本程序

（2）在当前Shell中执行脚本

方法1：

source <shell脚本文件名>

方法2：

. <shell脚本文件名>

Shell中的每个命令执行完后都向Shell返回退出状态码（exit status）通知Shell它已经运行完毕。退出状态码是一个0–255的整数值，在命令结束运行时由命令传给shell，可以捕获并在脚本中使用。Shell定义一些退出状态码的含义，见表2–36，其余的可由用户赋予其意义。

表2-36　Shell常用退出状态码

| 退出状态码 | 含义 |
| --- | --- |
| 0 | 命令成功结束 |
| 1 | 一般性未知错误，如参数错误 |
| 2 | 不适合的shell命令 |
| 126 | 没有执行权限 |
| 127 | 没找到命令 |
| 128 | 无效的退出参数 |

续表

| 退出状态码 | 含义 |
|---|---|
| 128+x | 与Linux信号x相关的严重错误 |
| 130 | 通过Ctrl+C终止的命令 |
| 255 | 正常范围之外的退出状态码 |

### 3.Shell的数据

Shell语言支持的数据并不像其他程序设计语言那样有多种类型，它设计的目的是辅助管理Linux系统。Linux系统管理使用的配置文件几乎都是文本文件，因此，Shell支持的数据主要是文本数据，在其他编程语言中称为字符串。

（1）文本类型

文本类型就是字符序列，如indo-pacific、'Living room'、"We'll go"、9199等。Shell把字符分为两类：普通字符和元字符。普通字符只有本意，是纯文本字符。元字符是Shell用来代表特殊意义的字符，不能直接用于文本数据中，需要转义后才能表示其字面含义，如$直接使用是引用变量的值，\$才代表$本身。反斜线"\"是Shell采用的转义引用符，把它置于元字符前即可使其消除特殊含义而成为一个普通字符。Shell的元字符见表2-37。

表2-37　Shell的元字符

| 元字符 | 转义符 | 元字符 | 转义符 | 元字符 | 转义符 |
|---|---|---|---|---|---|
| ' | \' | * | \* | \ | \\ |
| " | \" | % | \% | / | \/ |
| ` | \` | ? | \? | ~ | \~ |
| + | \+ | $ | \$ | \| | \\| |
| # | \# | & | \& | ! | \! |
| ( | \( | [ | \[ | { | \{ |
| ) | \) | ] | \] | } | \} |
| > | \> | < | \< | ; | \; |

文本类型数据一般不需要定界符（""或""），而当文本中有空格、制表符、换行符和定界符本身时才需要加定界符，双引号界定的文本中字符$、\、`仍为元字符，而具有特

殊用意。纯数字串默认也是文本类型的。

（2）数值型数据

对于不含有字母、小数点和其他字符的纯数字串，Shell在需要执行算术运算时，可把它视为类似于C语言中的长整型数据。具体来说，在expr、let命令以及(())中的纯数字串被视作长整型数，例如：

p=15　　　　　#定义变量p并设初值为文本字串15

echo $p-5　　#输出15-5，$p读取变量p的值并与后面的字符连起

let r=$p-5　　#在let命令中$p、5被视为长整型，-为减号，执行运算

echo $r　　　#输出10，注意此处的10又成了文本类型的数字串了

((a=97+5))　　#执行整数97+5，结果赋值给变量a

echo $a　　　#输出102

Bash不直接支持浮点数运算，需要借用bc计算器命令来执行浮点数运行。

#echo把指令通过管道送入bc命令，bc把23.78、1.5视作浮点数完成运算

#指令scale=2设置结果保留2位小数，反引号``把bc执行结果替换出来

fv=`echo "scale=2;23.78*1.5" |bc`

echo $fv　　　#输出35.67

纯数字串也只是在相关命令支持的算术计算时才视为数值型数据，其他时候一律是文本型数据。

4.变量

在前面已提到Shell中的变量，它用来代表可变化的数据。与其他大多数程序设计语言不同的是Shell变量是无类型的，如果非要给它定义一种类型，那就是文本型。因此，Shell变量使用之前无须定义类型，只需确保它有恰当的初值。

（1）变量命名

Shell变量的命名规则与C语言相似，变量名必须以字母或下划线开头，后面可以接字母、数字和下划线，字母区分大小写，长度不限，如appname、Lt、au_99、_900等

（2）给变量设置值

直接使用赋值号"="为变量赋值，如appname=tree。也可以在脚本运行时从键盘为变量输入数据。

read [-p <提示信息>] [ <变量名1> <变量名> …]

-p <提示信息>：用于提示用户如何输入数据

变量名：接收键盘输入，多个变量名以空格分隔

输入多个数据时，使用空格和制表符分隔。如未指定变量名，输入数据保存到系统变量REPLY中。如：

read -p "Press any key to continue…"　　　#有提示，数据保存到变量REPLY

read v1 v2                           #无提示，给两个变量输入数据

如果一个变量既没赋值，也没有输入值，而直接参与运算处理，则它的值将视为空值。

（3）定义只读变量

readonly <变量名>=<值>             #如：readonly PI=3.14，变量PI不可再赋值

（4）查看Shell中的所有变量和改变Shell特性

set                                 #显示本地Shell的变量

set –|+axbehl                      #打开（–）或关闭（＋）Shell特性

–a <变量名>：把变量名输出为环境变量

–x：开启Shell调试，即显示当前执行的指令

–e：开启后当指令返回值非零值，则退出Shell

–h：开启记录函数的位置

–l：开启记录for循环的变量名

（5）取消变量

取消变量就是释放变量占用的内存空间。

unset <变量名>                     #如unset appname

（6）特殊变量

特殊变量是由系统定义的，有位置参数变量和状态变量两种，见表2-38。

表2-38　特殊Shell变量

| 位置参数 | 含义 | 进程状态 | 含义 |
|---|---|---|---|
| $0 | 脚本名称 | $$ | 当前进程PID号 |
| $n | n是1开始的整数，表示执行脚本时，在脚本名后提供的参数，n>9时，要写成${n} | $! | 后台运行最后作业的PID号 |
| $# | 位置参数的总个数 | $? | 前一命令执行后的退出代码 |
| $@ | 将每个位置参数视为单独的字符串，并以空格分隔 | $_ | 前一命令执行时的最后一个参数 |
| "$@" | 将每个位置参数视为单独的字符串，并以空格分隔 | | |
| $* | 把所有位置参当成以空格分隔的一个字符串 | | |
| "$*" | 把所有位置参当成以$IFS分隔的一个字符串 | | |

5.数组

数组是由若干个数据构成的数据结构。其中每个数据称作数组的元素，它们共享一个名称——数组名，并通过索引号（从0开始的整数，在其他程序设计语言中称下标）来

访问。Shell对数组元素个数没有限制，仅支持一维数组。

（1）定义数组

● declare命令声明

declare –a <数组名>[=（初值表）]

–a：表示声明的是数组

=（初值表）：为数组元素设置初始值，初值用空格分隔。缺省则声明空数组

declare –a tubs

declare –a bks=（wind redhouse trees）

● 直接赋值声明

<数组名>=（初值表） 或

<数组名>[<索引号>]=初值 #此处的[]用于界定索引号，不是语法提示符

bks=（wind redhouse trees） 或

bks[0]=wind

bks[1]=redhouse

bks[2]=trees

#给指定的索引号的元素赋值，未使用的索引号元素不占存储空间

things=（[1]=radio [5]=stereo [8]=tv）

（2）数组的基本操作

● 访问数组元素

${<数组名>[<索引号>]} #如：echo ${bks[0]}，输出wind

给数组元素赋值

<数组名>[<索引号>]=值 #如：bks[0]=snow

● 列出数组的所有元素值

${<数组名>[@|*]}

例如，echo ${bks[@]}，得到的是同空格分隔的一个元素值。

${<数组名>[*]}

例如，echo ${bks[*]}，得到的是用空格分隔元素值的一个字符串

● 获取数组长度

${#<数组名>[@|*]} #如：echo ${#bks[@]}，输出为3。

● 数组切片

${<数组名>[@|*]:n:m} #切取数组第n到第m个元素，不计空元素

例如，echo ${bks[*]:1:2}，输出wind redhouse。

● 替换元素值

<数组名>=（${<数组名>[@|*]/元素值/新值}） #用新值替换指定的元素值

例如，bks=（${bks[@]/redhouse/redroom}）；echo ${bks[1]}，输出redroom。

● 释放数组元素或数组

unset <数组名>[<索引号>]    #释放指定的数组元素

unset <数组名>   #释放整个数组

### 6.Shell的数据运算

（1）变量扩展

引用变量的值在Shell中称为变量扩展，使用$<变量名>、${<变量名>}两种形式均可以，建议使用第二种形式。使用{}能提供多种灵活的变量扩展，见表2-39。

表2-39　变量扩展

| 表达式 | 作用 |
|---|---|
| ${var} | 替换为var的值。var表示变量，下同 |
| ${var:-val} | 若var未定义或为空，则以val替换，否则以var的值替换。val表示一个值，下同 |
| ${var:=val} | 若var未定义或为空，则以val替换，且把val赋值给变量var，否则为以var的值替换 |
| ${var:+val} | 若var非空，则以val替换，否则以空值替换 |
| ${var:?val} | 若var未定义或为空，输出val并终止脚本运行，否则以var的值替换 |
| ${#var} | 返回var中字符的个数 |
| ${var:n} | 返回第n个字符开始到末尾的子字符串 |
| ${var:n:l} | 返回第n个字符开始的l个字符的子字符串 |
| ${var#str} | 删除var开始部分与str匹配的子串 |
| ${var%str} | 删除var尾部与str匹配的子串 |
| ${var/str1/str2} | 以str2替换var中第1次出现的str1子串 |
| ${var//str1/str2} | 以str2替换var中所有的str1子串 |
| ${var/#str1/str2} | 以str2替换var中开始部分的str1子串 |
| ${var/%str1/str2} | 以str2替换var中尾部的str1子串 |

（2）算术运算

Shell需要使用let或expr命令来执行算术运算，还可以使用((…))算术运算结构来支持Shell使用C语言风格的算术表达式进行算术运算。由于((…))支持的更丰富的运算且没有let或expr命令的一些限制，建议使用((…))来执行算术运算。注意：在算术运算时，所有纯数字串（不包含小数点，可前缀-）被视为长整型数，其他为非法数据。Shell的常用算术运算符见表2-40。

表2-40 Shell的常用算术运算符

| 运算符 | 说明 |
|---|---|
| +、−、*、/ | 加、减、乘、除四则运算 |
| %、** | 取余（模运算）、乘方 |
| ++、−− | 自增、自减运算 |
| =、+=、−=、*=、/=、%= | 基本赋值和复合赋值运算 |
| <、<=、>、>=、==、!= | 大于、大于等于、小于、小于等于、等于、不等于 |
| !、&&、\|\| | 非、与、或逻辑运算 |

【示例】

```
echo ((5**2))              #输出125
cnt=69; echo $(($cnt>60))  #输出1，关系成立，比较结果为真，用1表示
echo $(($cnt%2==0))        #输出0，关系不成立，比较结果为假，用0表示
m=1; n=1
echo $((m++)) $((++n))     #输出1 2，变量在自增运算符前，表达式取自增
                           #之前的值，反之，表达式取自增之后的值
echo $m $n                 #输出2 2，变量自增1。自减与自增同理
p=5; echo $((p+=5)) $p     #输出10 10，赋值表达式的值为赋值后变量的值
v=6
echo $(($v>-7 && $v<=10))  #输出1，逻辑结果真，用1表示，假用0表示
```

（3）条件测试运算

Shell使用[]或[[]]结构来执行测试表达式，测试表达式必须与前后方括号之间保留至少一个空格，测试运算符两侧也需要保留一个空格，[[]]中可以使用Shell通配符进行模式匹配，而[]不支持通配符，也不支持(( ))中使用的关系运算符而使用自己的一套关系运算符，还不支持(( ))中的逻辑运算符&&和\|\|。(( ))只能对整数的大小关系进行测试，[]或[[]]主要用于字符串的相关测试，也可以用于整数间的大小关系测试。在使用[]、[[]]和(( ))执行条件测试时，以它们执行后的退出状态码表示测试结果的真假，0为真，非0（一般是1）为假，可通过变量$? 检测。

● 文件测试操作

文件测试操作用于测试文件的各种特性，见表2-41。

表2-41　文件测试操作

| 运算符 | 功能 | 运算符 | 功能 |
|---|---|---|---|
| –e \<fnm\> | 文件是否存在 | –f \<fnm\> | 是否为普通文件 |
| –d \<fnm\> | 是否为目录 | –x \<fnm\> | 是否为可执行文件 |
| –b \<fnm\> | 是否为块设备文件 | –c \<fnm\> | 是否为字符设备文件 |
| –L \<fnm\> | 是否为链接文件 | –s \<fnm\> | 是否为非空文件 |
| –r \<fnm\> | 是否为只读文件 | –w \<fnm\> | 是否为可写文件 |
| –u \<fnm\> | 是否设置了SUID | –g \<fnm\> | 是否设置了SGID |
| –k \<fnm\> | 是否设置了sticky–bit | \<fnm1\> –nt \<fnm2\> | fnm1是否比fnm2新 |
| –O \<fnm\> | 测试者是否为属主 | \<fnm1\> –ot \<fnm2\> | fnm1是否比fnm2旧 |
| –G \<fnm\> | 测试者是否为同组人 | \<fnm1\> –ef \<fnm2\> | 是否共用同一inode |

注：表中fnm表示文件名

● 字符串测试

表2-42为Shell支持的字符串测试运算符，它们用于[]和[[]]结构中。

表2-42　字符串测试运算符

| 运算符 | 功能 | 运算符 | 功能 |
|---|---|---|---|
| –z str | 是否为空串 | str1==str2 | 是否相等 |
| –n str | 是否为非空串 | str1!=str2 | 是否不等 |

注：表中str表示字符串

● 整数大小测试

[]和[[]]结构也能进行整数大小测试，没有(( ))直观，但仍有大量用户使用，其运算符见表2-43。

表2-43　整数大小测试运算符

| 运算符 | -gt | -ge | -lt | -le | -eq | -ne |
|---|---|---|---|---|---|---|
| 测试 | 大于 | 大于等于 | 小于 | 小于等于 | 等于 | 不等于 |

● 逻辑测试

[]和[[]]结构使用逻辑运算符有区别，见表2-44。

表2.44　[]和[[]]结构的逻辑运算符

| 测试 | 非 | 与 | 或 |
|---|---|---|---|
| [] | ! | -a | -o |
| [[]] | ! | && | \|\| |

【示例】

mkdir docs

[ -d docs ]; echo $?　　　　　　　　#输出0，表示docs是目录

touch empty.sh　　　　　　　　　　#建立一个空文件

[ -d empty.sh ]; echo $?　　　　　　#输出1，表示empty.sh 不是目录

[ -f empty.sh ]; echo $?　　　　　　#输出0，表示empty.sh 是普通文件

[ -s empty.sh ]; echo $?　　　　　　#输出1，表示empty.sh 是空文件

osname=linux

[[ -z $osname ]]; echo $?　　　　　#输出1，表示osname不是空串

[[ -n $osname ]]; echo $?　　　　　#输出0，表示osname是非空串

[[ $osname == linux ]]; echo $?　　#输出0，表示osname的值与linux 相等

[[ $osname == Linux ]]; echo $?　　#输出1，表示osname的值与linux 不等

## 四、Shell脚本程序的流程控制

Shell脚本程序启动后默认是按命令的先后顺序一行一行地执行命令。如果需要根据测试条件的不同选择执行不同的命令，这就要使用分支流程控制命令来实现；如果有操作需要重复执行，则需使用循环控制命令来实现。

### 1.分支流程控制

（1）if语句

if <条件测试1>

then　　　　　　　　　　　#引出条件成立时要执行的语句，总是与if配对使用

<语句1>

[elif <条件测试2>　　　　　#elif子句为可选，用于多重测试

then　　　　　　　　　　　#也与elif配对使用

<语句2>

…

]

[else　　　　　　　　　　　#else子句为可选，引出测试条件不成立时要执行的语句

```
<语句n>
]
fi                          #表示if语句结束
```

如：判定指定的文件是否存在，存在显示其内容，否则，新建该文件

```
if [[ -e notice.dat ]]        #测试文件notice.dat是否存在
then
cat notice.dat              #文件notice.dat存在，则显示该文件内容
else
touch notice.dat           #不存在，则创建notice.dat为名的空文件
fi
```

（2）case语句

```
case <表达式> in           #case分支结构类似于C语言中的switch语句
<值模式1>）                #值模式是表达式可能的值或带通配符的值样式
<语句1>                    #表达式的值与值模式匹配时，要执行的命令
;;                         #结束case语句
<值模式2>）
<语句2>
;;
…
[*）                       #代表已列出值模式之外的取值情况，为可选项
<语句n>
;;
]
esac                       #结束case结构
```

【示例】根据文件的后缀名判定文件的类型

```
#/bin/bash
#scripte_name:judge.sh
fnm=$（basename $1）        #获得不带路径的基本文件名
extname=${fnm#*.}          #截取文件的后缀名
case $extname in
py）
echo 'The Python'
;;
c）
echo 'The C'
```

```
;;
*）
echo 'unknown'
;;
esac
exit 0
bash judge.sh /root/hello.c    #执行 judge.sh后，输出The C
bash judge.sh first.java       #输出Unknown
```

### 2.循环结构

（1）while语句

```
while <测试表达式>        #测试表达式为真时执行语句，否则退出
do
<语句>
done
```

（2）until语句

```
until <测试表达式>        #测试表达式为真时结束循环，否则执行语句
do
<语句>
done
```

【示例】计算100以内所有偶数和

```
((i=2;s=0))
while ((i<=100))
do
((s+=i;i+=2)
done
echo "s=$s"
```

```
((i=2;s=0))
until ((i>100))
do
((s+=i;i+=2)
done
echo "s=$s"
```

（3）for语句

```
for (( <表达式1>;<表达式2>;<表达式3>))    #执行for语句时，表达式1只
do                                        #执行一次，用于为变量赋初值。
<语句>                                     #然后执行表达式2，为真执行
                                          #语句，然后执行表达式3，否
done                                      #则退出循环。
```

（4）foreach语句

for <变量> [in <列表>]　　#变量依次从列表中取值，每取一个值执行一次

do　　　　　　　　　　　　#语句，直到取完列表中所有值。

<语句>　　　　　　　　　　#如果省略in <列表>，相当于in $*

done

【示例】从颜色列表bcolor中列出所有颜色名称

```
#!/bin/bash
bcolor=（red green blue）
((no=1))
for color in ${bcolor[@]}
do
echo $no:$color
((no+=1))
done
exit 0
```

在Shell中的列表可以是直接的空格分隔的值列表、变量、数组、位置参数、文件名等，还可以用seq命令或{}表达式生成序列化列表一，见表2-45。

表2-45　Shell生成序列列表

| 方式 | 规则 | 说明 | 示例 |
|---|---|---|---|
| {} | {m..n} | 生成m~n的序列，步长为1或-1 | {1..10}、{10..1} |
|  | {m..n..s} | 生成m~n的序列，步长为s | {2..10..2}、{10..1..2} |
| seq | seq m | 生成1~m的序列，步长1 | seq 10 |
|  | seq m n | 生成m~n的序列，步长1 | seq 1 10 |
|  | seq m s n | 生成m~n的序列，步长s | seq 1 2 10 |

【示例】

echo {1:10}　　　　　　　　#输出1 2 3 4 5 6 7 8 9 10

echo $（seq 10）　　　　　　#输出1 2 3 4 5 6 7 8 9 10

echo {1..10..2}　　　　　　 #输出1 3 5 7 9

echo $（seq 1 2 10）　　　　#输出1 3 5 7 9

echo {A..F}　　　　　　　　#输出Ａ Ｂ Ｃ Ｄ Ｅ Ｆ，seq不支持生成字符序列

（5）select语句

select <变量> [in <列表>]　　　#如果省略in <列表>，相当于in $*

```
do
<语句>
done
```

select把列表中数据依次前缀1开始的序号，并以菜单方式显示给用户，引导用户选择，选择的序号存入变量REPLY中，每次选择后执行语句，然后回到菜单界面。例如，下面脚本给出一个编程语言菜单供你选择，显示你擅长的编程语言，按5退出程序。

```
#!/bin/bash
select ch in C C++ Java Python Quit
do
case $REPLY in
1|2|3|4 )
echo "You are expert in $ch."
;;
5 )
exit 0
;;
esac
done
```

## 五、Shell函数的定义与调用

### 1.定义函数

函数是一段实现了某种常用功能的Shell代码，按照一定格式包装起来，可在需要时候多次调用。使用函数能简化脚本代码，实现结构化程序设计。通过把若干函数保存在一个脚本文件中，使用source或（.）命令一次加载到内存，从而提高脚本的运行速度。

```
[function] <函数名>（ ）      #函数头，关键字funtion可省，（ ）标明是在定义函数
{                            #{}围起来的语句是函数体，实现函数功能
<语句>
}
```

【示例】求两个及以上整数的最小者

```
#!/bin/bash
#script_name  tstfun.sh
function getmin（ ）              #定义函数getmin
{
[[ −z $1 || −z $2 ]] && echo "too few parameters"
```

```
min=$1
for i                          #等价于for i in $*
do
if (($min>$i))；then min=$i；fi
done
}                              #函数getmin定义结束
getmin  "$@"                   #调用函数getmin
echo  "The min is $min."
```

测试：

```
bash tstfun.sh 32 78 16        #输出16
bash tstfun.sh 32              #输出too few parameters
```

### 2.调用Shell函数

Shell函数本质上是一个包装好的Shell程序，可视为一个Shell命令。其调用方法为：<函数名>[参数 …]，如上例中的getmin "$@"。

函数定义与函数调用在同一脚本文件中时，函数定义必须在函数调用语句之前。如果函数定义与调用函数不在同一脚本中，需要用source或（.）把包含函数的脚本加载到内存中，然后可在其他脚本中调用已加载的函数。

假设函数getmin存储在当前目录下的脚本文件funlib.sh中。

```
source./funlib.sh              #加载funlib.sh的所有函数到内存
getmin 45 19 67                #命令行上调用getmin函数，其他脚本中也可调用
echo $min                      #输出19
```

## 计划&决策

实现管理自动化是一项技术要求高的工作，不但要熟悉Shell的基础操作，还需要深入研究Shell特性，能运用Shell的编程能力表达管理逻辑，编写正确的管理脚本程序，为此，他们决定按如下计划进行：

①进一步熟悉Shell的运行环境；

②实践提高Shell命令执行效率的方法；

③探究Shell重定向、管道、组合命令等高阶应用；

④了解Shell脚本及调用方式；

⑤编写与调试Shell脚本程序。

# 实施 🔍

## 一、管理shell变量

### 1.显示shell变量

```
[root@localhost ~]#env                    #显示环境变量
[root@localhost ~]#set                    #显示所有Shell变量
[root@localhost ~]#export                 #显示导出的环境变量
```

### 2.输出指定变量的值

```
[root@localhost ~]#echo $PATH             #输出变量PATH的值
[root@localhost ~]#echo ${PATH}
```

### 3.建立Shell变量

```
[root@localhost ~]#DBMS=MySQL             #定义局部变量，仅限当前Shell
[root@localhost ~]#export DBMS            #导出DBMS为环境变量，全局的
[root@localhost ~]#export DBMS=MySQL      #直接定义全局变量
```

### 4.删除Shell变量

```
[root@localhost ~]#unset DBMS
```

### 5.编辑环境配置文件，添加环境变量

```
[root@localhost ~]#vi /etc/profile        #编辑全局配置文件，定义全局变量
DBMS=MySQL
[root@localhost ~]#source /etc/profile    #使全局配置文件生效
[root@localhost ~]#vi .bash_profile       #编辑用户配置文件，定义局部变量
DBMS=MySQL
[root@localhost ~]#source .bash_profile   #使全局配置文件生效
```

## 二、高效执行Shell命令

### 1.快速编辑命令行

Ctrl+W：删除光标左的一个词　　　Ctrl+K：删除光标到行尾
Ctrl+U：除除光标到行首的字符　　Ctrl+L：清除屏幕显示
Ctrl+A：光标到行首　　　　　　　Ctrl+E：光标到行尾
Tab：补全命令

## 2.使用命令历史记录

```
[root@localhost ~]#history                    #显示的历史命令
[root@localhost ~]#!1000                       #执行编号为1000的历史命令
[root@localhost ~]#!!                           #执行最近一次命令
[root@localhost ~]!h                            #执行最近以h开头的命令
```

## 3.使用别名

```
[root@localhost ~]#alias                        #显示已定义的别名
[root@localhost ~]#alias today="date '+%Y-%m-%d'"    #定义别名today
[root@localhost ~]#today                        #使用别名today显示日期
```

## 4.使用重定向创建文件

对于只有少量数据的文件，使用输入/输出重定向可以方便创建这类简单文件，如图2-77所示。

```
[root@localhost ~]#cat >hostID
host01
host02
                                  #按Ctrl+D结束输入
[root@localhost ~]#cat >hostInfo<<%   #%是开始标志，可以是任意字符
>host01 is master
>host02 is slave
>%                                #空行输入%结束
```

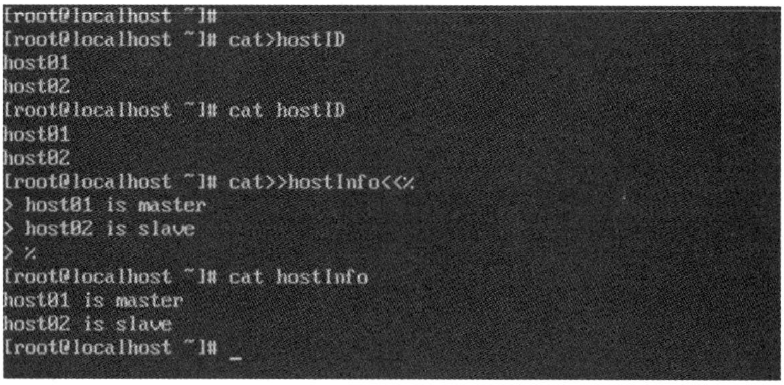

图 2-77　使用重定向

## 5.使用管道实现查找包含关键字的内容

当一个命令输出的内容超过一屏时，很难从中获取需要的信息。此时可以把输出内容通过管道传输给more实现分屏显示，或传输给grep实现过滤查找，如图2-78所示。

```
[root@localhost ~]#ps –aux | more            #分屏显示
[root@localhost ~]#ps –aux | grep login      #仅输出包含关键字login的行
[root@localhost ~]#ll  /home |grep  '^d'      #仅显示/home中的子目录
```

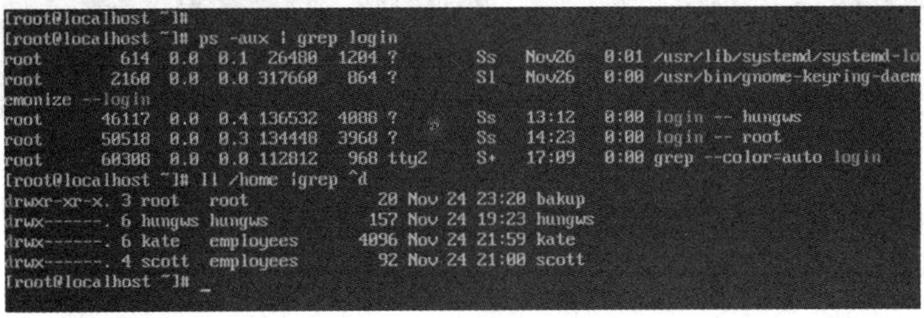

图 2-78　使用管道

## 6.使用命令替换为tar指定要打包的文件

如图2-79所示，使用find查找/home/kate中后缀名为repo的文件，并把查找的结果作为tar的参数来打包这些文件。

```
[root@localhost ~]#tar –jcf repos.tar.bz2 `find /home/kate –name *.reps –print`
[root@localhost ~]#tar –jcf repos.tar.bz2 $(find /home/kate –name *.reps –print)
```

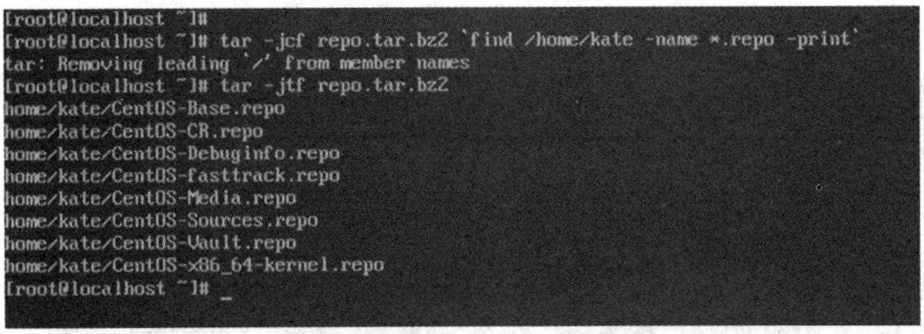

图 2-79　命令替换

## 7.使用组合命令方式实现特定管理要求

在需要连续执行命令，且后一命令需要根据前一命令执行结果的情况决定是否执行时，组合命令可以简洁实现这种需求，如图2-80所示。

```
[root@localhost ~]#{ ll /home/tom 2>null  || echo The directory isn\'t exist; }
```
或
```
[root@localhost ~]#( ll /home/tom 2>null  || echo The directory isn\'t exist )
[root@localhost ~]#{ ll /home/kate 2>null  && echo All files in the foler; }
```
或
```
[root@localhost ~]#( ll /home/kate 2>null  && echo All files in the foler; )
```

```
[root@localhost ~]#
[root@localhost ~]#  { ll /home/h 2>null || echo The folder isn\'t exist; }
The folder isn't exist
[root@localhost ~]#
[root@localhost ~]#  { ll /home/kate 2>null && echo All files in the folder; }
total 48
-rw-r--r--. 1 root root       2523 Nov 24 21:59 CentOS-Base.repo
-rw-r--r--. 1 root root       1664 Nov 24 21:43 CentOS-Base.repo.org
-rw-r--r--. 1 root root       1309 Nov 24 21:59 CentOS-CR.repo
-rw-r--r--. 1 root root        649 Nov 24 21:59 CentOS-Debuginfo.repo
-rw-r--r--. 1 root root        314 Nov 24 21:59 CentOS-fasttrack.repo
-rw-r--r--. 1 root root        630 Nov 24 21:59 CentOS-Media.repo
-rw-r--r--. 1 root root       1331 Nov 24 21:59 CentOS-Sources.repo
-rw-r--r--. 1 root root       8515 Nov 24 21:59 CentOS-Vault.repo
-rw-r--r--. 1 root root        616 Nov 24 21:59 CentOS-x86_64-kernel.repo
-rw-r--r--. 1 kate employees    12 Nov 20 18:08 kate
drwxr-xr-x. 2 root root          6 Nov 23 09:40 
All files in the folder
[root@localhost ~]# _
```

图 2-80　组合命令

## 三、管理自动化

管理员在执行需要输入大量命令的常规管理任务时，为提高效率，把这些管理操作命令写入Shell脚本，可实现管理的自动化。下面以管理员创建用户账号为例。在企业环境中，管理员要为不同的部门员工创建用户账号，手工操作将是一件烦琐的工作。下面Shell脚本程序执行时，需要输入用户的前缀名和要创建的账户数以及用户组名和组ID号，并对要创建的用户数和用户组ID进行了限制，对满足条件的输入，则自动完成用户组、用户账户的创建，如图2-81所示。

[root@localhost ~]#vi batchuser.sh

```
#!/bin/bash
#filename: batchuser.sh
#function: add user in batch

read -p "Enter the prefix of name:"  master
read -p "Enter the count of users:"  count
read -p "Enter the groupname:" grpname
read -p "Enter the groupnum:" grpnum
if (( $count > 20  )); then
        read -p "Do you need so many users?(y/n):"
        if [[ ${REPLY:0:1} == 'n' || ${REPLY:0:1} == 'N' ]]
        then
                echo "too many"
                exit 1

        elif [[ $count >50 ]];then
                echo "Exceed the limit."
                exit 2
        fi
fi
if [[ $grpnum >1000 && $grpnum<5000 ]];then
        groupadd -g $grpnum $grpname
else
        exit 3
fi

for (( num=1;num<=$count;num++ ))
do
        username=`echo ${master}${num}`
        useradd -g $grpname $username

done
echo "You have already created those users!!!"
~
~
"batchuser.sh" 33L, 708C
```

图 2-81　编写 Shell 脚本

[root@localhost ~]#. ./batchuser.sh　　#执行Shell脚本

## 技赛必备

大数据技术与应用技能大赛中的搭建大数据平台环境，要求参赛人员必须熟知Hadoop、Spark、Kafka、Flume在大数据平台中的地位和作用。

## 检查

一、填空题

1.用户Shell环境是由_____设定的。

2.Shell变量可分为_____、_____、_____3种。

3.全局环境配置文件_____和用户私有环境配置文件_____中的参数设定共同决定了用户的最终工作环境。

4.Shell变量的作用域分为_____、_____两种。

5.在Shell中，字符分为_____和_____两类。

6.read命令从键盘读取的数据默认保存在变量_____。

7.Shell脚本中的$0变量代表_____。

8.seq 2 2 10生成序列是_____，{10..1..3}生成序列是_____。

9._____可以实现Shell代码重用。

10.检查autoclear.sh脚本是否有语法错误的操作是_____。

二、判断题

1.用户不能修改系统变量的值。　　　　　　　　　　　　　　　　　(　　)

2.修改配置文件后，其中的参数将自动生效。　　　　　　　　　　　(　　)

3.export −n curdir的作用是把变量curdir变成全局变量。　　　　　(　　)

4.使用别名能提高系统管理效率。　　　　　　　　　　　　　　　　(　　)

5.对BASH来说，Shell脚本文件的首行必须是#!/bin/bash。　　　　(　　)

6.Shell脚本程序执行后返回值为0，表示执行失败。　　　　　　　　(　　)

7.Shell的数据通常是文本数据，在特定处理中纯数字串可作数值处理。(　　)

8.Shell的变量名前必须以$开始。　　　　　　　　　　　　　　　　(　　)

9.运行符(())只能进行算术运算，不能执行关系运算。　　　　　　　(　　)

10.[]和[[]]运算符只能比较字符串的大小，不能执行整数的大小比较。(　　)

三、简述题

1.执行Shell脚本程序的方法有哪些？

2.写出下列语句输出结果。

（1）os= "GNU/Linux"

echo ${#os} ${os：4}  ${os/GNU/CentOS}

（2）echo $((13/4))  $((13%4))

（3）x=16;y=29

  ((x%2==0))  &&  echo $x

  ((y%2==0))  &&  echo $y

（4）fn1= "any"；fn2= "ann"

  echo $[ $fn1==$fn2 ]  $[ $fn1!=$fn2 ]

（5）x=16

  [ $x -gt -10  -a  $x -lt 10 ]

  echo $?

  [ $x -gt -10  -o  $x -lt 10 ]

  echo $?

3.编写程序：输入大于0的整数n，输出1+2+3+…+n的和。

# 评价

| 序号 | 评价内容 | 识记 | 理解 | 应用 | 分析 | 评价 | 创造 | 问题 |
|------|----------|------|------|------|------|------|------|------|
| 1 | 用户环境与环境变量 | | | | | | | |
| 2 | 常用环境变量的作用 | | | | | | | |
| 3 | Shell中快速执行命令的方法 | | | | | | | |
| 4 | Shell脚本的基本结构 | | | | | | | |
| 5 | Shell脚本的执行方法 | | | | | | | |
| 6 | Shell中的数据与运算 | | | | | | | |
| 7 | Shell脚本的流程控制 | | | | | | | |
| 8 | Shell函数的定义与调用 | | | | | | | |
| 教师诊断评语： | | | | | | | | |

# 项目三 / 运用网络基础服务

　　网络基础服务为使用网络通信和资源共享提供了便捷措施和必要的安全保障。有效地运用网络基础服务，不但可以确保网络基础设施的正常运行，更能为使用网络提供高效、快捷的手段，还能最大限度地降低系统运维人员的工作强度。

**本项目将为运用网络基础服务提供以下技术支持：**

- 自动管理企业网络主机IP地址
- 建立企业内域名服务器
- 实现文件共享
- 保护服务器系统安全

## ［任务一］

# 实现自动IP地址管理

## 资讯 🔍

### 任务描述

四方科技有限公司的企业网中接入的计算机和移动设备越来越多，员工经常反映他们的机器不能正常接入公司网络。经信息中心管理员检测发现大数情况是出现了IP地址冲突，原来员工设备的IP地址是由管理员手动分配的，虽然他们使用了IP地址分配记录表，由于移动设备要在不同的区域接入网络，需动态更换IP，加之部分员工擅自修改IP，造成网络连接故障频发。为解决此困扰，信息中心决定在公司内网中部署DHCP服务来自动分配和管理网络中主机的IP地址。

本任务需要你：

①认识DHCP服务的工作原理；

②配置DHCP服务；

③配置DHCP客户计算机。

### 知识准备

#### 一、DHCP服务的工作过程

DHCP（Dynamic Host Configuration Protocol，动态主机配置协议）主要用于为网络中的计算机动态分配IP地址。在拥有大量客户机的网络中以及有较多移动办公设备的场合，有必要配置DHCP服务器来为这些设备分配和管理IP地址及相关参数。客户机在接入网络时由DHCP服务器自动为它配置IP地址等参数以便正常联网工作；在客户机离开网络时，DHCP回收IP地址资源并可再次分配给其他设备使用。DHCP服务由服务器端和客户端两部分组成，客户计算机所有的IP网络参数都由DHCP服务器管理，DHCP服务的工作过程如图3-1所示。

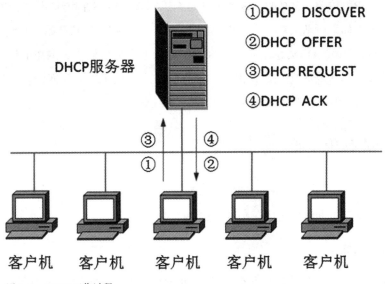

①DHCP DISCOVER
②DHCP OFFER
③DHCP REQUEST
④DHCP ACK

图 3-1 DHCP 工作过程

### 1.客户机租用IP地址过程

①客户机启动时通过UDP的67号端口以广播方式向网络发出IP地址租约请求数据包DHCP DISCOVER，以发现网络中的DHCP服务器。

②网络中的DHCP服务器接收到DHCP DISCOVER数据包后，就从IP地址池中选择可用的IP地址，通过UDP的68号端口向客户机回应DHCP OFFER广播数据包。

③客户机接收到DHCP OFFER数据包后，如果收到不止一台DHCP服务器的DHCP OFFER包，则选择最先收到的DHCP OFFER包，并向网络广播一个DHCP REQUEST数据包以通知DHCP服务器将使用它提供的IP地址，同时还向网络广播一个ARP数据包查询网络上有没有其他计算机使用该IP地址，如果该IP地址已被占用，则发送DHCP DECLINE数据包拒绝接收该服务器的DHCP OFFER并重新发送DHCP DISCOVER请求包。

④DHCP服务器在接收到DHCP REQUEST包后没有再收到DHCP DECLINE包则发送DHCP ACK包以确认IP地址租约生效，DHCP ACK包带有除IP地址外的其他配置信息，客户机从接收到的DHCP ACK包提供的信息来配置自己的TCP/IP，从而完成IP地址租用过程。

### 2.客户机IP租约更新过程

客户机获得IP租约后，需要定期更新租约，否则租约到期后就不能使用之前获得的IP地址。

①当前租期超过50%时，客户机直接向给它提供IP地址的DHCP服务器发送DHCP REQUEST数据包，然后根据DHCP服务器回应的DHCP ACK数据包中新的租期和其他已更新的TCP/IP参数来更新自己的IP配置，完成IP租约的更新。如果没有收到DHCP服务器回应的DHCP ACK数据包，客户机仍使用当前的IP地址等参数。

②如果在IP租约超过50%时，未能成功更新，则客户机将在租约超过87.5%时重新发起租约更请求，如果更新成功，客户机仍使用当前IP，否则将重新开始IP地址租用过程。

③对于客户机重新启动系统时，它将尝试更新上次关机时使用的IP地址。如果未能成功，则联系IP租用时指定的默认网关，如果联系成功且租用未到期，客户机继续使用现有IP地址，如果不成功则将发起新一轮IP地址租用过程。

## 二、DHCP服务的基本要素

### 1.作用域

作用域是指一个网络中可以分配的连续IP地址范围。

### 2.超级作用域

超级作用域是一组作用域的集合。用于同一个物理网络划分了多个子网，为各个子网动态分配IP地址的情况。

### 3.排除范围

排除范围是指从作用域中不由DHCP服务器分配的IP地址。

### 4.地址池

地址池是作用域减去排除范围后，可由DHCP服务器动态分配给客户计算机的IP地址的集合。

### 5.保留

保留是DHCP服务为网络上的计算机分配的永久IP地址，可以满足特定的计算机始终使用相同的IP地址。

### 6.租约

租约是指客户机可以使用DHCP服务器分配的IP地址的时间。客户机在租约到期前需要更新租约，才能继续使用现有IP，能防止不活动客户机长期占用IP地址而其他客户机无IP地址可用的情况。

### 7.DHCP服务中继代理

由于某种原因DHCP服务器与其客户机不在同一个子网中，这时需要在网关设备上配置DHCP服务中继代理服务器，代为客户机向DHCP服务器租用IP和更新IP租约等事务。

## 三、Linux系统DHCP服务

Linux系统DHCP服务由dhcpd提供，如果系统中没有安装dhcpd服务器组件，可通过命令yum install dhcp在线安装。

## 1.dhcpd的主要守护神进程管理

systemctl start|stop|restart|status dhcpd      #DHCP服务守护神进程

systemctl start|stop|restart|status dhcrelay      #DHCP中继代理守护神进程

## 2.dhcpd的配置文件

（1）主配置文件/etc/dhcp/dhcpd.conf

dhcpd的主配置文件包括若干声明用于描述网络布局，在声明中可配置参数和选项以描述DHCP服务如何执行任务以及向客户机发哪些配置项。它的结构如下：

```
shared-network <超级作用域名>{        #配置超级作用域，可选
<参数及选项>
}
subnet <网络地址> netmask <子网掩码>{        #配置作用域，必选
<参数及选项>
range <低IP地址>   [<高IP地址>]        #配置地址池
host <主机名>{        #为特定主机分配IP参数
    <参数及选项>
}
class <分类名>{        #出于安全或流程管理，对客户机分类
<参数及选项>
}
group <分类名>{        #按网络拓扑或其他逻辑对客户机分组
<参数及选项>
}
}
```

对客户机分类可根据dhcp-client-indentifier（mac地址）中的特定信息，或vendor-class-indentifier（厂商信息）中的特定信息将它们进行分类。

主配置文件/etc/dhcp/dhcpd.conf的常用参数和选项见表3-1。

表3-1　dhcpd.conf的常用参数和选项

| 参数和选项 | 说明 |
| --- | --- |
| dns-update-style <模式名> | 配置DHCP-DNS为互动更新模式：nonelad-hoclinterim |
| default-lease-time <时间> | 指定默认租约时间的长度，单位为s |
| max-lease-time <时间> | 设置最大租约时间长度，单位为s |

**续表**

| 参数和选项 | 说明 |
|---|---|
| hardware | 设置网卡接口类型和MAC地址 |
| fixed-address <IP地址> | 分配给客户端一个固定的IP地址 |
| filename <文件名> | 指定启动文件的名称，应用于无盘工作站 |
| next-server <IP地址> | 存放启动文件的主机IP地址 |
| option <选项> | 选项 |
| domain-name-servers<IP地址表> | 指定DNS服务器IP地址 |
| domain-name <域名> | 为客户端指明DNS名字 |
| subnet-mask <子网掩码> | 为客户端设定子网掩码 |
| routers <IP地址> | 为客户端设定网关地址 |
| host-name <主机名> | 为客户端指定主机名称 |
| broadcast-address <IP地址> | 为客户端设定广播地址 |
| ntp-server <IP地址> | 为客户端设置网络时间服务器IP地址 |
| time-offset <时间> | 为客户端设置和GMT时间的偏移，单位为s |

参数既可以在声明之外，也可以在声明之内设置，在声明之外是全局设置。选项在声明之内设置，用于为作用域或主机设置IP参数附加项。参数和选项设置均以分号（；）结束。

（2）租约文件/var/lib/dhcpd/dhcpd.lease

租约文件记录分配的每个IP地址的相关信息，格式如下：

```
lease <IP地址>{
starts <日期>;                          #租约开始时间
ends <日期>;                            #租约结束时间
cltt <日期>;                            #客户的最后交易时间
hardware <硬件类型> <MAC地址>;          #网卡的类型和MAC地址
binding state <状态>;       #租约的绑定状态，活动（active）、可用（free）
                                        #放弃（abandoned）
uid <客户机ID>;       #记录获取租约的客户端ID号
…

}
```

## 计划&决策

为实现网络中主机IP地址分配与管理的自动化，需要在服务器计算机中安装DHCP服务，并进行恰当的配置以开启服务，同时需要对用户计算机的网络连接参数做相应修改，才能让客户计算机通过DHCP服务来获得IP地址及其他网络连接参数。四方科技有限公司信息中心拟采取以下计划：

①检查DHCP是否需要安装，如未安装，则先完成DHCP安装；

②为自动分配IP建立作用域，指定IP地范围和其他参数；

③修改员工计算机网络连接配置并测试。

## 实施

### 一、安装配置DHCP服务

#### 1.安装DHCP

[root@localhost ~]#rpm –qa | grep dhcp

[root@localhost ~]#yum install dhcp　　　#安装DHCP

#### 2.配置DHCP

DHCP安装后，默认DHCP服务的主配置文件/etc/dhcp/dhcpd.conf是空的，管理员需要拷贝配置模板文件/usr/share/doc/dhcp–4.2.5/dhcpd.conf.example到目录/etc/dhcp下，并改名为dhcpd.conf，然后根据需要作相应修改。下面为如图3–2所示的场景配置DHCP服务。

[root@localhost ~]#cp /usr/share/doc/dhcp–4.2.5/dhcpd.conf.example /etc/dhcp

[root@localhost ~]#mv /etc/dhcp/dhcpd.conf.example /etc/dhcp/dhcpd.conf

[root@localhost ~]#vi /etc/dhcp/dhcpd.conf

#全局配置参数

#设置DNS动态更新方式。有none（不支持）、interim（互动更新）、ad-hoc

#（特殊更新）3种。本参数为必选参数并且放在配置文件的第一行

ddns–update–style interim;

#忽略客户端更新

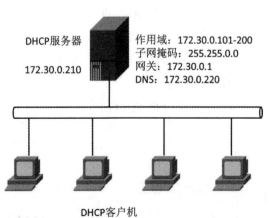

DHCP服务器
172.30.0.210

作用域：172.30.0.101-200
子网掩码：255.255.0.0
网关：172.30.0.1
DNS：172.30.0.220

DHCP客户机

图 3-2　DHCP 服务场景

```
ignore client-updates;
#设置动态分配的IP的相关参数
subnet 172.30.0.0 netmask 255.255.0.0 {
#设置网关地址
option routers                    172.30.0.1;
#设置子网掩码
option subnet-mask                255.255.0.0;
#设置DNS名称与地址，多个地址用逗号分隔
option domain-name                "hws.com";
option domain-name-servers        172.30.0.220;
# Eastern Standard Time
option time-offset                -18000;
#option ntp-servers               172.30.0.100;
#option netbios-name-servers       172.30.0.100;
#动态分配的IP地址范围，用空格分隔
range dynamic-bootp               172.30.0.101 172.30.0.200;
#设置默认租约时间，单位是s
default-lease-time  21600;
#设置客户端最长租约时间，单位是s
max-lease-time  43200;
#设置MAC与IP绑定
host ns {
#指定客户机的MAC地址
hardware ethernet  12:34:56:78:AB:CD;
#指定固定分配的IP地址
fixed-address 172.30.0.100;
#指定网段的广播地址
option broadcast-address  172.30.0.255;
#设置网关地址
option router  172.30.0.1;
}
}
```

3.启动DHCP服务

```
[root@localhost ~]#dhcpd -t        #检查配置文件中是否有语法错误
```

```
[root@localhost ~]#systemctl enable dhcpd        #设置开机启动
[root@localhost ~]#systemctl start dhcpd         #启动dhcp服务
```

## 二、使用DHCP服务

### 1.Linux主机使用DHCP服务

在同一网络中另一台Linux主机中，配置网络接口从DHCP服务器获得IP地址等TCP/IP协议参数，如图3-3所示。

```
[root@localhost ~]#vi /etc/sysconfig/network-scripts/ifgcfg-ens33
BOOTPROTO=dhcp                                   #修改BOOTPROTO为从DHCP获取IP地址
[root@bds001 ~]#ifconfig ens33
[root@bds001 ~]#ping -c 4 172.30.0.210           #测试与DHCP服务器的连通性
```

```
[root@bds001 ~]#
[root@bds001 ~]# ifconfig ens33
ens33: flags=4163<UP,BROADCAST,RUNNING,MULTICAST>  mtu 1500
        inet 172.30.0.101  netmask 255.255.0.0  broadcast 172.30.255.255
        inet6 fe80::ec9a:4b3f:c5b7:4e06  prefixlen 64  scopeid 0x20<link>
        ether 00:0c:29:38:df:c4  txqueuelen 1000  (Ethernet)
        RX packets 43  bytes 3779 (3.6 KiB)
        RX errors 0  dropped 0  overruns 0  frame 0
        TX packets 369  bytes 31658 (30.9 KiB)
        TX errors 0  dropped 0 overruns 0  carrier 0  collisions 0

[root@bds001 ~]# ping -c 4 172.30.0.210
PING 172.30.0.210 (172.30.0.210) 56(84) bytes of data.
64 bytes from 172.30.0.210: icmp_seq=1 ttl=64 time=1.17 ms
64 bytes from 172.30.0.210: icmp_seq=2 ttl=64 time=0.650 ms
64 bytes from 172.30.0.210: icmp_seq=3 ttl=64 time=0.611 ms
64 bytes from 172.30.0.210: icmp_seq=4 ttl=64 time=0.655 ms

--- 172.30.0.210 ping statistics ---
4 packets transmitted, 4 received, 0% packet loss, time 3002ms
rtt min/avg/max/mdev = 0.611/0.773/1.176/0.233 ms
[root@bds001 ~]# _
```

图 3-3    Linux 系统中测试 DHCP 服务

### 2.Windows主机使用DHCP服务

在Windows系统中配置网络连接自动获得IP地址，然后查看网络连接的状态信息，如图3-4所示。

### 3.查看IP地址租约信息

DHCP为每个分配出去的IP地址建立租约记录，是IP地址的回收、更新管理等业务的依据，它们存储在/var/lib/dhcpd/dhcpd.leases文件中，如图3-5所示。

```
[root@localhost ~]#cat /var/lib/dhcpd/dhcpd.leases
```

图 3-4　Windows 主机获得的 DHCP 服务

```
# The format of this file is documented in the dhcpd.leases(5) manual page.
# This lease file was written by isc-dhcp-4.2.5

lease 172.30.0.104 {
  starts 3 2022/11/30 12:11:31;
  ends 3 2022/11/30 12:13:31;
  cltt 3 2022/11/30 12:11:31;
  binding state free;
  hardware ethernet e4:26:8b:b3:12:46;
  uid "\001\344\213\263\022F";
  client-hostname "HW:HICPE";
}
lease 172.30.0.101 {
  starts 3 2022/11/30 10:28:27;
  ends 3 2022/11/30 16:28:27;
  cltt 3 2022/11/30 10:28:27;
  binding state active;
  next binding state free;
  rewind binding state free;
  hardware ethernet 00:0c:29:38:df:c4;
  client-hostname "bds001";
}
```

图 3-5　IP 地址的租约信息

## 检查

一、填空题

1.DHCP是_____，主要作用是_____。

2.当前租期超过_____时，客户机直接向给它提供IP地址的DHCP服务器以送_____数据包请求续租。

3.DHCP作用域是指_____。

4.保留是DHCP服务为网络上的计算机分配的_____IP地址。

5.DHCP客户机使用UDP的＿＿＿＿＿＿＿＿端口向DHCP服务器发送请求数据包。

二、判断题

1.DHCP只能给客户计算机分配IP地址。 （　　）

2.DHCP客户机每次重新启动系统都要发起IP地址租用过程。 （　　）

3.DHCP可以为客户机分配固定IP地址。 （　　）

4.在同一个网络中只能有一台DHCP服务器。 （　　）

5.租约时间越长越好。 （　　）

三、简述题

1.DHCP租用过程中有哪些数据包？它们各有什么作用？

2.指出下列配置参数的作用。

subnet…netmask

range

option routers

option subnet-mask

option domain-name

default-lease-time

## 评价

| 序号 | 评价内容 | 识记 | 理解 | 应用 | 分析 | 评价 | 创造 | 问题 |
|---|---|---|---|---|---|---|---|---|
| 1 | DHCP的工作过程 | | | | | | | |
| 2 | DHCP配置各参数的作用 | | | | | | | |
| 3 | 配置客户机使用DHCP | | | | | | | |
| 教师诊断评语： | | | | | | | | |

# [任务二]

# 实现域名解析服务

## 资讯 ①

### 任务描述

不论是在互联网还是企业内部网上，使用IP地址访问服务器都不是一件令人愉快的事，IP地址由数字组成，单调乏意，很难记忆，也降低了用户使用信息系统的体验感。域名系统为网络上的主机建立名称到IP地址的映射，并通过域名服务为用户实现名称到IP地址的转换，让用户使用有意义的名称就可以便捷访问网络上的主页，而无需强记主机的IP地址。四方科技有限公司要求信息中心在企业内部网中搭建域名服务器系统，以方便员工访问企业中的信息服务系统。本次任务的主要工作包括：

①认识DNS系统的结构和工作过程；

②安装配置DNS服务器；

③配置客户机使用DNS服务。

### 知识准备

#### 一、DNS系统结构

DNS（Domain Name System，域名系统）实现主机名称到IP地址的相互映射（或称作名称解析）。它是基于客户机/服务器模式设计的，每个DNS服务器维护一个域名数据库，负责一个局部区域主机名的解析。每个DNS服务器都有指向其他DNS服务器的连接信息，如此组成一个覆盖整个互联网的域名服务系统，为互联网用户提供名称解析服务。域名数据库是一个典型的分布式数据库，它是由分布在互联网上无数的DNS服务器上的局部域名数据库组成的。

DNS系统的命名系统采用分层的逻辑结构，形成一个逻辑的树形结构，如图3-6所示。

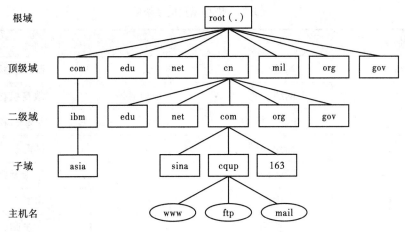

图 3-6　DNS 的逻辑空间结构

DNS域名空间的逻辑结构是一棵倒立的树，其中每个节点（图中用矩形框表示）就是DNS域名空间中的一个域，用一个标识符命名，如com、net等。位于树根的域称为根域，用小数点（.）表示，根域只有一个，因此一般不用表示出来。通常要表示一个域或域中的主机在DNS中的准确位置必须使用FQDN（Fully Qualified Domain Name，完全合格域名）名称，FQDN从某个域或主机开始向根域倒序书写，如重庆大学出版社的域名是cqup.com.cn，其网站的主机名称为www.cqup.com.cn。FQDN名称由小数点分隔的若干名称字串组成，它由两个含义，一是指一个域的完全合格名称，另一个是指主机在DNS系统中的完全合格名称，都笼统称为域名。

一个DNS域可以包括主机和其他子域，每个机构拥有DNS名称空间一部分的授权并负责管理该部分名称空间，包括划分命名子域，分配并管理域中主机名与IP地址的映射信息。区域（Zone）是名称空间的一个连续部分，它是以文件形式存储在DNS服务器上的一组资源记录，这个文件就是区域文件，其中包含了用于提供域名解析服务的各种地址映射记录，因此，也有称DNS的区域文件为域名数据库。每个DNS域负责的域名到IP地址的解析工作、域名数据库的管理工作由一组DNS服务器系统具体执行。全球有13个根域服务器系统，它们并不负责互联网上所有主机的域名解析任务，其只保存有顶级域中所有DNS服务器的域名与IP地址的映射数据。同理，每一层DNS服务器也只保存所负责的下一层DNS服务器的域名与IP地址的映射数据。全球DNS是一个巨型的分布式数据库。这种结构能使每个DNS服务器系统不会管理过多的主机–IP地址映射数据，能实现域名查询负载均衡，提高查询速度。

IP地址和域名空间是由InterNIC（Internet Network Information Center，互联网信息中心）管理或授权其他机构来管理的。根域下的一级域称为顶级域，顶级域以下均称为子域，在申请的域下，可以按组织的需求设置多级子域。顶级域分为机构顶级域和地理顶级域两种，常见的顶级域及其含义见表3–2。

表3-2　DNS中常见的顶级域

| 域名 | 含义 | 域名 | 含义 |
|------|------|------|------|
| com | 商业机构 | gov | 政府机构 |
| net | 网络机构 | edu | 教育机构 |
| org | 非商业机构 | mil | 军事机构 |
| cc | 商业公司 | int | 国际机构 |
| arpa | IP地址树 | info | 不限类别 |
| cn | 中国 | tw | 中国台湾 |
| us | 美国 | uk | 英国 |
| de | 德国 | jp | 日本 |
| ru | 俄罗斯 | fr | 法国 |

　　DNS系统不仅提供域名到IP地址的正向解析，还提供了IP地址到域名的反向解析。DNS系统将使用专门的反向解析域in-addr.arpa，它是用IP地址的一字节来表示一个子域，这样反向解析根域in-addr.arpa下将划分成256个子域，每个子域代表一个字节中的某个值（0~255）。同理，每个子域又分成256个子域，这样层层划分直到全部地址空间都在反向解析域中表示出来，如图3-7所示。由于有反向域，所以一个DNS服务器需要管理两个域。例如一个机构申请的域名是hws.com，并获得了一个B类地址179.36.192.98，则其DNS服务器将管理正向域hws.com和反向域36.179.in-addr.arpa。反向域的FQDN是把对IP地址的网络号逆序后缀in-addr.arpa而成。

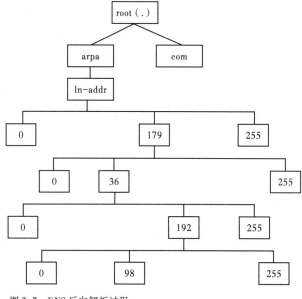

图3-7　DNS 反向解析过程

## 二、DNS服务器

DNS服务器是一套管理域名数据库和实现域名解析服务的软件。根据DNS服务管理的域名数据资源的可信程度分为权威和非权威服务器，如图3-8所示。

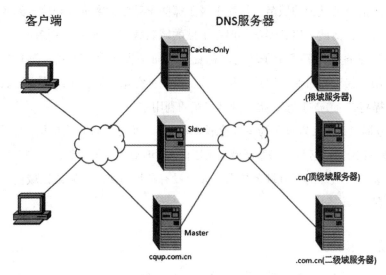

图 3-8　DNS 服务器角色

DNS服务器的类型见表3-3。

表3-3　DNS服务器的类型

| 类别 | 名称 | 说明 |
| --- | --- | --- |
| 权威性 | 主域名服务器<br>Primary Name Server | 区域数据保存在本地硬盘，拥有一个域名空间的完整数据 |
| | 辅助域名服务器<br>Second Name Server | 通过区域传输复制主域名服务器的区域数据，为主域名服务器提供冗余，实现负载均衡 |
| | 残根域名服务器<br>Stub Name Server | 类似辅助域名服务器，但只复制区域中的NS记录 |
| | 秘密域名服务器<br>Stealth Name Server | 在NS记录中没有本服务器的数据，只有知道其IP地址的用户可用 |
| 非权威 | 高速缓存服务器<br>Caching-only Server | 不包含本地区域数据，只是缓存收到的域名解析数据，供其他用户使用，不保证数据永远可靠 |
| | 转发服务器<br>Forwarding Server | 不包含本地区域数据，代理用户执行域名查询并缓存域名解析数据 |

一个域只能创建一台主域名服务器，可创建多台辅助域名服务器并置于不同的子网中来分担主域名服务器负荷。在每个子网中设立一台高速缓存服务器可以减少网络传输压力，也能降低主域名服务器和辅助域名服务器的工作量。对于不希望内部主机直接和

外部服务器通信的情况，可在内部网络上部署转发服务器。

DNS服务对域名采用分层授权管理机制，每个子域授权给某个组织或机构自行管理。每个子域必须有自己的域名服务器，它维护该子域所有主机的域名数据并负责该子域所有域名查询。该组织还可以把所管理的子域分成更小的子域，然后委托给别的组织管理，实际上是把自己维护的域名数据库中属于那些子域中的数据分别放置到各自的域名服务器上。这样，父域名服务器不再保存子域的域名数据，而只保存指向子域的指针，父域名服务器不直接回答某个子域的名称查询，而是告知由哪个域名服务器来实际解析。这种分层授权管理机制可以让名称查询工作任务分散，降低上级或顶级域服务器的查询负载，提高查询响应速度，提高网络带宽的利用率。

DNS服务器以区域（Zone）为单位管理域名空间，而不是以域为单位。一个DNS服务器可以管理一个或多个区域，一个区域也可以由多个DNS服务器来管理。一个区域包含域中除委托出去的子域外的所有域名数据，如果没有子域被委托，则该区域包含该子域所有的域名数据。

### 三、DNS域名查询过程

①客户机提出域名解析请求，并发送给本地DNS服务器。

②本地DNS服务器收到请求后，查询本机缓存和DNS数据库，如果查询到相应的名称地址映射记录，则直接向客户机返回结果，完成本次DNS服务。

③如果本地DNS服务器没有所要查询的记录，则DNS服务器有两种查询策略。

递归查询：本地DNS服务器把请求发送给根域服务器，根域服务器向本地DNS服务器返回所查询域的顶级DNS服务器地址，本地DNS服务器再向返回的顶级DNS服务器发送域名解请求，依次类推直到查询到所要的结果，然后把结果返回给客户机并缓存查询结果。

迭代查询：本地DNS服务器不是提供域名解析结果，而是把它获得的可用DNS服务器地址返回给向它提出查询请求的客户机，由客户机重新向这个DNS服务器提出域名解析请求，依次类推直到查询到所要的结果。

### 四、Linux中的DNS服务

Linux中的DNS服务是由BIND域名服务器组件提供的，BIND（Berkeley Internet Name Domain）是加利福尼亚大学伯克利分校开发的互联网域名服务系统。

1.BIND的主要组件

bind：BIND的主要的DNS服务软件包，提供named进程。

bind-chroot：BIND的chroot软件包，用于改变bind执行的根目录。

bind-utils：BIND的工具软件包

## 2.BIND的配置文件

BIND的配置文件包括主配置文件/etc/named.conf和区文件（也就是域名数据库文件），区文件默认存储在/var/named目录中，要根据主配置文件中的声明对应定义。

（1）主配置文件/etc/named.conf

主配置文件的主要作用是设置DNS服务器的工作参数和声明区域数据库文件。/etc/named.conf文件的基本结构如下。

acl <访问控制列表名>（

<IP地址列表>　　　　　#用分号";"分隔的IP地址表

）；

option（　　　　　　　#定义全局配置项

<配置子句>　　　　　#子句以分号";"结束

）；

zone <区名>　IN（

type <类型>；

file <区数据库文件名>；

……

）；

…．

主配置文件使用的配置语句和全局配置子句见表3-4。

表3-4　named.conf配置语句和常用全局配置子句

| 配置语句 | 配置子句 | 含义 |
|---|---|---|
| acl | | 定义IP地址访问控制列表 |
| key | | 定义用于TSIG的共享密钥 |
| | algorithm <算法名> | 目前唯一支持的算法是hmac-md5 |
| | secret <机密串> | 一个64位的字符串 |
| trusted-keys | | 定义服务器DNSSEC密钥 |
| logging | | 定义日志记录规范 |
| | channel | 定义日志输出的频道，可以是文件、syslog或标准错误输出stderr |
| | severity | 指定日志的严重级别，如critical、error、warning、notice等 |

续表

| 配置语句 | 配置子句 | 含义 |
|---|---|---|
| controls | | 定义RNDC命令使用的控制通道 |
| | inet <IP地址l*> [ port <端口号> ] | 定义控制通道的IP地址与端口。默认通道建立在127.0.0.1上 |
| | allow { IP地址表} | 定义能使用通道发送控制命令的主机 |
| | keys { key文件表 } | 指定控制通道命令加密使用的密钥文件，默认/etc/rndc.key |
| server | | 定义远程DNS服务器特性 |
| | bogus yeslno | 发现远程服务器输出错误数据，设置为yes将会阻止对它的更多查询 |
| | provide–ixfr yeslno | 设置本地服务器是否作为主域名服务器 |
| | request–ixfr yeslno | 设置本地服务器是否作为辅域名服务器 |
| include | | 把其他配置文件包含到本文件中 |
| zone | | 声明区数据库文件 |
| | type[masterlslavel stublhintlforward] | 声明区的类型，master主域服务器、slave辅助域服务器、stub残根域名服务器、hint高速缓存服务器、forward转发服务器 |
| | file "<文件名>" | 声明区数据文件名 |
| | masters <IP地址> | 对slave指定master的地址 |
| | allow–update <acl名>l<IP地址表> | 指定可以向主域名服务器提交动态DNS更新的主机 |
| options | | 定义全局配置项 |
| | listen–on port <n> {IP地址表} | 指定DNS服务监听的IP网络端口 |
| | directory <目录名> | 定义区文件存储目录 |
| | recursion yeslno | 是否采用递归查询，默认为yes |
| | forwarders {IP地址表} | 设置上游DNS服务器地址列表，用于定义转发器 |
| | forward onlylfirst | only仅转发不做本地解析，first优先使用上游DNS服务器，失败才转为本地解析 |
| | blackhole { IP地址表 } | 不接受指定IP地址表的主机查询 |
| | max–cache–size <n>; | 指定缓存的最大值，默认32MB |
| | allow–query <acl名>l<IP地址表> | 指定允许查询本机域名资源的主机或网络，默认允许所有主机 |

续表

| 配置语句 | 配置子句 | 含义 |
|---|---|---|
| options | allow-transfer acl名>\|<IP地址表> | 指定允许与本机进行区域传输的主机，默认允许所有主机 |
| | allow-query-cache<acl名>\|<IP地址表> | 指定允许查询本机非权威资源记录的主机或网络，默认允许localhost和localnets |
| | port <端口号> | 指定DNS服务的端口号，默认53 |
| | query-source adderss <IP地址> port <端口号> | 指定查询其他DNS服务器的地址与UDP端口，TCP请求使用的是大于1024的随机端口 |

表中allow-query、allow-transfer、allow-query-cache、blackhole 子句可同时用于options和zone语句。对于一般企业应用，在named.conf文件中只需根据实际应用要求修改options配置语句和使用zone定义区，其他配置使用BIND提供的默认设置DNS就能很好地工作。

（2）区数据文件

区数据文件定义了区域名的各种资源信息，也就是DNS服务器管理的域名数据库，默认保存在/var/named目录中。区数据文件包括区文件指令和若干资源记录组成，文件结构如下：

```
$TTL <时间>                        ；设置区全局默认存活时间
$INCLUDE <文件名>                    ；包含指定的外部文件
$ORIGIN <域名>                      ；声明默认域名
@ IN SOA <域名> <邮件地址>（       ；邮件地址中@要换成小数点"."
<序列号>     ；当前区数据序列号，一个32位整数，更新区文
            ；件时，增加序列号值
<更新时间> ；辅助DNS更新数据的时间间隔，默认单位s。可
            ；以后缀M、H、D、W分别表示分、时、日、周
<重试时间> ；辅助DNS更新数据失败再试等待时间
<失效时间> ；辅助DNS不能更新数据，现有数据失效时间
<存活时间>）  ；缓存数据的存活时间
[<名称>]   [TTL]  IN <类型> <数据>          ；资源记录
```

资源记录RR（Resouce Records）由若干字段组成，各字段的含义见表3-5。

表3-5　RR的字段

| 字段 | | 含义 |
|---|---|---|
| 名称 | . | 根域名 |
| | @ | 默认域名，即$ORIGIN声明的域名 |
| | 域名 | 可以是相对默认域名的相对域名，或以"."结束的FQDN |
| | 空 | 使用最后一个带有名字的域对象 |
| TTL | | 该RR记录在缓存中存活时间 |
| IN | | 标志记录为DNS资源记录 |
| 类型 | SOA | 即Start of Authority，标识一个授权区域定义的开始 |
| | NS | 即Name Server，标识域名服务器有授权子域 |
| | A | 即Address，标识主机名到IPv4地址转换记录 |
| | AAAA | 即Address IPv6，标识主机名到IPv6地址转换记录 |
| | MX | 即Mail eXchanger，标识邮件交换记录，控制邮件收发。MX必须指向邮件主机名称，而非IP地址，且邮件主机必须有合法的A记录。不要为邮件主机用CNAME设置别名。邮件记录中还需在MX标志后明确优先级，以避不确定性 |
| | PTR | 即Pointer，标识将IP地址转换为主机域名的记录 |
| | CNAME | 即Canonical Name，标识A记录中主机的别名 |
| | HINFO | 定义主机的硬件等级和操作系统 |
| | TXT | 即Text，标识注释 |
| 数据 | | 资源记录的相关数据，由类型决定 |

## 五、DNS客户端配置与测试

### 1.配置DNS客户

必须为DNS客户指明要使用的DNS服务器地址，客户机程序才能向DNS服务器提出域名查询请求。Linux客户需要在/etc/resov.conf文件中设定可以访问的DNS服务器地址。

vi /etc/resov.conf

nameserver <DNS服务器IP地址1>　　#设置首选DNS服务器

nameserver <DNS服务器IP地址2>　　#设置备选DNS服务器

### 2.测试DNS服务

（1）解析域名

host [–aCr] [–t <类型>]<FQDN域名>

-a：显示详细的DNS信息

-t <类型>：查询域名指定类型信息

-C：查询指定主机的完整SOA记录

-r：不使用递归的查询方式查询域名

（2）查询域名基本信息

nslookup <FQDN>

（3）查询域名的信息

dig [-t <类型>] [-x <IP地址>]  <FQDN>

-t <类型>：指定查询信息的类型，默认为A

-x <IP地址>：逆向解析IP地址

---

## 计划&决策

要使用域名服务系统就需要在网络中搭建DNS服务器，并完成相关配置，才能提供域名查询服务。四方科技有限公司信息中心先申请了公司域名fdiot.com，并为企业网的服务器主机规划恰当的主机名，再拟订如下部署DNS服务的工作程序：

①检查DNS是否需要安装，必要时重新安装；

②配置DNS服务器角色；

③建立解析区域数据库文件；

④配置DNS客户端使用DNS服务。

---

## 实施 ⊕

### 一、安装配置DNS服务

#### 1.安装BIND服务组件

```
[root@localhost ~]#rpm -qa | grep bind          #检查BIND是否安装
[root@localhost ~]#yum instll bind bind-utils    #安装BIND
```

#### 2.配置BIND服务

（1）配置BIND主配置文件

```
[root@localhost ~]#vi /etc/named.conf
```

```
// options{};  设置DNS服务器全局选项参数

options {

// directory设置DNS服务器工作目录,用于存储区域文件。配置文件中
//的所有相对路径都是基于此目录的

directory "/var/named";

//以下指定缓存备份、DNS统计数据和进程PID号的文件,不用修改

dump-file "/var/named/data/cache_dump.db";

statistics-file "/var/named/data/named_stats.txt";

pid-file "/var/named/data/named.pid ";

//设置可以查询本DNS服务器的主机

allow-query{

any;

};

//设置是否允许辅助DNS服务器数据同步

allow- update {

any;

};

};

// zone设置区域,指定区域名、类型和区域文件名

zone "." IN {

type hint;

file "named.ca";

};

//定义正解区域hws.com,zone后的区域名就是域名

zone "hws.com" IN {

type master;

file "named.hws.com";

allow-update { none;   };

};

//定义反向解析区域30.172.in-addr.arpa

zone "30.172.in-addr.arpa" IN {

type master;

file "named.30.172";

allow-update { none;   };

};
```

```
include "/etc/named.rfc1912.zones";

include "/etc/named.root.key";
```

（2）建立区文件

```
[root@localhost ~]#vi /var/named/named.hws.com
$TTL  86400
$ORIGIN    hws.com.
@     IN    SOA      nsvr.hws.com.      root.nsvr.hws.com. (
                 1
                       28800
                       14400
                       3600000
                       86400 )
```

; 前面省掉了区域名@，可以加上，也可以写出完整的区域名hws.com.

```
IN              A      172.30.0.220
IN              NS     nsvr
```

; 定义邮件交换记录指定邮件主机，邮件主机只能用主机名指定，不能用主

; 机的IP地址，MX必须指定优先级，当使用邮箱地址kate@hws.com时，将

; 访问的邮件服务器的FQDN就是mail.hws.com

```
IN      MX    5      mail
nsvr    IN    A      172.30.0.220
mail          IN     A      172.30.0.222
www     IN    A      172.30.0.240
ftp     IN    A      172.30.0.230
```

; CNAME定义主机别名记录。如主机pop3、smtp其实就是mail.hws.com

```
pop3    IN    CNAME          mail
smtp    IN    CNAME          mail
```

; TXT定义主机的说明信息，HINFO定义主机的硬件等级和操作系统，可以不设置

```
nsvr    IN    TXT            "This is a local DNS"
nsvr    IN    HINFO          " Intel Core  i5 " "CentOS 7"
[root@localhost ~]#vi /var/named/named.30.172
$TTL  86400
$ORIGIN 30.172.in-addr.arpa.
```

; DNS服务器的主机IP地址是172.30.0.220，在SOA后的主DNS服务器的

; 主机名可写成220.0.30.172.in-addr.arpa.的形式

```
@     IN     SOA    nsvr.hws.com.   root.nsvr.hws.com. (
```

12034

28800

14400

3600000

86400 )

　　　　　IN　　　NS　　　nsvr.hws.com.

；定义反向解析记录PTR

220　　IN　　　PTR　　nsvr.hws.com.

222　　IN　　　PTR　　mail.hws.com.

230　　IN　　　PTR　　ftp.hws.com.

240　　IN　　　PTR　　www.hws.com.

### 3.启动BIND服务

在完成BIND服务配置后，需要对配置文件进行语法检查，只有检查通过后，才能正常启动named服务，如图3-9所示。

[root@localhost ~]#named-checkconf　　　　#检查主配置文件/etc/named.conf

[root@localhost ~]#named-checkzone hws.com /var/named/named.hws.com

named-checkzone 30.172.in-addr-arpa \

/var/named/named.30.172

[root@localhost ~]#systemctl start named

[root@localhost ~]#systemctl status named

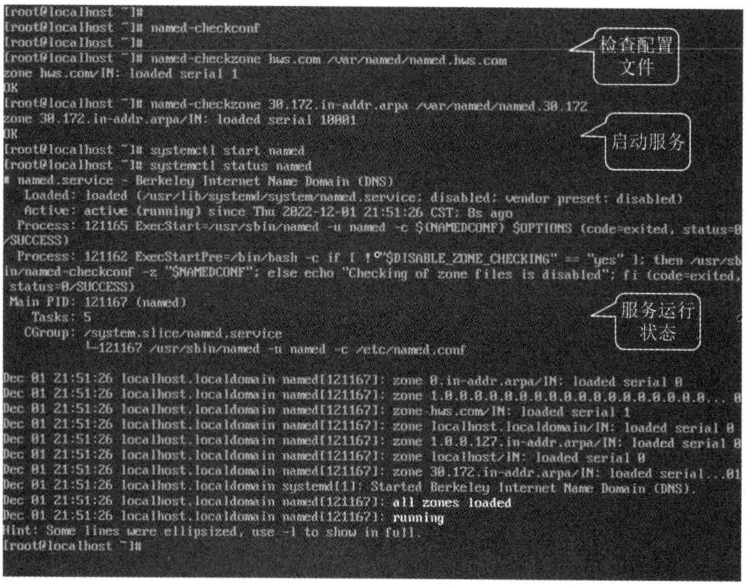

图 3-9　启动 BIND 服务

## 二、使用DNS服务

使用DNS服务之前，需要为计算机配置正确的DNS地址，可以编辑配置文件/etc/resolv.conf，也可以由DHCP服务来指定DNS服务器的地址，完成DNS地址配置后，就能正常使用DNS的地址解析服务，如图3-10所示。

[root@localhost ~]#vi /etc/resolv.conf

nameserver 172.30.0.220

[root@localhost ~]#ping –c 2 www.hws.com

[root@localhost ~]#host mai.hws.com

[root@localhost ~]#nslookup ftp.hws.com

[root@localhost ~]#nslookup 172.30.0.240

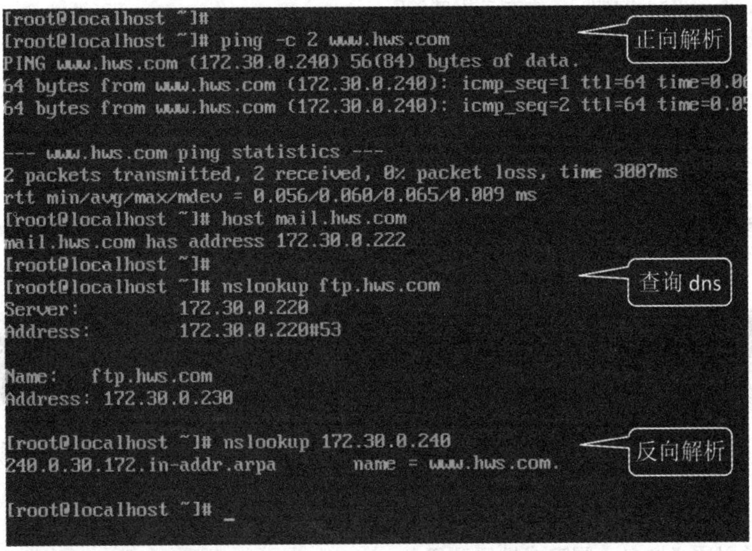

图 3-10 使用 DNS 服务

## 检查

一、填空题

1.DNS的作用是_____。DNS采用_____模式工作。

2.DNS域空间是一个_____结构，小数点（.）表示_____。

3.FQDN是指_____。

4.域名到IP地址的解析称为_____，IP地址到域的解析为_____。

5.DNS服务对域名采用_____管理机制，每个子域授权给_____自行管理。

6.DNS服务器以_____为单位管理域名空间。

7.域名查询有_____和_____两种方式。

8.区文件中@表示_____，A定义_____，MX定义_____。

9.在_____文件中配置Linux主机DNS服务器地址。

二、判断题

1.根域也称为顶级域。 （ ）

2.辅助域名服务器提供的域名解析数据记录可能不可靠。 （ ）

3.一个域中只能有一台主域名服务器。 （ ）

4.每个子域必须有自己的域名服务器。 （ ）

5.BIND的主配置文件中可以同时定义区域和域名解析记录。 （ ）

三、简述题

1.试描述递归查询的过程。

2.哪些DNS服务器提供的区域数据是权威的？

3.写出完成下列要求的命令

（1）显示DNS的详细信息。

（2）查询www.hws.com的基本信息。

（3）反向查询172.30.0.222。

## 评价

| 序号 | 评价内容 | 识记 | 理解 | 应用 | 分析 | 评价 | 创造 | 问题 |
|---|---|---|---|---|---|---|---|---|
| 1 | DNS的功能与逻辑结构 | | | | | | | |
| 2 | 通用顶级域名、国家或地区顶级域名 | | | | | | | |
| 3 | DNS解析过程与方式 | | | | | | | |
| 4 | DNS服务器的类型及作用 | | | | | | | |
| 5 | 安装配置DNS服务 | | | | | | | |
| 6 | 建立区数据文件 | | | | | | | |
| 7 | 测试使用DNS服务 | | | | | | | |
| 教师诊断评语： | | | | | | | | |

## ［任务三］
# 与Windows共享文件

## 资讯 🔍

### 任务描述

　　四方科技有限公司还有一些Windows系统仍在使用，它们有与Linux系统共享文件的需求。信息中心需要在Linux系统上安装支持SMB/CIFS协议的Samba服务来与Windows系统共享文件及打印服务。

　　本任务需要你：

　　①认识SMB协议及Samba服务的功能；

　　②安装配置Samba服务；

　　③在Window端访问Samba共享。

### 知识准备

#### 一、SMB协议

　　SMB协议的全称是Server Message Block，即服务信息块协议，旨在通过网络实现文件与打印共享服务。SMB是基于NetBIOS（Network Basic Input/Output System，网络基本输入/输出系统）协议开发的，NetBIOS是由IBM开发的提供了OSI参考模型中会话层服务的网络协议，NetBIOS并没有限制下层使用的网络协议。IBM在令牌环和以太网上开发了NetBIOS的用户扩展接口NetBEUI（NetBIOS Extend User Interface），由于NetBEUI没有网络寻址和路由功能，其数据包只使用MAC地址，不能标识主机所在网络，是一种适合局域网内部简洁、高效的采用广播方式的通信协议，同一局域网中的计算机可通过网络邻居来共享数据。NetBIOS也得到了其他网络开发者的重视，开发出了基于TCP/IP、IPX等可路协议的NetBIOS接口，使得可跨网络进行数据共享，也打通了异种系统间的数据共享阻碍。SMB协议与网络模型中其他协议的关系如图3–11所示。

图中NetBEUI是对NetBIOS的扩展，二者功能是融合在一起的，故用虚线表示出NetBIOS的功能。SMB协议属于OSI参考模型中的表示层和应用层，其另一称呼是CIFS（Common Internet File System，通用互联网文件系统）。

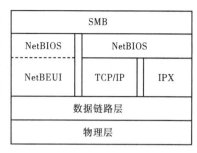

| SMB | | |
|---|---|---|
| NetBIOS | NetBIOS | |
| NetBEUI | TCP/IP | IPX |
| 数据链路层 | | |
| 物理层 | | |

图3-11　SMB 协议模型

## 二、Linux系统的Samba服务

Samba是支持SMB协议的一个软件包，它让Linux主机加入Windows网络系统中实现了文件和打印共享。

### 1.Samba服务的组件

Samba服务的组件包括服务端和客户端组件，使用yum install samba安装服务端，而客户端使用yum install samba-client cifs-utils安装。Samba服务的主要组件见表3-6。

表3-6　Samba服务的主要组件

| 组件名 | 说明 |
|---|---|
| samba-common | Samba服务端和客户端公共组件 |
| samba | Samba服务端组件 |
| samba-client | Samba客户端组件 |
| samba-winbind | 让Linux主机加入Windows域 |
| cifs-utils | 挂载管理CIFS文件系统的工具包 |

### 2.Samba服务工作过程

Samba服务器使用两个超级守护进程来管理资源共享服务，smbd提供访问授权、文件共享和打印机服务，nmbd管理名称解析和浏览服务。Samba服务的工作流程如图3-12所示。

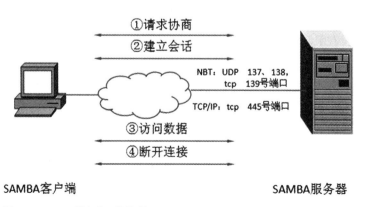

图 3-12　Samba 服务的工作流程

①客户端向服务器发送协议协商报文，Samba服务器根据客户实际情况，选择恰当的Samba服务类型进行响应。

②客户端确认Samba服务类型后向服务器发出会话连接报文，并提交账号和密码请求与服务器建立连接。客户端通过验证后，Samba服务器为用户分配唯一的UID作出响应。UID用于后续通信使用的凭证。

③客户端发送访问共享资源的请求报文通知服务器将访问的共享资源名，如果权限允许，客户开始访问共享资源。

④客户完成访问共享后，向服务器发送关闭共享报文并通知服务器断开连接。至此完成一次Samba服务。

### 3.Samba服务器角色

独立服务器（Standalone）：用户验证由本机负责，用户口令数据库存储在本机。

成员服务器（Member Server）：用户验证由网络中的域控制器负责。

域控制器（Domain Controller）：为域中的所有用户提供登录验证。

### 4.Samba用户验证模式

share模式：完全开放的共享模式。客户端不需要提供账号和密码就可以访问Samba服务器上的共享资源。

user模式：提供用户账号和密码登录到本地Samba服务器，通过验证后访问服务器共享资源，是默认的服务类型。

server模式：用户提供的账号和密码提交到网络一台特定的服务器（可以是Windows服务器或其他Samba服务器）上进行验证，如果验证失败将降级采用本地Samba服务user模式访问。

domain模式：Samba服务器加入Windows域环境中成为域的成员服务器，验证由Windows的域控制器完成。如果域中没有域控制器，也可以把Samba服务器配置成主域控制器来提供域的登录验证工作。

ads模式：Samba服务器加入Windows域环境中并成为一台域控制器，其他功能与domain模式相同。

### 5.Samba的配置文件

（1）主配置文件smb.conf

主配置文件/etc/samba/smb.conf由3个标准的配置节和若干用户自定义的共享配置节组成。

```
[Global]                        #定义全局配置参数和默认值
<参数>=<值>
......
```

```
[Homes]                        #定义用户主目录共享
 <参数>=<值>
    ……

[Printers]                     #定义打印机共享
 <参数>=<值>
    ……

[<自定义共享名>]              #用户自定义共享
 <参数>=<值>
    ……
```

主配置文件中参数分为全局、共享和访问控制等，见表3-7。

表3-7　主配置文件的常用参数

| 类别 | 参数 | 说明 |
|---|---|---|
| 全局 | workgroup | 定义工作组名 |
| | netbios name | 设置NetBIOS名称 |
| | server string | Samba主机描述名 |
| | Unix charset | 设置使用的字符集 |
| | include | 包含特定的配置文件 |
| | config file | 指定特定的配置文件覆盖主配置参数 |
| | interfaces | 设置监听的网络端口 |
| | server role | 指定服务器角色 |
| | security | 设置客户验证方式 |
| | passdb backend | 指定密码数据库的后台 |
| | guest account | 指定Guest账号映射的本地账号 |
| | username map | 指定Linux账号到Windows账号的映射文件 |
| | hosts allow | 指定可访问Samba服务的主机列表 |
| | hosts deny | 指定不可访问Samba服务的主机列表 |
| | log file | 指定日志文件的名称 |
| | log level | 指定日志的等级（0-10），值越大越详细 |
| 共享 | path | 指定共享目录 |
| | comment | 对共享的描述 |
| | hide files | 设定要隐藏指定模式文件名（可用*、?）的文件 |

| 类别 | 参数 | 说明 |
|------|------|------|
| 共享 | hide dot files | 是否对Windows隐藏Linux隐藏文件 |
| | veto files | 禁止共享指定模式文件名（可用*、?）的文件 |
| | follow symlinks | 是否跟随符号链接文件 |
| | wide links | 是否是跟随共享目录之上的符号链接文件 |
| 访问控制 | browseable | 共享目录是否可浏览，默认yes |
| | writable | 共享目录是否可写 |
| | read only | 共享目录是否为只读 |
| | guest ok | 是否允许Guset账号访问 |
| | guest only | 是否只允许Guset账号访问 |
| | read list | 设置只读访问用户列表 |
| | write list | 设置可写访问用户列表 |
| | valid users | 指定允许访问的用户列表 |
| | invalid users | 指定不允许访问的用户列表 |
| | admin users | 设置共享资源的管理员 |
| | force user | 强制指定写入文件的属主 |
| | force group | 强制指定写入文件的组 |
| | hosts allow | 指定可访问的主机列表 |
| | hosts deny | 指定不允许访问的主机列表 |
| | max connections | 设置访问资源的最大连接数 |

（2）Samba服务配置中的常用变量

%S：当前设置的参数，就是[]中的内容

%m：客户端NetBIOS主机名称

%M：客户端Internet主机名称，即HOSTNAME

%L：Samba主机的NetBIOS名称

%H：用户的主目录

%U：当前登录用户的名称

%G：登录用户的工作组名称

%h：Samba主机的Internet主机名称，即HOSTNAME

%I：客户的IP地址

%T：代表当前的日期和时间

（3）创建Samba账户

对安全等级为user的Samba服务，将由Samba服务器执行用户认证，而Samba服务的账户数据库是与系统账户分离的，需要为使用Samba服务单独创建Samba账户数据库。创建Samba账户的同时会创建Samba账户数据库。

smbpasswd [-aderU] <Samba用户名>

-a：添加Samba用户

-x：删除Samba用户

-d：冻结Samba用户

-e：解冻Samba用户

-r <Samba主机>：指定远程Samba服务器的主机名或IP地址

-U <用户名>：指定Samba用户，默认为当前登录用户

（4）管理TDB账户数据库

pdbedit -axLv <Samba用户名>

-a：添加Samba用户

-x：删除Samba用户

-L：列出Samba用户表

-v：与L配合显示Samba用户详细信息

（5）建立Samba账户映射文件

由于Windows和Linux有不同的账号，不便于共享文件，采用Samba账号映射文件来把Windows中的用户映射到Linux的用户，以方便对共享文件的管理。使用账号映射，需要在主配置文件smb.conf的全局配置项中指定映射文件的文件名，如username map=/etc/samba/smbusers。文件中每行定义一个账号映射条目，格式为：

<Linux账号>=<Windows账号列表>

如在登录Samba服务时，把Windows系统中的admin、administrator当成root账号对待，则应在映射文件smbusers中添加下面这行：

root=admin  administrator

## 三、使用Samba服务

### 1.访问Windows或Samba的共享

smbclient是Samba服务的客户端程序，可访问Windows系统和Samba服务的共享资源。smbclient连接到服务器后，提供了类FTP客户端一样的命令行交互式界面，用户可以使用其提供的子命令来操作共享文件。

smbclient [-L] [-I <IP地址>] <UNC名> [-U <用户名>]

–L：查看指定服务器上的共享资源

–I <IP地址>：指定服务器地址

UNC名：指定共享资源的统一命名约定地址，如//服务器名/共享名

–U <用户名>：指定登录服务器的用户名

### 2.挂载Windows或Samba的共享目录

为在Linux中简化对共享文件的操作，可使用mount.cifs命令把共享文件挂载到本地文件系统上，就可以像访问本地文件系统一样访问远程的共享文件。使用mount.cifs命令，可能需要执行yum install cifs-utils安装操作。

mount.cifs　　<UNC名> <挂载点>　[–o <挂载参数表>]

挂载点：本地文件系统中的一个目录，如/var/shdir

–o <挂载参数表>：指定挂载参数，具体参数见表3–8

表3-8　mount.cifs命令的挂载参数

| 参数 | 说明 |
| --- | --- |
| username=<用户名> | 指定连接服务器的用户名 |
| password=<密码> | 指定连接用户的密码 |
| uid=<用户ID号> | 指定挂载用户的UID，默认为0 |
| gid=<用户组ID号> | 指定挂载用户组的GID，默认为0 |
| guest | 指定以guest帐号连接服务器，不用密码 |
| iocharset | 把本地路径名转换为Unicode字符集表示 |

### 计划&决策

把Linux系统资源共享给Windows计算机用户，关键是使用支持了SMB协议的Samba服务。Samba服务器将成为Windows网络中的一台服务器，它可以充当多种服务器角色，要根据实际应用环境选择，如果仅作为文件共享，把它作为独立服务器是较好选择。为确保文件安全共享，需要Samba账户数据库来对用户身份进行验证。为此，信息中心制订了如下部署安排：

①查询Samba服务是否已经安装，必要时，重新安装；

②配置Samba服务，建立Samba账户数据库；

③管理Samba服务，监测运行状态；

④测试Windows用户访问Samba共享资源。

# 实施 🔍

## 一、安装配置Samba服务

### 1.安装Samba服务

[root@localhost ~]#rpm –qa | grep samba

[root@localhost ~]#yum  install  samba

### 2.配置Samba服务

配置Samba主机共享/home/shares目录，由Samba主机执行用户验证。

（1）配置Smaba主配置文件

[root@localhost ~]#vi /etc/samba/smb.conf

[global]

workgroup = mygroup

server string = Linux Samba Server

netbios name = smbsrv

Unix charset = UTF–8

dos charset = cp936

log files = /var/log/samba/log.%m

max log size = 500

#设置Samba服务类型为user，即由本机验证Samba用户

security = user

#使用TDB账号数据库

passdb backend = tdbsam

#设置是否对账号密码加密

encrypt passwords = yes

#指定Samba账户密码文件的存储路径和文件名

smb passwd file = /ect/samba/smbpasswd

#设置Samba账户的虚拟账号映射文件

username map = /etc/samba/smbusers

interfaces  172.30.0.210/16

#支持打印机共享

load printers = yes

#支持来自 Windows 用户的打印作业

cups options = raw

#使用CUPS管理打印服务

printcap name = cups

printing = cups

#设置用户的主目录共享特性，homes是特殊共享名代表共享的用户主目录

[homes]

comment = your private space

browseable = no

writable =yes

create mode = 0644

directory mode = 0775

# valid users设置有权访问的用户列表，@后接用户组名

#当kate登录时，[]中的homes将由kate的主目录名kate替换

valid users = %S，@root

#共享目录/home/share

[share]

comment = our share

path = /home/share

read only = yes

public = yes

browseable  = yes

create mode = 0644

directory mode = 0775

#设置具有写入权限的用户及用户组

write list = hungws，@employee

#设置可以访问Samba服务的客户机，多个设置值之间用"空格"分隔

hosts  allow = 127. 172.30 EXCEPT 172.30.0.99

#重新设置来宾账号为bms，而不直接采用guest

guest account = bms

guest ok = yes

#共享打印机必须是 printers

[printers]

comment = Canon Printers

path = /var/spool/samba            #设置打印作业存储队列

browseable = no

guest ok = no

writable = no

printable = yes

（2）创建Samba账户

Samba账户首先必须是Samba主机的系统账户，由于Samba服务使用独立的账户数据，默认是TDB数据库，因此，为使用Samba服务，必须创建相应的Samba账户，如图3-13所示。

[root@localhost ~]#smbpasswd –a hungws

New SMB password:

Retype new SMB password:

[root@localhost ~]#pdbedit –Lv hungws                    #显示Samba账户详情

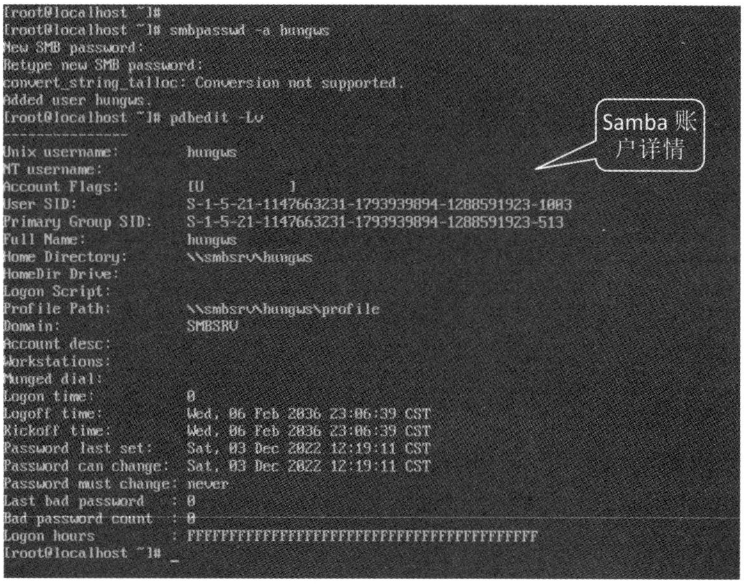

图 3-13　创建 Samba 账户

（3）建立用户映射

[root@localhost ~]#vi /etc/samba/smbusers

root=administrator admin

nobody=guest

hungws=hws100

## 3.启动Samba服务

主配置文件/etc/samba/smb.conf中有配置错误，可能导致Samba服务不能启动，因此，在每次修改配置后应检查其正确性，通过后再启动Samba服务，如图3-14所示。

[root@localhost ~]#testparm                    #检查配置文件

[root@localhost ~]#systemctl start smb

[root@localhost ~]#systemctl status smb

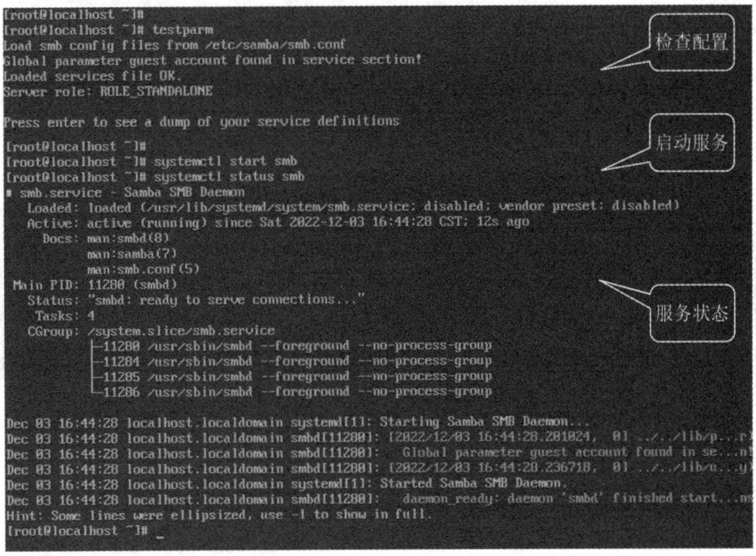

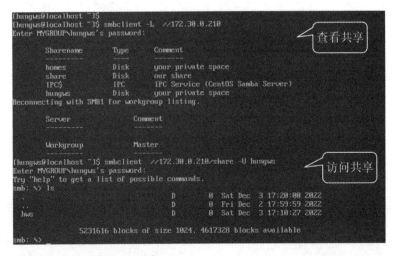

图 3-14   启动 Samba 服务

## 二、使用Samba服务

### 1.在Linux系统中使用Samba服务

Samba为Linux用户提供了客户端工具smbclient用以访问Samba服务或Windows系统共享的资源。smbclient使用方式与FTP客户程序相似，适合临时使用，如图3-15所示，以hungws登录访问共享。

图 3-15   Linux 访问 Samba 共享

[root@localhost ~]$smbclient −L //172.30.0.210　　#显示主机上的共享目录

[root@localhost ~]$smbclient　　//172.30.0.210/share

如果要经常访问共享目录，可用mount.cifs把共享目录挂载到本地文件系统以方便使用，如图3-16所示。

[root@localhost ~]#mkdir /home/hungws/share #创建挂载点

[root@localhost ~]#mount.cifs　　//172.30.0.210/share　　/home/hungws/share \

　　　　　　　　　　　　　　−o username=hungws

```
[root@localhost ~]#
[root@localhost ~]# mkdir /home/hungws/share
[root@localhost ~]# mount.cifs //172.30.0.210/share /home/hungws/share -o username=hun
Password for hungws@//172.30.0.210/share:  ******
[root@localhost ~]# ll /home/hungws/share/
total 0
drwxr-xr-x. 2 root root 0 Dec  3 17:10 hws
[root@localhost ~]# _
```

图 3-16　挂载 Samba 共享目录

### 2.在Windows系统中访问Samba服务

打开资源管理器，在地址栏中输入Samba服务器地址\\172.30.0.210，然后在弹出的登录对话框中输入用户名和密码，如图3-17所示。

成功登录后，按Windows的方式访问Linux系统中的共享目录，如图3-18所示。

如果出现不能正常访问的情况，需要检查共享目录的配置权限以及共享目录在文件系统中的权限设置。同时，在防火墙和Selinux中要放行Samba相关通信连接。

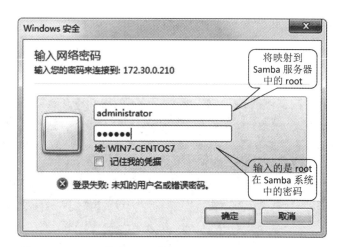

图 3-17　Windows 登录 Samba 服务

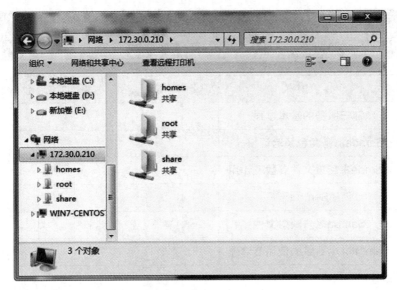

图 3-18　Windows 访问 Samba 共享

# 检查

一、填空题

1.SMB是指_____，它是基于_____协议开发的，实现了_____。

2.Samba账户映射文件的作用是把_____用户映射到_____用户。

3.专门用于指定用户主目录的共享名是_____。

4.共享目录可被浏览必须配置_____。

5.Samba服务的账户数据库与系统账户数据是_____分离的。

二、判断题

1.NetBIOS是局域网中一种高效数据通信的协议。　　　　　　　　（　　　）

2.Samba服务共享的资源只能被Windows客户机访问。　　　　　　（　　　）

3.通过Samba服务Linux客户机也能访问Windows共享的文件。　　（　　　）

4.用户主目录共享不用path指定共享目录。　　　　　　　　　　　（　　　）

5.Samba账户首先也必须是Samba主机的系统账户。　　　　　　　（　　　）

三、简述题

1.Samba服务器角色有哪些?

2.Samba用户验证模式有哪几种?

3.写出下列要求的命令。

（1）添加Samba用户smb_kate。

（2）查看主机172.30.0.210共享的目录。

（3）挂载主机172.30.0.210的Samba共享名为imgs的目录到本地/mnt/pic。

## 评价

| 序号 | 评价内容 | 识记 | 理解 | 应用 | 分析 | 评价 | 创造 | 问题 |
|---|---|---|---|---|---|---|---|---|
| 1 | SMB服务的基本过程 | | | | | | | |
| 2 | Samba服务角色及验证模式 | | | | | | | |
| 3 | Samba主配置文件参数及作用 | | | | | | | |
| 4 | 创建Samba账户 | | | | | | | |
| 5 | Samba账户映射文件 | | | | | | | |
| 6 | Samba共享目录的使用与管理 | | | | | | | |

教师诊断评语：

## ［任务四］

NO.4

# 保护系统的安全

## 资讯 ①

### 任务描述

信息安全是信息化建设的必要条件。为了保障企业信息系统的安全，四方科技有限公司不仅制订了员工信息系统安全使用条例，还要求信息中心采取必要的技术手段确保信息系统中数据存储、传输和访问的安全。本任务需要你：

①认识信息安全的内容；

②实现账户安全和访问控制；

③实施数据加密传输；

④实行应用程序的访问控制；

⑤部署防火墙。

## 知识准备

### 一、系统基础安全

计算机系统的安全首要是保障计算机硬件设备的物理安全，即为计算机系统准备一个安全的场所，包括防窃、用电、消防等符合国家相应技术标准的安全措施。在保障物理安全的条件下，就需要从系统规划部署、系统更新、按需服务等方面考虑增强系统的基础安全。

#### 1.系统规划部署

一个功能单一的系统往往具有较高的安全性。Linux的发行版本都集成了大量的应用软件，在安装系统时，要根据实际需要选择安装必需的软件包，不宜采用完全安装模式，这可以保证有一个良好的安全基础环境。之后再根据需求的变化安装要使用的软件，让安全始终可控。

在硬盘分区上坚持系统数据和用户数据分离原则，以防止系统分区损坏导致用户数据丢失。建议为存储用户数据的/home和日志数据的/var/log创立独立的分区。

#### 2.保持系统最新

操作系统存在漏洞是不可避免的，漏洞是引发系统安全的重要因素之一。通过及时更新有问题的软件包是解决漏洞安全问题的有效措施。在Linux中可以执行下面的命令来更新系统：

```
yum check-update          #检查可用更新
yum –y update             #更新所有软件包
yum –y update-minimal     #仅安全更新
yum –y update <软件包>     #更新指定的软件包
```

#### 3.按需提供服务

一个系统向外提供的服务越多，受到的安全威胁就越大，因此，管理员应根据当前应用的需要启动必需的服务，关闭暂时不用的服务。

首先使用命令systemctl --type sevice查看当前已运行的服务，然后使用命令systemctl stop <服务名>停止不使用的服务，对于长时间都不会用到的服务可以卸载该服务或执行systemctl disable <服务名>命令使其不自动启动。

## 二、限制使用root账号

root账户拥有Linux系统的所有权限，一旦发生误操作，就可能对系统产生无可挽回的损失，因此，滥用root账户也是引发Linux系统安全的重要原因之一。从系统安全着想，建议限制root账号的使用，即便是管理员也不应使用root账号而应使用普通账号登录系统，以降低系统的安全风险。

当管理员以普通用户登录后，要执行系统管理操作时，有两种方法：一是使用su命令切换成管理员身份再执行管理命令；二是可以在管理命令前加上前缀sudo，且只需要提供普通用户的登录密码，就可以执行管理命令。sudo能够限制用户在指定的主机上执行允许的管理命令。

### 1.切换用户

su [–lm] [–c <命令>] [<用户名>]

–：不指定用户名时切换到root，并加载root的登录配置文件

–l：切换到指定的用户，加载指定用户的登录配置文件

–m：直接使用当前用户环境，不加载指定用户的登录配置文件

–c <命令>：仅执行一次命令

### 2.使用sudo执行管理命令

su切换用户时，需要提供切换到的目标用户的登录密码，这有泄漏用户尤其是root账号的密码风险。使用sudo执行管理命令只需提供当前用户的密码，由于sudo提供了普通用户执行管理命令的能力，所以需要配置sudo以允许哪些用户可以执行sudo以及可以执行哪些管理命令。

当用户执行sudo时，系统在配置文件 /etc/sudoers 中查找该使用者是否有执行sudo的权限，若使用者具有可执行sudo的权限后，便让使用者输入用户自己的密码来确认，若密码输入正确，就能执行sudo 后面的管理命令。系统默认只有root具有执行 sudo 的权限且不需要输入密码。配置文件 /etc/sudoers 中的配置条目格式如图3-19所示。

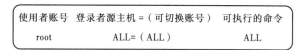

图 3-19　sudo 权限配置格式

图中配置条目表示root用户可以使用sudo，可以从任何主机登录，可以切换为任何用户并可执行所有命令，这是系统的默认设置。ALL表示任何主机、任何可切换账号和任何命令。其中，任何主机、任何可切换账号和任何命令都可以明确指定，若有多个则可以逗号分隔。指定命令时要使用绝对路径，前缀! 表示不允许执行的命令。

sudo [–lvkbH] [–u <账户名>] {<命令>}

-l：显示当前用户执行sudo的权限

-v：延长密码有效期，默认5分钟

-k：强制下次执行sudo时输入密码

-b：在后台执行命令

-H：将$HOME设置为使用者的工作目录

-u <账户名>：指定要切换成的账户

## 三、PAM账户安全与访问控制

可插拔认证模块（Pluggable Authentication Modules，PAM）为Linux系统提供可配置的验证框架，它为系统中的程序实现模块化的身份验证和访问控制，从而提高系统的安全性。

### 1.PAM的工作机制

PAM由PAM核心和PAM模块组成。PAM核心以共享连接库形式提供，它们是/lib{，64}/libpam.so和/lib{，64}/libpam.misc。PAM模块是由PAM核心调用来实际执行验证的库，存储在/lib{，64}/security目录中，PAM提供多种模块来执行不同的验证工作。PAM的工作机制如图3-20所示。

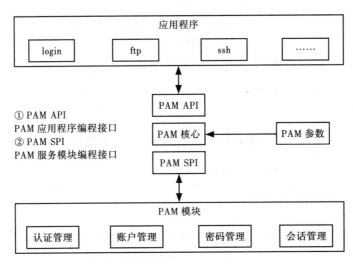

图 3-20　PAM 的工作机制

需要使用PAM功能的应用程序按以下步骤进行相关验证或访问控制。

①应用程序通过PAM API调用PAM核心。

②PAM核心通过读取配置文件中的参数执行指定的PAM模块，在执行模块时还将读取/etc/security目录下对应的模块配置文件来确定模块的执行行为。

③PAM核心接收模块的执行结果，结合配置文件的设置决定验证是否成功。

④PAM核心将验证结果返回给应用程序，由应用程序决定验证是否通过。

一个应用程序是否支持PAM，可使用命令ldd <应用程序> |grep libpam查看，如果在输出中有libpam.so，则说明该应用程序可以使用PAM验证。

## 2.PAM的配置文件

管理员可以修改PAM配置文件来定义应用程序的PAM验证行为。使用PAM验证的应用程序在目录/etc/pam.d下都有相应的配置文件，其中#开始的行是注释，其余每行的配置语法如图3-21所示。

```
（1）          （2）            （3）               （4）
模块类型        控制标记          模块路径             执行参数
auth           required         pam_env.so
auth           sufficient       pam_unix.so         nullok try_first_pass
```

图3-21　PAM配置语法

（1）模块类型

模块类型指定为应用程序提供验证服务的模块类型，可以使用多个同类型的PAM模块。PAM的模块分为认证、账户、密码、会话4类模块，见表3-9。

表3-9　PAM模块类型

| 类型 | 说明 |
| --- | --- |
| auth | 接受用户名和密码，认证用户的身份 |
| account | 验证用户对应用程序的访问控制，如访问时间、登录的源主机、最大用户数限制等 |
| password | 检查登录用户密码是否符合密码策略，是否需要修改 |
| session | 定义用户登录前以及退出后要进行的操作 |

（2）控制标记

控制标记用于控制同类模块执行结果的处理方式，PAM有6种控制标记，见表3-10。

表3-10　PAM控制标记

| 标记 | 说明 |
| --- | --- |
| required | 验证是必需的，表示同类所有模块执行完后，才返回验证最终结果。全部模块成功执行则返回验证通过信息，只要有一个模块执行失败，则返回错误信息 |
| requisite | 与required相似，验证是必需的，一旦模块验证失败，就会立即向应用程序返回错误信息，不再执行后面同类模块的验证操作 |

| 标记 | 说明 |
|---|---|
| sufficient | 验证是充分的，当前模块验证成功就立刻向应用程序返回验证成功信息（即使前面有模块验证失败了，也会被忽略）。后面的层叠模块即使有requisite或者required 控制标志，也不再执行。如果验证失败，其作用与 optional 相同 |
| optional | 验证为可选，表示当前模块验证失败，也允许用户使用应用程序提供的服务，PAM将继续执行后续的层叠模块 |
| include | 包含其他配置文件并执行其中配置的模块 |
| substack | 与include作用相似，不同的是当包含的配置文件中模块执行出错不影响同类其他模块的执行 |

（3）模块路径

模块路径指定模块的文件名，如果使用的是默认目录/lib{,64}中的模块，可直接指定文件名，否则要使用模块的完整路径名。

（4）执行参数

执行参数用于设置模块的行为，多个参数用空格分隔。不同模块有自己的参数，在使用时可查询模块的使用文档获取。

system-auth是一个非常重要的pam配置文件，主要负责用户登录系统的认证工作，是系统安全的总开关和核心的pam配置文件，其配置内容如下：

```
auth        required    pam_env.so
auth        sufficient  pam_Unix.so nullok try_first_pass
auth        requisite   pam_succeed_if.so uid >= 500 quiet
auth        required    pam_deny.so
account     required    pam_Unix.so
account     sufficient  pam_localuser.so
account     sufficient  pam_succeed_if.so uid < 500 quiet
account     required    pam_permit.so
password    requisite   pam_cracklib.so try_first_pass retry=3 type=
password    sufficient  pam_Unix.so sha512 shadow nullok try_first_pass use_authtok
password    required    pam_deny.so
session     optional    pam_keyinit.so revoke
session     required    pam_limits.so
session     [success=1 default=ignore] pam_succeed_if.so service in crond quiet use_uid
session     required    pam_Unix.so
```

### 3.PAM常用模块

PAM模块存储在/lib{，64}/securety目录下，有数十个之多，常用的PAM模块见表3-11。

表3-11　PAM常用模块

| 模块名 | 模块类型 | 说明 |
| --- | --- | --- |
| pam_Unix.so | auth | 验证用户密码 |
| | account | 验证用户密码是否过期，提示修改 |
| | password | 强制用户修改密码 |
| | session | 用户登录与注销事件记录到日志 |
| pam_env.so | auth | 定义用户登录后的环境变量 |
| pam_succeed_if.so | auth | 定义用户登录条件 |
| pam_deny.so | 所有 | 总返回验证失败 |
| pam_permit.so | 所有 | 总返回验证成功 |
| pam_securetty.so | auth | 以root登录时，登录tty必须在/etc/security中 |
| pam_listfile.so | 所有 | 设置服务的访问控制 |
| pam_limits.so | session | 控制用户对系统资源的使用 |
| pam_access.so | 所有 | 根据用户、主机定义登录控制 |
| pam_pwquality.so | password | 检测密码是否符合密码强健性要求 |
| pam_tally2.so | auth account | 限制登录失败几次后锁定用户 |
| pam_wheel.so | auth account | 验证并允许wheel组的用户可使用su命令 |
| pam_cracklib.so | password | 检查密码强度 |
| pam_time.so | account | 控制用户可以访问服务的时间 |

## 四、TCP Wrappers应用访问控制

顾名思义，TCP Wrappers是在TCP服务上包装的一种安全检测机制，对访问受TCP Wrappers保护的服务，需要通过TCP Wrappers检测。其功能由守护神进程tcpd实现，还可以由服务程序调用libwrap.so模块实现。管理员通过配置TCP Wrappers的两个配置文件/etc/hosts.allow（许可表）和/etc/hosts.deny（拒绝表）来定义服务的访问控制。

### 1.TCP Wrappers访问控制机制

①TCP Wrappers程序查找/etc/hosts.allow和/etc/hosts.deny，如果二者不存在或都为空，则放行所有访问。

②先读/etc/hosts.allow，如果有匹配项，则允许访问；否则继续读取/etc/hosts.deny，如果没有匹配项，则禁止访问；否则不允许访问。

### 2.TCP Wrappers的配置文件

TCP Wrappers两个配置文件基本语法规则如下，配置条目中各字段的含义见表3-12。

<服务列表>:<客户机列表>[:<Shell命令>]

表3-12 TCP Wrappers配置字段

| 配置字段 | 说明 |
|---|---|
| 服务列表 | 指要控制的服务，多个服务以逗号分隔。ALL表示所有服务，对于多网卡主机，以<服务名>@<主机IP地址> |
| 客户机列表 | 指定访问服务的客户机，多个客户机以逗号分隔。客户主机多种表达形式：<br>ALL代表所有主机<br>LOCAL代表本地主机<br>KNOW代表可解析的主机名<br>UNKNOW代表不可解析的主机<br>PARANOID代表可能被伪造了IP地址的主机<br>IP地址表示，如188.67.90.133<br>直接使用主机名，如stu.hws.com<br>使用点开始的域名表示域下所有主机，如.hws.com<br>使用IP地址段，如177.99.<br>使用CIDR地址方式表示主机，如177.99.0.0/16 |
| Shell命令 | 执行Shell命令 |
| 注意：在服务列表和客户机列表中可以使用EXCEPT来指定排出的项。 | |

## 五、SSH远程安全登录

管理员经常需要远程登录Linux来管理系统，以前的远程管理命令如Telnet、rlogin、rcp等不够安全，已不被管理员使用。SSH（Secure Shell）是远程通信安全协议，可以在开放的网络环境中提供安全的远程登录和其他的安全服务。SSH采用客户/服务器工作模式，客户与服务器的所有通信都是加密传输的。

### 1.SSH协议的体系结构

SSH协议是建立在传输层和应用层基础上的安全协议，目前SSH协议有SSH1和SSH2两个版本，SSH2比SSH1有更好的安全性，默认采用SSH2。SSH协议的体系结构如图3-22所示。

图 3-22 SSH 协议的体系结构

SSH协议由传输层协议、用户认证协议和连接协议三部分组成。传输层协议提供服务器认证、数据加密和信息完整性验证；用户认证协议负责客户端身份验证；连接协议为上层协议复用已加密的传输通道。

（1）主机认证

在SSH协议中使用公开密钥密码体制，通过主机密钥对来实现主机认证。公开密钥密码体制采用一对密钥来实现数据加密和身份认证，密钥对分为公钥和私钥，公钥加密的数据只能由对应的私钥解密，反之亦然。公钥公开，私钥由持有方保密存储。安全传输数据时，用接收者公钥加密数据后传输，接收者使用自己的私钥解密数据，任何劫持者因没有私钥不能解密数据。在身份验证时，客户用已知的私钥加密数据，接收方则用客户的公钥解密以证其为用户身份。

在SSH服务首次启动时为主机自动生成主机的公钥和私钥，客户端保存要访问服务器主机的公钥，当客户端与服务器建立连接时，SSH通过主机密钥验证来确定所访问主机是否为合法主机，当客户机连接服务器时，要求服务器发送服务器主机公钥，客户机查询用户级主机密钥列表，如果能查找到对应的密钥则是之前确认访问的服务器，否则，需要用户确认是否要访问该服务器。如果决定继续访问，则把该服务器主机密钥登记到用户级主机密钥列表中，完成主机认证。接下来进行用户认证。

（2）用户验证

SSH中用户验证可以选择基于口令或基于密钥的安全验证。基于口令的用户验证，只要知道用户的账号和密码就可登录远程主机。

基于密钥的安全验证需要为用户创建一对密钥，并把其公钥传送到要访问的服务器主机上。当SSH客户程序连接SSH服务器主机时，SSH客户程序向服务器发送自己的公钥，服务器则在用户的工作目录中查找用户的公钥。如果找到且与接收到的公钥一致，服务器就用用户的公钥加密一个特别的数据发送给客户端，客户端接收后，用私钥解密数据再回传给服务端，服务端比对发送和收到的数据，二者相同则通过用户认证，开始双方的加密会话，否则拒绝客户端连接。

2.SSH的工作过程

①建立连接。SSH服务器在22号端口监听客户端的连接请求，在客户端向服务器端发起连接请求后，双方建立一个TCP连接。

②版本协商。双方通过版本协商确定最终使用的SSH版本号。

③算法协商。SSH支持多种加密算法，双方根据本端和对端支持的算法，协商出最终用于产生会话密钥的密钥交换算法、用于数据信息加密的加密算法、用于进行数字签名和认证的公钥算法，以及用于数据完整性保护的算法。

④密钥交换。双方通过DH（Diffie-Hellman Exchange）算法，动态地生成用于保护数据传输的会话密钥和用来标识该SSH连接的会话ID，并完成客户端对服务器端的身份

认证。

　　⑤用户认证。SSH客户端向服务器端发起认证请求，服务器端对客户端进行认证。

　　⑥会话请求。认证通过后，SSH客户端向服务器端发送会话请求，请求服务器提供某种类型的服务（如SFTP、SCP），并与服务器建立相应的会话。

　　⑦会话交互。会话建立后，SSH服务器端和客户端在该会话上进行数据信息的交互。

### 3.SSH的配置文件

　　Linux系统中的SSH服务是由openssh-server软件包提供的，默认使用SSH2协议，支持的加密算法有RSA（公钥加密算法）、DSA（数字签名算法）、ECDSA（椭圆曲线数字签名算法）和ED25519（扭曲爱德华曲线数字签名算法）。OpenSSH既支持用户密钥认证，也支持PAM用户密码验证。

　　OpenSSH的守护神进程sshd在启动时，读取配置文件/etc/ssh/sshd_config来设置自己的工作行为和方式。/etc/ssh/sshd_config的常用配置项见表3-13。

表3-13　OpenSSH的常用配置参数

| 参数 | 说明 |
|---|---|
| Port | SSH服务端口，默认为22 |
| ListenAddress | SSH服务监听地址，0.0.0.0表示监听本地所有IP地址 |
| Protocol | SSH协议的版本号，默认为2 |
| StrictModes | 严格模式，如果用户没有工作目录，则不允许登录，yes\|no |
| AuthorizedKeyFile | 指定用户的公钥文件，默认~/.ssh/authorized_keys |
| HostKey | 指定SSH主机私钥文件，如 /etc/ssh/ssh_host_rsa_key、/etc/ssh/ssh_host_dsa_key、/etc/ssh/ssh_host_ecdsa_key |
| PermitRootLogin | 是否允许root登录，yes\|no |
| RSAAuthentication | 是否允许RSA验证，yes\|no |
| PubkeyAuthentication | 是否允许公钥验证，yes\|no |
| KeyRegenerationInterval | 密钥生成时间间隔，单位秒。默认3600 |
| ServerKeyBits | SSH服务器密钥的位数，默认768 |
| PasswordAuthentication | 是否允许密码登录，yes\|no |
| MaxAuthTries | 最大密码输错次数，达到次数后禁止一段时间不能登录 |
| PermitEmptyPasswords | 设置是否允许用空口令登录，yes\|no，默认no |
| UsePAM | 是否使用PAM用户验证，yes\|no，默认yes |

续表

| 参数 | 说明 |
|---|---|
| AllowUsers | 指定允许登录的用户列表 |
| DenyUsers | 指定拒绝登录的用户列表 |
| AllowGroups | 指定允许登录的用户组列表 |
| DenyGroups | 指定拒绝登录的用户组列表 |
| Subsystem sftp | 设置文件传输子服务程序，/usr/lib/openssh/sftp-server |
| PrintMotd | sshd是否在用户登录时显示/etc/motd中的信息，yes\|no |
| PrintLastLog | 登录时是否输出用户上次登录的日期和时间，yes\|no |
| ClientAliveInterval | 会话超时时间，单位秒，如600 |
| ClientAliveCountMax | 会话超时判断次数，超过后断开连接 |
| UseDNS | 是否使用DNS反解主机名，yes\|no |
| MaxSessions | 同时打开的最大会话连接数 |

### 4.密钥管理

主机密钥是由SSH服务自动生成的，用于主机认证。SSH用户基于密钥的安全验证时，则需要管理员为用户生成相应的密钥对，密钥文件的管理对使用SSH服务非常重要。

（1）SSH主机密钥管理

①生成主机密钥。当主机密钥不存在时，sshd守护进程会调用sshd_keygen脚本自动生成三对主机密钥（分别采用RSA、ECDSA、ED25519三种公钥算法），一般不需要管理员手动干预，相关的密钥文件如下：

主机私钥文件/etc/ssh/ssh_host_{RSA,ECDSA,ED25519}

主机公钥文件/etc/ssh/ssh_host_{RSA,ECDSA,ED25519}_key.pub

主机公钥的系统级列表/etc/ssh/ssh_known_hosts

主机公钥的用户级列表~/.ssh/known_hosts

②收集主机公钥。SSH客户可使用ssh-keyscan搜集可信任的主机公钥，然后保存到主机公钥的用户级列表文件~/.ssh/known_hosts中。

ssh-keyscan -t <算法类型> <主机名\|主机IP地址> […]

-t <算法类型>：指定密钥算法，可以是RSA、ECDSA、ED25519

（2）SSH用户密钥管理

①生成用户密钥。SSH用户密钥需要管理员使用ssh-keygen生成，用户端密钥相关的文件如下：

用户私钥文件~/.ssh/id_{RSA,ECDSA,ED25519}

用户公钥文件~/.ssh/id_{RSA,ECDSA,ED25519}.pub

SSH主机上存储已知用户公钥的文件~/.ssh/authorized_keys

用户（jim）登录系统客户机执行ssh-keygen生成用户的密钥对。

ssh-keygen　-t <密钥算法>　 [-b <密钥位数>][-C <描述信息>]

-t <密钥算法>：指定密钥算法，可以是RSA、ECDSA、ED25519，默认RSA

-b <密钥位数>：指定密钥位数，64的位数，默认2048

-C <描述信息>：添加密钥的说明信息，如："jim@dbsrv-$(date+'%F')"

②上传用户公钥到SSH服务器。基于密钥的安全验证，需要将用户的公钥上传到SSH服务器用户工作目录~/.ssh/authorized_keys文件中。

ssh-copy-id [-i <公钥文件>] <用户名>@<主机名或IP地址>

-i <公钥文件>：指定公钥文件名，默认是~/.ssh/id_rsa.pub

也可以把公钥文件通过其他方式发送组SSH服务器管理员，然后管理员把它追加到~/.ssh/authorized_keys文件中。

（3）管理私钥保护短语（passphrase）

保护短语用于保护私钥，设置私钥保护短语后，ssh、scp、sftp登录SSH服务器时，需要输入私钥保护短语。为确保私钥文件的安全，应定期修改保护短语。在安全环境中，为提高管理效率，可以取消每次SSH登录输入的保护短语。

● 修改保护短语

ssh-keygen -f <私钥文件> -p

-f <私钥文件>：指定密钥文件

-p：提供保密短语

● 取消SSH登录输入的保护短语

SSH服务提供了基于密钥安全认证时免输保护短语的功能。ssh-agent进程可以缓存解密的私钥，ssh-add用于向ssh-agent建立的缓存中添加私钥，一旦添加后，该用户的SSH连接将不用输入保护短语。ssh-agent启动时会生成两个环境变量：SSH_AUTH_SOCK（保存用户套接字地址）和SSH_AGENT_PID（保存ssh-agent的进程号），必须导出这两个环境变量。

```
eval  $（ssh-agent）        #启动ssh-agent，并建立环境变量
ssh-add                      #添加用户私钥到ssh-agent缓存，输入保护短语
ssh  jim                     #ssh登录主机，不再提示输入保护短语
```

5.登录SSH服务器

（1）连接到SSH服务器

ssh [-p <端口号>] [-q] [-i <用户私钥文件>] [-l <用户名>] [-C ]<SSH主机>

–p <端口号>：指定SSH服务端口号，默认22

–q：静默模式，不输出警告和诊断信息

–i <用户私钥文件>：指定连接用户的私钥文件

–l <用户名>]：指定连接用户名

SSH主机：SSH服务器主机名或IP地址

–C：压缩传输的数据

（2）基于SSH协议远程拷贝文件

● 从SSH服务器复制文件到本地

scp [–rpC] <用户名>@<主机名>:<文件列> <本地文件>

–r：递归复制子目录

–p：保留文件的权限和时间信息

–C：压缩数据

● 从本地复制文件到SSH服务器

scp [–rpC]<本地文件> <用户名>@<主机名>:<文件列>

（3）使用SSH的sftp子服务

sftp子服务类似于FTP服务，提供文件的上传/下载，实现网际文件共享。sftp是该子服务的客户程序，登录后的使用方式与FTP相同，但安全性更高。

sftp [–B <n> ] [–C] <用户名>@<SSH主机>

–B <n>：指定缓冲区大小，单位千字节（kB），如1024

## 六、防火墙

防火墙是部署在不同信任等级的网络边界以保护网络的安全设施，它负责检测网络间的通信是否满足既定的安全策略和规则，以决定是放行还是阻断通信，从而实现对内部网络的保护。

### 1.防火墙的类型

防火墙根据是否使用专用设备分为硬件防火墙和软件防火墙两种。硬件防火墙使用专用硬件并结合软件实现，软件防火墙是在通用计算机上安装防火墙软件实现的。Linux系统中的防火墙即是一种软件防火墙。

根据防火墙检测数据的网络层次分为包过滤防火墙和应用层防火墙两种。包过滤防火墙通过检查经过防火墙数据包的头部信息来决定是接受还是丢弃该数据包。应用层防火墙又称为应用层网关或应用层代理防火墙。当受信任网络上的用户打算连接到不受信任网络上的服务时，该应用被引导至防火墙中的代理服务器，代理服务器对请求进行评估，并根据一套网络服务规则决定允许或拒绝该请求。

## 2.包过滤防火墙的功能

### （1）包过滤防火墙

包过滤防火墙通过检查数据包的包头信息，如源目主机IP地址、源目服务的端口号、协议类型（IP、TCP和UDP）以及TCP包的标志字段的控制位等，然后应用预定义的规则，若规则阻止包的传输或接收，则丢弃数据包；若规则允许包的传输或接收，则可继续处理此包；若包不满足任何一条规则，则丢弃。

### （2）网络地址转换

网络地址转换（Network Address Translation，NAT）的目标是解决IPv4地址不够用的问题。NAT在IPv4的A、B、C类地址中分别划出一部分地址空间供专用网络重复使用，它们是A类的10.0.0.0/8、B类的172.16.0.0/16~172.31.0.0/16以及C类的19.168.0.0/24。NAT可以实现这些专用地址与公网地址之间的转换，使一个组织的计算机无须拥有公网地址就能访问公网中的主机，也可以让来自公网的主机通过NAT访问组织内网中指定的主机。

NAT是通过改写数据包的源目IP地址、源目端口实现的。NAT有两种类型，分别是源地址转换（Source NAT，SNAT）和目的地址转换（Destination NAT）。

SNAT通过修改数据包的源IP地址，改变连接的来源地。通常是把数据包的专用地址映射到公网地址，使内网主机能与公网主机通信。SNAT是在数据包送出防火墙的最后一步执行的。

DNAT通过修改数据包的目的IP地址，改变连接的目的地。通常是把来自公网的数据包公网地址映射到内网的专用地址，使公网主机能访问内网的主机。DNAT是数据包进入防火墙后立即执行的。

## 3.Linux防火墙

Linux防火墙由内核空间的netfilter框架、内核模块和用户空间操作netfilter的管理工具组成。

netfilter是Linux内核提供的框架，基于netfilter框架的内核模块提供了包过滤、NAT等功能。netfilter在Linux的协议栈中插入了5个检查点，以执行数据包流入、经过、流出防火墙的不同阶段的检查、修改、放行、丢弃或拒绝等处理操作。netfilter设置的5个检查点如图3-23所示。

数据包通过netfilter的检查点有以下3种情况：

入站数据包：NF_IP_PRE_ROUTING→NF_IP_LOCAL_IN

转发数据包：NF_IP_PRE_ROUTING→NF_IP_FORWARD→NF_IP_POST_ROUTING

出站数据包：NF_IP_LOCAL_OUT→NF_IP_POST_ROUTING

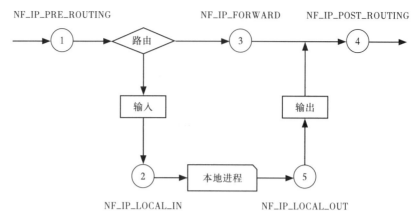

图 3-23   netfilter 框架防火墙

netfilter 在内核协议栈的不同位置设置了 5 个检查点（也称为Hook，挂钩），内核表模块在检查点注册防火墙规则表，当数据包经过检查点时将激活规则表用于对数据包执行检测和处理。netfilter的 5 个检查点对应用户空间的5个链，链是防火墙规则集，见表3–14。

表3-14   netfilter的检查点作用

| 检查点 | 链 | 说明 |
|---|---|---|
| NF_IP_PRE_ROUTING | PREROUTING | 数据包在入站路由之前激活此检查点，用于实现源地址转换、端口重定向等功能 |
| NF_IP_LOCAL_IN | INPUT | 所有以防火墙为目的地的数据都激活此检查点 |
| NF_IP_FORWARD | FORWARD | 所有流经防火墙的数据包激活此检查点 |
| NF_IP_LOCAL_OUT | OUTPUT | 所有由防火墙主机生成并发送出去的数据包激活此检查点 |
| NF_IP_POST_ROUTING | POSTROUTING | 所有离开防火墙主机的数据包（包括流经防火墙以及防火墙自身发出的数据包）都激活此检查点 |

ip{，6}_tables、ebtables内核表管理模块用于定义防火墙规则。管理员使用用户空间管理工具ip{，6}tables和ebtables操作内核表模块来管理规则表。Linux防火墙规则见表3–15。

表3-15   Linux防火墙规则

| 表 | 表说明 | 链 | 链说明 | 目标 |
|---|---|---|---|---|
| filter | 注册一个检查点，用于包过滤 | INPUT | 过滤进入的数据包 | ACCEPT DROP/REJECT LOG |
| | | FORWARD | 过滤流经的数据包 | |
| | | OUTPUT | 过滤生成的数据包 | |

| 表 | 表说明 | 链 | 链说明 | 目标 |
|---|---|---|---|---|
| nat | 注册两个检查点，用于NAT | PREROUTING | 实现DNAT | DNAT REDIRECT |
| | | OUTPUT | 转换本地包的目的IP | |
| | | POSTROUTING | 实现SNAT | SNAT |
| mangle | 注册一个检查点，用于包头数据修改 | PREROUTING | 修改包头数据 | TTL TOS MARK |
| | | INPUT | | |
| | | FORWARD | | |
| | | OUTPUT | | |
| | | POSTROUTING | | |
| raw | 注册一个检查点，用于连接跟踪 | PREROUTING | 对入站数据包和本地生成的数据包实现连接状态跟踪 | NOTRACK CT |
| | | OUTPUT | | |
| security | 注册一个检查点，用于配置强制访问控制（MAC） | INPUT | 对进入的、流经的和本地生成的数据包实现强制访问控制（MAC） | SECMARK CONNSECMRK |
| | | FORWARD | | |
| | | OUTPUT | | |

当在netfilter的规则表和链中添加规则后，Linux内核中基本netfilter的模块将在每个检查点上查询规则表中的规则来对数据包进行过滤或改写实现NAT等功能。如果在同一检查点注册了多个表时，将严格按照raw→mangle→nat→filter→security的顺序查询应用表中的规则，而在同一链中则按照规则定义的先后顺序进行检查。当数据包完全匹配规则时就按定义的目标执行操作，不再查询后面的规则，否则继续依序查询链中的规则。如果与所有规则都相匹配，则按防火墙策略执行操作，建议的安全策略是丢弃该数据包。

4.管理Linux防火墙

防火墙管理的主要工作是设置防火墙策略、配置防火墙规则。使用管理工具iptables用户可以向表和链中添加或删除规则，也能用于设置防火墙策略和清除防火墙规则。为使用iptables管理工具，如果系统没有安装或启动iptables服务，则需要按下面操作进行：

```
yum install iptables-services        #安装iptables服务
systemctl start iptables             #启动iptables服务
```

使用iptables配置防火墙一般分三步进行，即清除防火墙规则→设置防火墙策略→设置防火墙规则。

（1）清除防火墙规则

iptables [-t <表名>][-FXZ] [<链名>]

–t <表名>：指定清除规则的表

–F：清除指定表和链中的所有规则，如没指定链则清除所有链

–X：删除自定义链，如没指定链则清除所有自定义链

–Z：对链中所有数据包计数器和字节计数据器清零

<链名>：指定链名

iptables –t filter –F　#清除filter表中所有规则

iptables –t nat –Z　#对nat计数器清零

（2）设置防火墙策略

防火墙策略有3种可选方案：

①默认放行所有数据包，然后设置规则禁止有安全隐患的包通过。这种方式对没有明确拒绝的包均允许通过，对系统安全影响大，不建议使用。

②默认禁止所有数据包通行，然后根据需要开放特定的包通过。这种方式对没有明确允许的包均被拒绝，对系统而言安全性高，但实际应用不方便。

③先允许所有数据包通行，然后根据需要开放特定的包通过，并在链最后添加一条匹配所有包的丢弃规则。

iptables [–t <表名>] –P [<链名>] ACCEPT|DROP

–P：定义防火墙策略

ACCEPT：允许数据通过防火墙

DROP：丢弃数据

如方案二的设置为：

iptables –P INPUT　　DROP

iptables –P OUTPUT　　DROP

iptables –P FORWARD DROP

（3）设置防火墙规则

iptables [–t <表名>] <命令 [<选项>]>　<链名> <规则> –j <目标>

<命令 [<选项>]>：指出对规则执行的操作，见表3–16

<规则>：定义数据包匹配的条件，见表3–17、表3–18、表3–19

<目标>：当数据包匹配规则后，对数据包执行的操作，见表3–20

表3-16　iptables的链操作命令

| 命令及选项 | 说明 |
| --- | --- |
| –A | 在链尾追加一条规则 |
| –I <规则编号> | 在指定的规则编号处插入一条规则 |
| –R <规则编号> | 替换指定编号的规则 |
| –D <规则编号> | 删除指定编号的规则 |

| 命令及选项 | 说明 |
|---|---|
| –L [––line–numbers][–vn] | 显示链的规则<br>––line–numbers：显示规则号<br>–v：输出详细信息<br>–n：以IP地址和端口号显示主机和端口 |
| –N <链名> | 新建自定义链 |
| –E <旧链名> <新链名> | 修改自定义链名 |

表3-17  iptables的常用匹配规则

| 规则参数 | 说明 |
|---|---|
| –s [!] <IP地址>[/掩码长度] | 匹配数据包的源IP地址或范围 |
| –d[!] <IP地址>[/掩码长度] | 匹配数据包的目的IP地址或范围 |
| –i [!] <接口名> [+] | 匹配数据包的输入网络接口，默认所有接口，+表示接口名指定的同类接口。仅用于PREROUSTING、OUTPUT和FORWARD链 |
| –o [!] <接口名> [+] | 匹配数据包的输出接口 |
| –p [!] <协议> | 匹配数据包使用的协议，如tcp、udp、icmp等，all代表所有协议，详见表3–18 |
| –m <匹配项> | 定义扩展匹配项，详见表3–19 |

匹配规则p指定协议的主要参数见表3–18。

表3-18  –p [!] <协议>的参数

| 协议 | 参数 | 说明 |
|---|---|---|
| tcp<br>udp | ––sport <n[:m]> | 匹配数据包的源端口或端口范围<br>–p udp ––sport 10000:20000 |
| | ––dport <n[:m]> | 匹配数据包的目的端口或端口范围<br>–p tcp ––dport 22 |
| tcp | ––tcp–flags <标志列表1> <标志列表2> | 匹配TCP包的标志，<标志列表1>指定要检测的标志，<标志列表2>指定在<标志列表1>中设置为1的标志（其他标志置0）。<br>标志列表中标志以逗号分隔，可检测标志位有：<br>URG紧急指针位<br>ACK确认位<br>PSH推送位<br>RST重置连接位<br>SYN同步位<br>FIN终止位<br>ALL所有标志位<br>NONE未选择任何标志位<br>–p tcp ––tcp–flags All NONE |

续表

| 协议 | 参数 | 说明 |
|---|---|---|
| tcp | [!] --syn | 仅匹配设置了SYN而清除了ACK和FIN位的数据包。-p tcp --syn |
| icmp | --icmp-type [!] <类型> | 匹配ICMP数据包信息类型，常用类型有：<br>0表示ping应答<br>8表示ping请求<br>-p icmp --icmp-type 0 |

扩展匹配-m主要用于指定状态、MAC地址匹配，主要参数见表3-19。

表3-19　-m <匹配项>的参数

| 匹配项 | 参数 | 说明 |
|---|---|---|
| iprange | --src-range <IP1>-<IP2> | 匹配源IP地范围任意地址<br>-m iprange --src-range 20.0.0.1-20.0.0.50 |
| | --dst-range <IP1>-<IP2> | 匹配目的IP地范围任意地址 |
| multiport | --ports <端口列表> | 匹配端口范围内的任意端口<br>-m multiport --ports 15,20:100 |
| | --sports <端口列表> | 匹配源端口范围内的任意端口 |
| | --dports <端口列表> | 匹配目的端口范围内的任意端口 |
| conntrack | --ctstate <状态列表> | 匹配连接跟踪状态，连接跟踪状态有：<br>NEW　　新连接包<br>ESTABLISHED　已建连接的回应包<br>RELATED　已建连接建立的新连接包<br>INVALID　不能识别状态的包<br>UNTRACKED　非跟踪状态包<br>-m conntrack --ctstate NEW,INVALID |
| mac | --mac-source <MAC> | 匹配包的源MAC地址<br>-m mac --mac-source　80:19:34:6F:23:08 |
| limit | --limit <包数/单位时> | 匹配单位时间允许通过的包个数，单位时间可以是秒、分、时、天。<br>-m limit --limit 5/m　--limit-burst 10 |
| | --limit-burst <突发包数> | |

表3-20　iptables的目标操作

| 目标操作 | 参数 | 说明 |
|---|---|---|
| ACCEPT | | 允许数据包通过 |
| DROP | | 直接丢弃数据包 |
| REJECT | --reject-type <类型> | 拒绝指定类型的ICMP包 |
| DNAT | --to-destination <IP1[-IP2]> [:端口号] | 修改数据包目的套接字 |

| 目标操作 | 参数 | 说明 |
|---|---|---|
| REDIRECT | --to-ports <端口1[-端口2]> | 重定向端口 |
| SNAT | --to-source <IP1[-IP2]> [:端口号] | 修改数据包的源套接字 |
| MASQUERADE | --to-ports <端口1[-端口2]> | 功能类似SNAT |
| LOG | --log-prefix<br>--log-ip-options<br>--log-tcp-options | 使用rsyslogd记录日志 |
| -j <自定义链名> | 跳转到自定义链上，执行后返回 | |
| -g <自定义链名> | 跳转到自定义链上，执行后不返回 | |

## 计划&决策

信息安全关乎信息化建设的成败，涉及信息安全的要素有硬件、软件、网络和数据安全。硬件安全可通过强化安保和日常维护来保障；对于软件系统、数据的安全则需要通过账户和访问控制来实现；而防火墙则可以阻断来自网络的安全威胁。信息中心根据公司信息安全需求，决定采用以下措施来保护信息安全：

①实施基于PAM的账户和访问控制；

②部署OpenSSH实现远程安全连接；

③基于TCP Wrapper实现应用程序访问控制；

④部署防火墙抵御网络入侵。

## 实施 ①

## 一、让普通用户使用sudo执行管理命令

默认情况下，普通用户没有使用sudo执行系统管理命令的权限，为实现管理任务分派，但又不能泄露root账号的密码，可以把担任管理任务的用户添加到一个特别的组wheel，然后配置/etc/sudoers开放wheel组的sudo执行权限，如图3-24所示。

[root@localhost ~]#usermod –G wheel hungws

[root@localhost ~]$sudo useradd george

[root@localhost ~]#vi /etc/sudoers

[root@localhost ~]$sudo useradd george

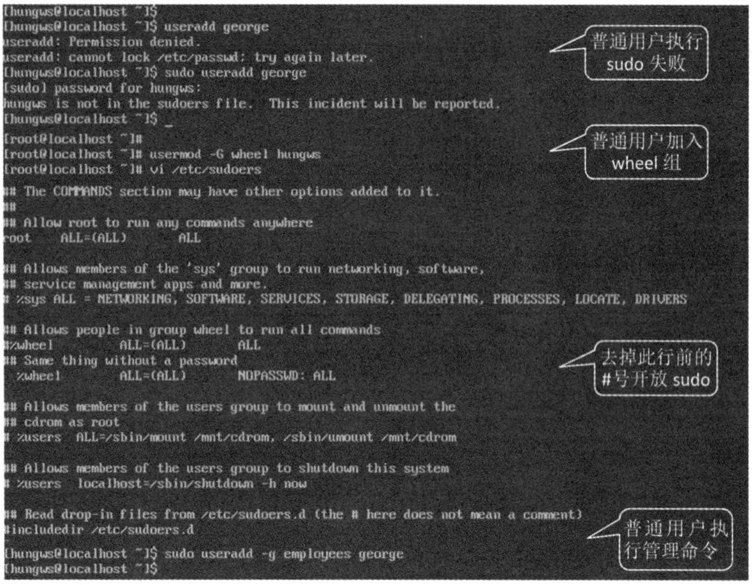

图 3-24 开放普通用户 sudo 权限

## 二、使用PAM验证

### 1.配置用户安全口令密码策略

用户密码是否符合强密码要求，关乎系统安全，因此，用户在设置密码时和登录系统时均应验证密码是否满足强密码的安全策略。通过pam_Unix.so、pam_pwquality.so、pam_tally2.so等模块的验证功能可强制用户遵守密码规则，3个模块的参数见表3-21。

表3-21 用户密码PAM模块常用参数

| 模块 | 参数 | 可用类型 | 说明 |
|---|---|---|---|
| pam_<br>Unix.so | try_first_pass | auth | 从前面模块获取密码，不符合或未输入则重新输入 |
| | | password | 防止新设密码与旧密码相同 |
| | use_first_pass | auth | 使用前面模块的密码，不符合或未输入则验证失败 |
| | | password | 防止新设密码与旧密码相同 |
| | use_authtok | password | 使用前面模块提供的密码 |
| | nullok | password | 允许空密码账户登录 |
| | shadow | password | 采用shadow存储密码 |
| | md5lsha256lsha512 | password | 密码加密方法 |
| | remember=<n> | password | 记录n个最近使用的密码 |

| 模块 | 参数 | 可用类型 | 说明 |
|---|---|---|---|
| pam_<br>pwqulity.<br>so | retry=<n> | password | 输入n(1)次密码后报错 |
| | difok=<n> | password | 新密码n(5)个字符不能与旧密码相同 |
| | maxrepeat=<n> | password | 最多输出n(0)个连接字符 |
| | minlen=<n> | password | 密码最小长度为n(9) |
| | minclass=<n> | password | 密码最小字符类型n(0)，0不检验，有大、小写字母、数字、符号4种类型 |
| | maxclassrepeat=<n> | password | 同类字符连接个数n(0) |
| | dcredit=<n> | password | 数字字符n个，n>0表示最多n 个，n<0表示最少n个 |
| | ucredit=<n> | password | 大写字母n个 |
| | lcredit=<n> | password | 小写字母n个 |
| | ocredit=<n> | password | 符号字符n个 |
| pam_<br>tally2.so | deny=<n> | auth | 登录失败n次则拒绝登录 |
| | locktime=<n> | auth | 登录失败锁定n秒 |
| | unlock_time=<n> | auth | 超过尝试次数，n秒后解锁 |
| | even_deny_root | auth | roo账户也锁定 |
| | root_unlock_time<n> | auth | roo账户锁定后的解锁时间 |
| | onerr=succeedlfail | auth | 模块发生错误时，succeed返回PAM_SUCCESS，fail返回相应的PAM错误代码 |

现要求用户的密码长度不少于8个字符，密码中需要有大写字母、小写字母、数字和符号4种字符，至少包含1个大写字母和1个特殊字符；修改密码时不能使用最近的6个密码且与旧密码不出现5个以上的字符；用户登录时，登录失败5次后拒绝登录，每次登录失败锁定5秒。login和passwd的PAM配置文件均包含/etc/pam.d/system-auth，因此可通过该配置文件来设置密码策略，如图3-25所示。

[root@localhost ~]#cat /etc/pam.d/login

[root@localhost ~]#cat /etc/pam.d/passwd

修改/etc/pam.d/system-auth，建立密码策略规则。

[root@localhost ~]#vi /etc/pam.d/system-auth

#在文件中找到对应行，然后修改，叙体加粗字体为修改内容

#验证用户密码规则

password requisite pam_pwquality.so try_first_pass local_users_only minlen=8 minclass=4 ucredit=-1 ocredit=-1 difok=5

#防止使用最近6次的旧密码

password sufficient pam_Unix.so try_first_pass use_authtok nullok shadow sha512 remember=6

#登录失败5次，则拒绝登录，每次登录失败锁定5秒

auth required pam_tally2.so onerr=fail deny=5 lock_time=5

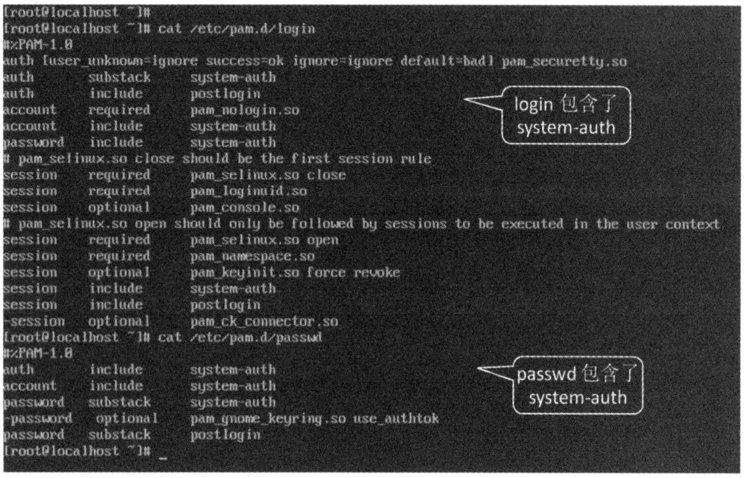

图3-25 PAM客户程序配置文件

## 2.实现用户访问控制

（1）控制用户访问服务的时间

通过pam_time.so 模块可以控制用户登录系统的日期时间和登录终端，模块配置文件是/etc/security/time.conf，文件中每行为一个配置项，其格式为：

<服务名>，<终端>，<用户>，<时间>

配置项各字段见表3-22。

表3-22 pam_time.so配置文件字段

| 字段 | 说明 |
|---|---|
| services | 设置PAM客户程序名，如login、sshd |
| ttys | 指定应用规则的终端，*表示任何终端，可用&、\|、!运算符连接 |
| users | 指定应用规则的用户，*表示任何用户，可用&、\|、!运算符连接 |
| times | 用星期指定时间：Mo(周一)、Tu(周二)、We(周三)、Th(周四)、Fr(周五)、Sa(周六)、Su(周日)、Wk(每天)、Wd(周末)、Al(每天)。MoWe指周一和周三，AlMo指除周一的每一天 |

续表

| 字段 | 说明 |
|---|---|
| | 采用24时制并以HHMM格式指定时间，连字符–用于指定时间范围，可使用!、l运算符连接时间范围。如：al0800–1730指每天的上午8:00至下午5:30 |

要求所有用户只能在工作日的上午8:00至下午5:30才能使用SSH远程登录服务器。

[root@localhost ~]#vi /etc/security/time.conf

sshd;　　 *;　　 *;　　 　; AlWd0800–17:30

（2）用户登录访问控制

pam_access.so 模块可以提供基于用户名、登录来源的访问控制。其配置文件/etc/security/acess.conf中每行为一条访问控制规则，规则也可以由参数accessfile从其他文件引入。每条规则由权限、用户和来源3个字段组成，见表3-23，规则格式如下：

<权限>:<用户>:<来源>

表3-23　pam_access.so配置文件字段

| 字段 | 说明 |
|---|---|
| 权限 | +：表示允许，–：表示拒绝 |
| 用户 | 指定用户或用户组列表，空格分隔。ALL任何人 |
| 来源 | 指定用户登录源，可以是tty、主机名、域名（前缀.）、IP地址、网络地址（后缀.）。ALL表示所有，LOCAL表示本地，EXCEPT表示排除 |

根据管理要求，root可以在tty5之外的所有本地终端登录，kate和scott只能在tty5登录。

[root@localhost ~]#vi /etc/pam.d/login

#在account required pam_nologin.so后添加

account required pam_access.so

[root@localhost ~]#vi /etc/security/access.conf

–:root:tty5

–:kate scott:LOCAL EXCEPT tty5

（3）配置基于列表的用户访问控制

pam_listfile.so 模块能根据指定文件中的对象列表来实现访问控制。它的常用参数见表3-24。

表3-24　pam_listfile.so常用参数

| 参数 | 说明 |
|---|---|
| item=<对象> | 设置访问控制对象，有tty、user、group、shell、rhost、ruser |
| apply=<对象> | 当item取tty、shell、rhost时，指定具体受控对象 |

续表

| 参数 | 说明 |
|---|---|
| sense=allow\|deny | 在文件列表中找到对象时的控制方式，允许：allow，拒绝：deny |
| file=<文件名> | 指定item类对象的保存文件 |
| onerr=succeed\|fail | 指定异常发生时错误返回方式 |

要禁止用户sam、lucy、peter、andy访问Samba服务。

[root@localhost ~]#vi /etc/pam.d/samba

#在已有的auth配置条目后，添加：

auth required pam_listfile.so item=user sense=deny onerr=successs

file=/etc/samba/smb.deny

[root@localhost ~]#vi /etc/samba/smb.deny

#添加用户名到文件，每行一个用户名

sam

lucy

peter

andy

## 三、使用TCP Wrappers实现访问控制

允许本地主机、172.30.0.0/16网段的主机访问系统中的Samba服务。

[root@localhost ~]#vi /etc/hosts.allow

#添加放行配置条目放行本地和172.30.0.0/16网段的主机

smb:        LOCAL，172.30.

[root@localhost ~]#vi /etc/hosts.deny

#添加放行配置条目，拒绝所有

smb:        ALL

## 四、配置SSH远程安装登录

1.设置主配置文件

[root@localhost ~]#vi /etc/ssh/sshd_config

#服务监听的地址与端口

ListenAddress 0.0.0.0

Port 22

Protocol 2

#主机密钥文件

HostKey /etc/ssh/ssh_host_rsa_key

HostKey /etc/ssh/ssh_host_ecdsa_key

HostKey /etc/ssh/ssh_host_ed25519_key

#身份验证相关配置

LoginGraceTime 2m

PermitRootLogin yes

StrictModes yes

MaxAuthTries 6

MaxSessions 10

PubkeyAuthentication yes

AuthorizedKeysFile    .ssh/authorized_keys

#主机验证配置

HostbasedAuthentication no

IgnoreUserKnownHosts no

IgnoreRhosts yes

#密码验证配置

PasswordAuthentication yes

PermitEmptyPasswords no

PasswordAuthentication yes

ChallengeResponseAuthentication no

#使用PAM验证

UsePAM yes

#启用sftp子系统

Subsystem    sftp       /usr/libexec/openssh/sftp-server

## 2.启动SSH服务

[root@localhost ~]#systemctl status sshd        #查看SSH服务是否启动

[root@localhost ~]#systemctl start sshd

或

[root@localhost ~]#systemctl reload  sshd       #如果已启动，修改配置后重载

## 3.使用密码经SSH服务登录主机

在网络中的一台客户机bds001，通过hungws账号登录SSH服务主机，客户机bds001中没有hungws用户，如图3-26所示。

[root@bds001 ~]#ssh hungws@172.30.0.210

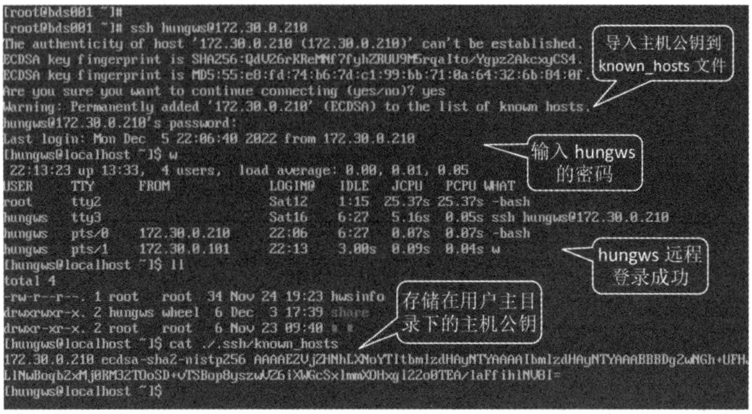

图 3-26　密码登录 SSH 主机

用户首次登录SSH主机时，会提醒用户所登录的主机是否为可信任主机，待用户确认后，将把主机的公钥保存到用户主目录下.ssh/known_hosts文件中，以备后续登录查验，防止登录到不受信任主机。

### 4.通过用户密钥安全登录

（1）创建用户密钥

用户使用ssh-keygen生成密钥对，存储密钥的文件放在用户主目录下的隐藏目录.ssh中。要使用密钥安全登录，就需要在客户机创建与SSH主机上同名的用户账户，然后生成密钥对，如图3-27所示。

[root@bds001 ~]$ssh-keygen –t rsa –C "hungws@bds001-$（date +%F%t%T）"

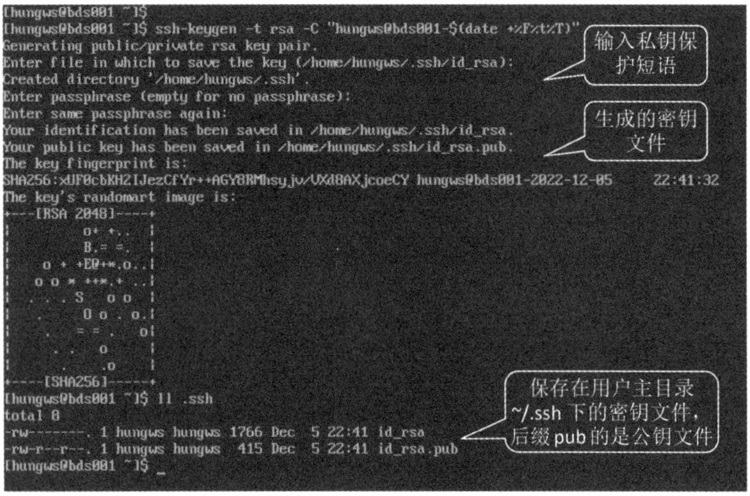

图 3-27　生成密钥对用户

（2）把用户公钥上传到SSH主机

SSH主要借助用户公钥来获取用户的身份验证，因此，需要把客户端生成的密钥对中的公钥上传到SSH主机中同名用户主目录下的.ssh目录中，使用命令ssh-copy-id来完成，这就要求SSH主机开放密码验证登录方式。如果不能在线上传，也可以通过邮件等形式把公钥文件发送给SSH主机的管理员，让管理员把公钥添加到用户的"~/.ssh/authorized_keys"文件中，如图3-28所示。

[root@bds001 ~]$ssh-copy-id  -i  hungws@172.30.210

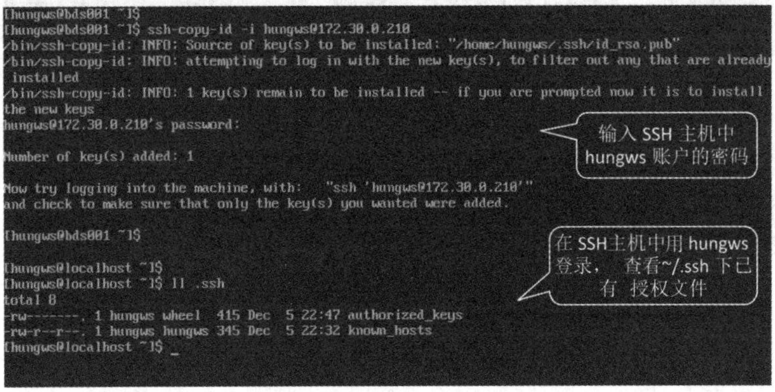

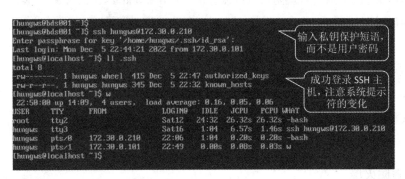

图 3-28　上传用户公钥

（3）基于密钥认证登录

当把用户公钥正确上传SSH主机后，SSH登录会自动优选基于密钥的验证登录，如图3-29所示。

[root@bds001 ~]$ssh  hungws@172.30.0.210

图 3-29　基于密钥认证登录 SSH 主机

（4）免私钥保护短语登录

客户机通过SSH连接到远端服务器后，可以使用sftp或scp在本地与远程主机间实现安全的文件传输，但每次执行都要求输入私钥保护短语，不利于提高执行效率，通过ssh-agent建立解密私钥的高速缓存，然后用ssh-add把私钥添加到缓存中，这样再登录SSH主机就无须输入私钥保护短语，如图3-30所示。

[root@bds001 ~]$eval $（ssh-agent）

[root@bds001 ~]$ssh-add

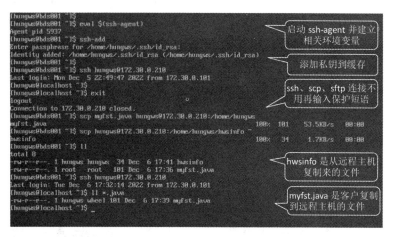

图 3-30　ssh 免私钥短语登录

由于免私钥短语登录需要ssh-agent处于运行中，因此，建议在用户的配置文件~/.bash_profile中添加指令eval $（ssh-agent），而ssh-add的添加操作是一次性的，不用添加到用户的配置文件中。

## 五、配置管理防火墙

### 1.安装防火墙管理服务

CentOS 7提供了两套管理防火墙的服务firewalld和iptables，默认是为firewalld，但大多数管理员习惯使用iptables来管理防火墙。因为二者是互不相容的，所以要先屏蔽掉firewalld，再启用iptables。

[root@localhost ~]#systemctl stop firewalld

[root@localhost ~]#systemctl mask firewalld　　　　#屏蔽firewalld，不随系统启动

[root@localhost ~]#yum install iptables-services　　#安装iptables服务

[root@localhost ~]#systemctl start iptables　　　　#启动iptables服务

### 2.配置防火墙

（1）查看防火墙默认配置

防火墙提供了一套默认规则配置，如图3-31所示。

[root@localhost ~]#iptables -L

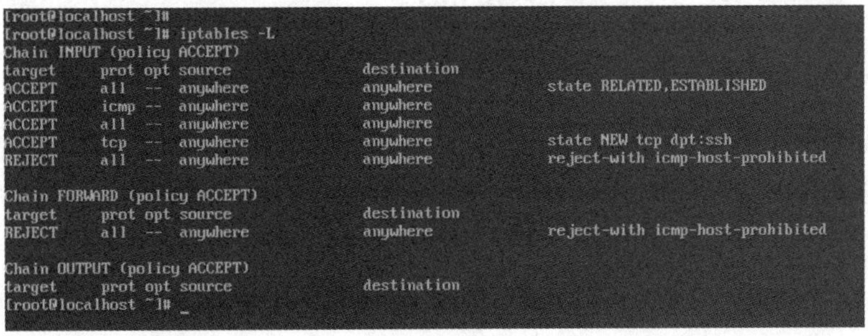

图3-31　防火墙默认配置

（2）清除防火墙规则

[root@localhost ~]#iptables –F

[root@localhost ~]#iptables –X

[root@localhost ~]#iptables –Z

（3）设置防火墙策略

为灵活起见，一般采取用户链在INPUT、FORWARD和OUTPUT上先配置策略允许通过所有包，然后根据服务要求允许特定的包通过，并在链末添加丢弃所有包的规则。

[root@localhost ~]#iptables –P　　INPUT　ACCEPT

[root@localhost ~]#iptables –A　　INPUT –j ACCEPT #该链的最后一条规则

[root@localhost ~]#iptables –P　　FORWARD　ACCEPT

[root@localhost ~]#iptables –A　　FORWARD –j ACCEPT #该链的最后一条规则

[root@localhost ~]#iptables –P　　OUTPUT　ACCEPT

[root@localhost ~]#iptables –A　　OUTPUT –j ACCEPT #该链的最后一条规则

（4）建立防火墙规则

为保护服务器安全，仅允许指定的网段的主机访问指定的服务，服务包括WWW（80 443）、FTP（20 21）、SSH（22）、E-mail（25 110 143）、DHCP（647）、DNS（53）、Samba（135 137 139）、NFS（111 2049 20048）、MySQL（3306）且只允许172.30.0.0/16网段的主机访问，如图3-32所示。

[root@localhost ~]#iptables –A INPUT –s 172.30.0.0/16 –j ACCEPT

[root@localhost ~]#iptables –A INPUT –p tcp ––dport 80 –j ACCEPT

[root@localhost ~]#iptables –A INPUT –p tcp ––dport 443 –j ACCEPT

[root@localhost ~]#iptables –A INPUT –p tcp ––dport 20 –j ACCEPT

[root@localhost ~]#iptables –A INPUT –p tcp ––dport 21 –j ACCEPT

[root@localhost ~]#iptables –A INPUT –p tcp ––dport 22 –j ACCEPT

[root@localhost ~]#iptables –A INPUT –p tcp ––dport 25 –j ACCEPT

[root@localhost ~]#iptables –A INPUT –p tcp ––dport 53 –j ACCEPT

[root@localhost ~]#iptables –A INPUT –p udp ––dport 53 –j ACCEPT [root@localhost ~]#iptables –A INPUT –p tcp ––dport 110 –j ACCEPT

[root@localhost ~]#iptables –A INPUT –p tcp ––dport 135 –j ACCEPT

[root@localhost ~]#iptables –A INPUT –p tcp ––dport 137 –j ACCEPT

[root@localhost ~]#iptables –A INPUT –p tcp ––dport 139 –j ACCEPT

[root@localhost ~]#iptables –A INPUT –p tcp ––dport 143 –j ACCEPT

[root@localhost ~]#iptables –A INPUT –p tcp ––dport 647 –j ACCEPT

[root@localhost ~]#iptables –A INPUT –p tcp ––dport 111 –j ACCEPT

[root@localhost ~]#iptables –A INPUT –p tcp ––dport 2049 –j ACCEPT

[root@localhost ~]#iptables –A INPUT –p tcp ––dport 20048 –j ACCEPT

[root@localhost ~]#iptables –A INPUT–p tcp ––dport 3306 –j ACCEPT

[root@localhost ~]#iptables –A INPUT    –j DROP

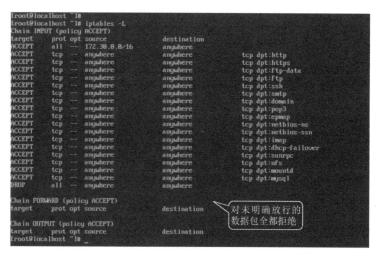

图 3-32　防火墙当前配置规则

检查

一、填空题

1.普通用户要能执行系统管理命令需要加入_____用户组。

2._____为Linux应用程序提供了身份验证和访问控制。

3.TCP Wrappers通过配置文件_____和_____来实现访问控制。

4.SSH中用户验证可以选择基于_____或基于_____的安全验证。

5.在客户端用户使用_____来收集可信SSH主机的公钥，SSH主机的公钥一般保存在用户主目录下的_____文件中。

6.用户密钥是执行_____生成的，私钥通过_____来保护。

7.防火墙根据数据检测的层次分为_____和_____两种。

8.防火墙管理的主要工作是_____和_____。

二、判断题

1.更新系统的软件是解决漏洞引发安全问题的重要途径。 （　　）

2.任何账户都可以通过sudo来执行管理命令。 （　　）

3.PAM核心为应用程序提供验证服务。 （　　）

4.基于密钥的SSH验证要求客户端和SSH主机上要建立同名账户。 （　　）

5.SSH主机首次启动时会自动生成主机密钥。 （　　）

6.SSH基于密钥登录也要输入密码。 （　　）

7.NAT可在一定程度上能解决IPv4地址不够用的问题。 （　　）

8.让内部使用私有地址的主机访问互联网要执行SNAT。 （　　）

三、简述题

1.PAM的模块有哪些类型？各负责哪些方面的验证？

2.TCP Wrappers中指定客户机有哪些方式？

3.数据包经过netfilter的检查点有哪些情况？

# 评价

| 序号 | 评价内容 | 识记 | 理解 | 应用 | 分析 | 评价 | 创造 | 问题 |
|------|----------|------|------|------|------|------|------|------|
| 1 | Linux基础安全要素 | | | | | | | |
| 2 | PAM的工作机制 | | | | | | | |
| 3 | PAM模块类型及验证控制 | | | | | | | |
| 4 | PAM常用模块的作用 | | | | | | | |
| 5 | TCP Wrappers访问控制 | | | | | | | |
| 6 | SSH的工作过程 | | | | | | | |
| 7 | 实现SSH远程登录 | | | | | | | |
| 8 | 防火墙的基本概念 | | | | | | | |
| 9 | NAT的基本原理与应用 | | | | | | | |
| 10 | netfilter防火墙框架结构 | | | | | | | |
| 11 | 使用iptables管理防火墙 | | | | | | | |
| 教师诊断评语： | | | | | | | | |

# 项目四 / 部署网络应用服务

互联网对社会活动的影响越来越广，也越来越深，丰富的互联网应用服务正在强势改变着人们的学习、工作、生活方式，也同样对企业的生产、经营、管理带来新的挑战。借助互联网提供的网络服务可以让企业面向世界而不是一个区域进行推介，还能在一个不受时空限制的开放环境下开展几乎所有的企业管理事务。

**本项目提供以下网络应用服务的技术资讯：**

- 构建WWW服务器
- 搭建FTP服务器
- 部署MySQL数据库管理系统

# [ 任务一 ]

# 部署WWW服务器

## 资讯 🔍

## 任务描述

四方科技有限公司决定通过互联网开展企业文化、经营理念、产品服务等企业形象宣传，这需要建立自主可控的Web网站。四方科技有限公司的Web网站既要能发布企业的公开信息，也要能支持办公应用。在Linux系统中一般选择部署Apache服务组件来实现搭建WWW服务器。

本任务需要你：

①认识WWW服务与HTTP协议；

②认识WWW服务器软件Apache；

③安装配置Apache服务组件。

## 知识准备

### 一、认识Web服务

Web服务也称为WWW（World Wide Web，万维网）服务，它源于欧洲核子研究中心（CERN）的问询计划项目，旨在为研究人员提供一种高效的分享资讯的方法。研究员蒂姆·伯纳斯-李依据超文本技术构建了世界上第一个Web服务器、第一个网页、第一个网站和第一个浏览器，并在1993年把Web技术向全世界开放。现在，Web服务通过超文本技术把文字、图像、声音、视频等多媒体信息通过互联网传递到全世界每个角落。提供Web服务的服务器被称为网站服务器，网站实际上是主要采用HTML语言编写的网页文件的集合。

Web服务采用客户/服务器模式。用户使用浏览器客户服务端软件通过互联网以图形界面的方式可访问Web服务器上的资源。用户访问Web服务器的过程如图4-1所示。

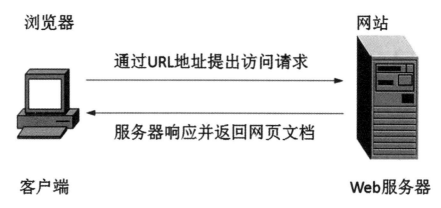

图 4-1  WWW 服务工作过程

①Web服务器存储有网站文档并运行Web服务器软件，如Apache等。Web服务器采用HTTP协议，默认在80端口监听来自网络上客户端的请求。

②用户在客户端计算机上启动网站浏览器，如Chrome、Firefox等。在浏览器地址栏输入资源的URL（Uniform Resource Locator，统一资源定位器）地址来查看Web服务器中的资源。URL规定了在互联网上定位网络资源的标准地址格式：<协议>://<主机地址>[:<端口>][</网页路径>]，其中协议通常是http、https、ftp等，主机地址可以是IP地址或FQDN。

③Web服务器接收到请求后，通过HTTP协议向客户机浏览器传送网页文档数据。

④浏览器对收到的网页文档数据进行解释并以图形方式显示在客户机屏幕上，供用户查阅。

## 二、Apache服务器

Apache是在Linux平台上应用最广泛的Web服务器，在MySQL和PHP的配合下可以实现功能强大的动态网站服务功能。它们均为自由软件，企业可以用最低的成本来构建信息发布和应用平台。Apache是由Apache软件基金会（Apache Software Foundation，ASF）维护的一个Web服务器软件项目，全称是Apache HTTP Server。Apache是模块化的Web服务器，由内核模块、标准模块和可选的第三方模块组成，其功能可以动态改变或扩充。

### 1.管理Apache服务

（1）安装Apache

如果系统中还没有安装Apache，则可执行下列命令完成安装任务。

```
yum install httpd                      #Apache的守护神进程
yum install httpd-tools                #Apache管理工具
yum install httpd-manual               #Apache手册及配置文件模板
```

（2）管控Apache服务

```
systemctl start|stop|restart|reload|status httpd #启动、停止服务等操作
```

```
systemctl enable|disable httpd          #是否随系统启动而启动服务
httpd −t                                #检查配置文件的正确性
httpd −S                                #检查虚拟主机配置的正确性
```

### 2.Apache的目录结构

/etc/httpd/conf/httpd.conf：Apache的主配置文件。

/etc/httpd/conf.d/*.conf：辅助配置文件，必须以.conf作为文件后缀名。Apache在启动时会把/etc/httpd/conf.d目录中的所有配置文件的设置读入主配置文件中。

/usr/lib/httpd/modules：存放Apache使用的程序模块。

/var/www/html：默认的网站根目录。

/var/www/error：服务出错信息页的存放目录。

/var/www/cgi−bin：存入CGI程序。

/var/log/httpd：存放Apache的日志文件。

/usr/sbin/apachectl：Apache的执行脚本文件，简化Apache的启动。

/ usr/sbin/httpd：Apache的执行文件。

/usr/bin/htpasswd：用于生成认证网页密码的工具程序。

### 3.MySQL的目录结构

/etc/my.cnf：MySQL的配置文件。

/var/lib/mysql：存放MySQL数据库的目录，很重要。

### 4.PHP的目录结构

/usr/lib/httpd/modules/libphp4.so：Apache支持PHP的模块。

/etc/httpd/conf.d/php.conf：Apache支持PHP的配置文件。

/etc/php.ini：PHP的配置文件。

/etc/php.d/mysql.ini和/usr/lib/php4/mysql.so：提供PHP对MySQL的支持。

## 三、配置Apache

### 1.配置文件类型

Apache的配置文件由主配置文件和基于目录的配置文件共同组成。

（1）主配置文件

一般直接在主配置文件/etc/httpd/conf/httpd.conf中设置Apache服务器的通用工作参数，而把网站各功能模块的配置用独立的配置文件保存，其后缀名为.conf，并把它们保存到/etc/httpd/conf.d或/etc/httpd/conf.modules.d目录，然后在主配置文件中使用包含命令include或includeoptional把这些配置文件内容添加到主配置文件。

include conf.d/*.conf            #添加配置，配置文件必须存在

includeoptional conf.modules.d/*.conf   #添加配置，配置文件可以不存在

（2）基于目录的配置文件

基于目录的配置文件的默认后缀名为htaccess，保存在网站的目录中用于对该目录的网页行为进行控制。

2.Apache配置文件的结构与命令

Apache配置文件被划分成若干配置段用于限定配置命令作用的范围，配置段使用专门的分段标志定义。表4-1列出了Apache的常用分段标志。

表4-1　Apache的常用分段标志

| 分段标志 | 说明 |
|---|---|
| 无 | 全局 |
| <directory></directory> | 对指定的目录有效 |
| <files></files> | 对指定的文件有效 |
| <location></location> | 对指定的URL有效 |
| <limit></limit> | 对HTTP方法有效 |
| <virtualhost></virtualhost> | 对虚拟主机有效 |

Apache为Web服务的特性提供了丰富的配置命令。配置文件中的命令不区分字母大小写，但其配置参数则要区分大小写，Apache的基本配置命令见表4-2。

表4-2　Apache的基本配置命令

| 命令 | 参数 | 说明 |
|---|---|---|
| ServerName | 如：www.hws.com:8800 | Apache主机名及端口 |
| ServerAdmin | 如：admin@hws.com | Apache主机管理员邮箱 |
| ServerRoot | 如："/etc/httpd" | Apache安装的基础目录 |
| DocumentRoot | 如："/var/www/html" | 网站文档的根目录 |
| CustomLog | 如：logs/http_access.log | 访问日志存放路径 |
| ErrorLog | 如：logs/http_error.log | 错误日志存放路径 |
| LogLevel | 默认warm | 错误日志级别 |
| Listen | 默认80 | Web服务监听的IP与端口 |
| User | 默认apache | 运行服务的用户 |
| Group | 默认apache | 运行服务的用户组 |

续表

| 命令 | 参数 | 说明 |
|---|---|---|
| DirectoryIndex | 默认index.html | 设置网站主页文件 |
| KeepAlive | 默认on | 是否保持连接 |
| KeepAliveTimeout | 默认5ms | 保持连接的超时 |
| Require | all granted 所有主机可访问<br>all denied 拒绝所有主机访问<br>local 本地主机可访问<br>[not] ip <ip地址及范围列表> 拒绝或允许指定地址主机访问<br>host <主机名或域名> | 访问控制，用于<Files>、<Directory>、<Location>和<Limit>配置节中 |
| Alias | /pic/  "/var/pic" | 定义目录别名，把网站文档根目录外的文件引入网站 |
| Options | None 不用额外服务特性<br>All 使用所有特性<br>Indexes 返回目录列表<br>FollowSymLinks 使用符号链接<br>ExecCGI 允许执行CGI脚本<br>MultiViews多国语言支持<br>Includes服务器端包含功能<br>IncludesNoExec允许服务器端包含功能，但不执行CGI脚本 | 控制网站目录使用服务器的特性。除None和All选项外，可以使用+或−来添加或删除特性 |
| IndexOptions | HTML Table 表格展示<br>XHTML生成XHTML页面<br>FolderFirst 目录在前<br>DescriptionWidth=n设置描述宽度为n，用*表示宽度自适应<br>NameWidth=n 设置文件名列宽为n，用*表示宽度自适应<br>versionSort 按文件版本排序<br>IgnoreCase 排序忽略大小写 | 设置Options Indexes的目录列表样式 |
| AllowOverride | ALL全部权限都可以被覆盖<br>AuthConfig仅网页认证相关权限可覆盖<br>Indexes允许Indexes方面的权限可覆盖<br>Limits允许用户利用Allow、Deny、Order管理浏览权限<br>None不可覆盖 | 设置是否允许用户配置文件.htaccess的权限覆盖httpd.conf中设置的权限 |
| Order | deny,allow：Deny规则优先，默认允许所有用户访问<br>allow,deny：Allow规优先则，默认禁止所有客户访问 | 权限处理策略 |

### 3.Apache的授权访问

Apache支持用户使用账号访问网站上特定资源，需要分两步进行：一是通过认证识别用户身份；二是通过授权访问特定资源。

（1）用户认证

用户认证有Basic（基本）和Digest（摘要）两种认证方式。Basic方式密码以明文方式传输，不够安全，使用htpasswd密码管理程序。Digest方式在网上不直接传输密码而传输摘要信息，安全性更强。密码证书可以存储在纯文本文件、DBM数据库、关系数据库和LDAP中。认证的配置命令可以放在主配置文件的Directory和Location配置段中，也可以在htaccess文件中配置。Apache认证配置命令见表4-3。

表4-3　Apache认证配置命令

| 认证命令 | 说明 |
| --- | --- |
| AuthName <认证区域名称> | 设置受保护的区域名 |
| AuthType <Basic|Diges> | 设置认证方式 |
| AuthUserFile <文件名> | 设置认证用户密码文件 |
| AuthGroupFile <文件名> | 设置认证用户密码文件 |
| AuthDigestDomain <URI [URI …]> | 设置摘要认证的URI |

（2）访问授权

访问授权是允许通过认证的用户具有访问网站特定区域的权限。授权使用require命令。

require user <用户名列表>　　　　　　　　　#授权给指定的用户

require group <用户组列表>　　　　　　　　#授权给指定的用户组

require valid-user <文件名>　　　　　　　　#授权给认证密码文件中的所有用户

（3）管理密码认证文件

htpasswd -bc <认证文件名> <用户名>　　　#创建认证文件并添加用户

htdigest -bc <认证文件名> <区域名> <用户名>

htpasswd <认证文件名> <用户名>　　　　　#添加或修改用户密码

htdigest <认证文件名> <区域名> <用户名>

htpasswd -D <认证文件名> <用户名>　　　　#删除认证文件中的用户名及密码

-c：创建新密码认证文件

-b：在命令中直接指定用户名及密码

-D：从密码认证文件中删除用户名及密码

用户认证文件是加密的，而认证组文件则是一个纯文本文件，可使用任何文本编辑按："组名：用户名　用户名　…"格式建立。认证组文件中的用户必须是已添加到认证密码文件中的用户。

## 计划&决策

Apache服务器组件为WWW服务提供了高效稳定的功能特性。四方科技有限公司的Web网站上不但有企业公开发布的信息，也有办公应用等私有数据，因此，需要采取措施控制办公数据的授权访问，为保障数据传输的安全，还需要对数据进行加密。鉴于此，信息中心为部署WWW服务拟采取以下计划：

①安装Apache服务组件；

②完成Apache服务基础配置；

③配置访问控制和授权访问；

④配置安全访问Web服务器；

⑤配置Apache虚拟主机实现多Web服务器。

## 实施 🔍

### 一、安装Apache HTTP服务器

[root@localhost ~]#rpm –qa | grep httpd        #检查是否安装Apache

[root@localhost ~]#yum install httpd        #安装Apache相关组件

[root@localhost ~]#yum install httpd–tools

[root@localhost ~]#yum install httpd–manual

### 二、配置Apache

网站文档结构如图4–2所示，主站的根目录是/var/www/html，主页为index.html，其中子目录info中的网页需要认证才能访问；第二站点位于子目录/var/www/html/site2中，主页文件为index.html。

图 4-2　网站文档结构

## 1.基础服务配置

[root@localhost ~]#vi /etc/httpd/conf/httpd.conf

###            Apache服务器全局配置

\#向客户端通告Web服务器的版本和操作系统信息，不告知设为Minor

ServerTokens  OS

\#设置Apache服务器根目录，指定配置文件、错误文件和日志文件的存放目

\#录，是Apaceh整个目录树的根，其后的路径不能以斜线结束。

ServerRoot "/etc/httpd"

\#

\#设置PID日志文件，可以用于重新读取设置文件等功能，该文件用的是相

\#对路径，其绝对路径是/etc/httpd/run/httpd.pid。

PidFile run/httpd.pid

\#

\#设置连接超时，当客户机超过120秒还不能接入主机时，就作断线处理。

Timeout 120

\#

\#设置是否保持连接，即一个连接有多个请求，设为ON较好，设为OFF时

\#会产生大量的Time_Wait数据包。

KeepAlive Off

\#

\#设置持续连接的最大连接数，如果不限制就设置为0。

MaxKeepAliveRequests 100

\#

\#设置同一连接下一个请求发出前保持连接的时间。

KeepAliveTimeout 15

\#

\#设置服务监听端口，如果有多个网卡可以设置成Listen 172.30.0.240:80

Listen 80

\#

\#加载其他配置文件，当你不直接修改httpd.conf文件，你可以直接写出所需

\#要的配置文件，Apache启动时会把自定义配置加载到主配置文件中

Include  conf.d/*.conf

\#

\#设置Apache产生的进程的拥有者与组，与"PID权限和Linux权限"相关，

```
#如果以RPM方式安装，默认用户名和组名都是apache，如果以Tarball安装，
#则是nobody和nogroup，请查看/etc/passwd和/etc/group，不能设置出错，
#否则无法启动Apche。
User  apache
Group apache
#
###              网站基础配置
#
#设置httpd管理员邮件地址，当用户访问网页失败时，该地址会出现在返回
#给用户#的回馈网页上，以帮助管理员解决出现的问题。
ServerAdmin  sysadmin@hws.com
#
#在需要时设置主机名称，一般不用设置。
#ServerName www.hws.com:80
#
#设置网站文档的根目录，也即存放网页的目录。
DocumentRoot  "/var/www/html"
#
#设置网站根目录默认属性
<Directory  />
   Options FollowSymLinks
   AllowOverride None
      Require all denied
</Directory>
#
#设置根目录属性
<Directory     "/var/www/html">
   Options  Indexes  FollowSymLinks
   AllowOverride None
   Order allow,deny
   Require all granted
</Directory>
#
#设置个人主目录下的首页在哪里，默认是public_html。如用户的主目录是
#/home/hws，则这个用户的首页目录是/home/hws/public_html。
```

UserDir  public_html

\#

\#设置网站主页的默认文件名，可以根据要求添加或修改

DirectoryIndex  index.htm  index.html  index.php

\#

\#设置语言的优先级顺序

LanguagePriority en ca cs da de el eo es et fr he hr it ja o pl pt pt–BR ru sv zh–CN zh–TW

\#

\#设置Apache的默认字符集，设置不当将导致不能正常显示中文，GB2312

\#显示简体\#中文，还应配置LanguagePriority语言优先级。

\#AddDefaultCharset UTF–8

AddDefaultCharset GB2312

### 2.配置网页认证

用户访问网站根目录下info目录中的网页需要认证，在/etc/httpd/conf.d目录中建立由主配置文件包含的专门配置文件info.conf，然后指定授权用户。

（1）启用网页认证

[root@localhost ~]#vi /etc/httpd/conf.d/info.conf

&lt;Directory  " /var/www/html/info"&gt;

\#显示认证提示信息

AuthName  "This is a Auth–Page"

\#设置认证类型

AuthType  Basic

\#指定密码文件的存放路径

AuthUserFile  /etc/httpd/auth.passwd

\#指定授权用户

\# Require user  hungws  scott

Require valid–user

Requier local

&lt;/Directory&gt;

（2）建立认证密码文件

[root@localhost ~]#htpass –bc /etc/httpd/auth.passwd  gary  gary@666

[root@localhost ~]#htpass –b /etc/httpd/auth.passwd  steven  steven@999

[root@localhost ~]#chown apache  /etc/httpd/auth.passwd

### 3.配置虚拟主机

Apache的虚拟主机特性允许将一台物理主机虚拟给多台Web服务器。在Apache服务器中可以基于不同IP地址、端口和主机名来设置虚拟主机。如果主机只有一个IP地址则通过端口或不同的域名来实现。每个虚拟主机管理的网站配置必须包含到<virtualhost></virtualhost>配置容器中。<virtualhost></virtualhost>容器中的配置会覆盖全局配置的相同项，而没有的配置项则自动使用全局配置的相关配置项。

（1）基于IP地址实现虚拟主机

```
[root@localhost ~]#vi /etc/httpd/conf/httpd.conf
#把原网站的配置移入<virtualhost></virtualhost>
<virtualhost    172.30.0.240:80>
ServerAdmin  ann@hws.com
DocumentRoot  /var/www/html
ServerName  www.hws.com
Errorlog logs/first_err.log
CustomLog   logs/first_access.log
<Directory    "/var/www/html">
Options  Indexes  FollowSymLinks
AllowOverride None
Order allow,deny
Require all granted
</Directory>
</virtualhost>
#第二个网站的配置
<virtualhost    172.30.0.241:80>
ServerAdmin  kate@hws.com
DocumentRoot  /var/www/html/site2
ServerName  www2.hws.com
Errorlog logs/snd_err.log
CustomLog   logs/snd_access.log
<Directory    "/var/www/html/site2">
Options  Indexes  FollowSymLinks
AllowOverride None
Order allow,deny
Require all granted
```

```
</Directory>
```

```
</virtualhost>
```

（2）配置基于端口的虚拟主机

```
[root@localhost ~]#vi /etc/httpd/conf/httpd.conf
```

```
<virtualhost    172.30.0.240:80>
```

\#同（1）中对应的配置

```
</virtualhost>
```

```
<virtualhost    172.30.0.240:8088>
```

\#同（1）中对应的配置

```
</virtualhost>
```

\#添加监听的端口

```
Listen 8088
```

（3）配置基于主机名的虚拟主机

```
[root@localhost ~]#vi /etc/httpd/conf/httpd.conf
```

```
<virtualhost    *:80>
```

\#同（1）中对应的配置

```
</virtualhost>
```

```
<virtualhost    *:8088>
```

\#同（1）中对应的配置

```
</virtualhost>
```

## 三、访问Apache的WWW服务

### 1.启动Apache服务

在完成配置后，需要先检查配置是否存在错误，保证配置完全无误后，才能成功启动Apache服务，如图4-3所示。

```
[root@localhost ~]#httpd –t                #检查配置是否正确
[root@localhost ~]#systemctl start httpd
[root@localhost ~]#systemctl restart httpd    #修改配置后要重启服务
```

图 4-3　启动 Apache 服务

## 2.访问网站

为方便访问网站，要保证为网站主机配置了相应的域名解析服务。网站主机位于hws.com域中，WWW主机配置了172.30.0.240/16和172.30.0.241/16两个IP地址，需要在DNS服务器的区域文件/var/named/named.hws.com添加下列A记录：

www　　IN　　A　　172.30.0.240

site2　　IN　　A　　172.30.0.240　　#用于测试基于域名的虚拟主机

www2　IN　　A　　172.30.0.241　　#用于测试基于IP的虚拟主机

（1）测试基础服务和网页认证

启动浏览器，在地址栏输入http://www.hws.com，如图4-4 所示。

图 4-4　浏览主站首页

单击网页中的超链接"内部网页"，在弹出的认证对话框中输入授权的用户名和密码，可访问认证网页，如图4-5所示。

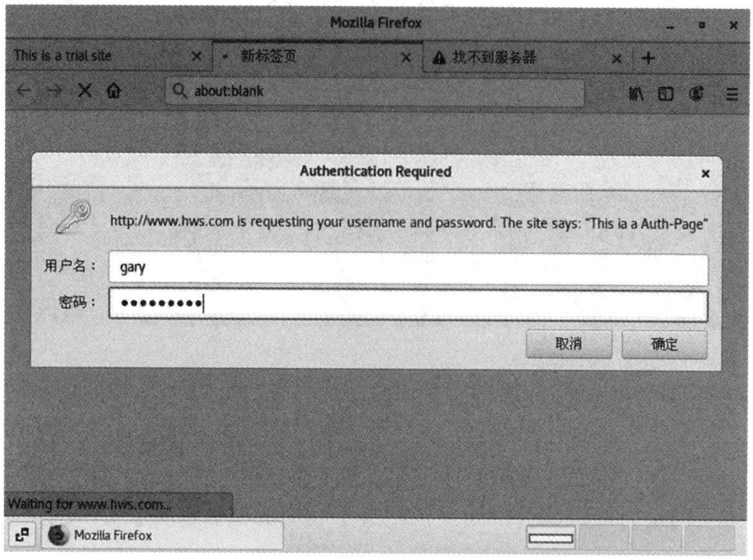

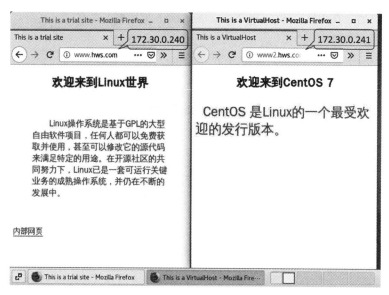

图 4-5　访问认证网页

（2）用于测试基于IP地址的虚拟主机

在浏览器地址输入www.hws.com（172.30.0.240），新建一个窗口输入www2.hws.com（172.30.0.241），访问同一主机上的两个网站，如图4-6所示。

图 4-6　访问基于 IP 地址的虚拟主机

（3）用于测试基于端口的虚拟主机

在浏览器地址输入www.hws.com，新建一个窗口输入www.hws.com:8088，访问同一主机上的两个网站，如图4-7所示。

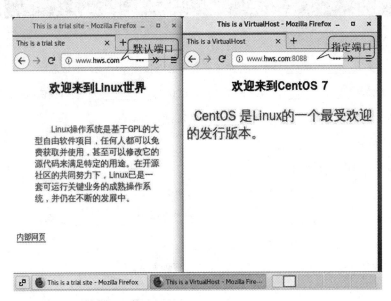

图4-7 访问基于端口的虚拟主机

（4）用于测试基于域名的虚拟主机

在浏览器地址输入www.hws.com，新建一个窗口输入site2.hws.com，访问同一主机上的两个网站，如图4-8所示

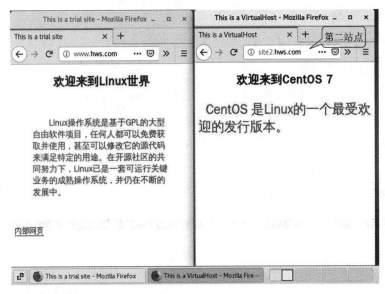

图4-8 访问基于域名的虚拟主机

# 检查

一、填空题

1.WWW服务使用_____技术，把全球各种信息连接成一个庞大的信息网。

2.Web服务使用_____协议来传递网页，默认在_____端口提供服务。

3.URL是在互联网上定位_____的地址格式。

4.HTML代码是在_____中执行的。

5.Apache默认的网站根目录是_____。

6.在_____配置命令中可以修改服务端口号。

7.网站主页文件在_____指定，可能的主页文件由_____分隔。

8.运行Apache服务的用户默认是_____。

9.网页用户认证有_____和_____两种方式。

10.Apache的虚拟主机可以基于_____、_____、_____实现。

二、判断题

1.未定义主页文件时，默认将显示文件列表。 (    )

2.WWW服务只能使用80端口。 (    )

3.网站各功能模块使用单独配置文件比集中到主配置文件要好。 (    )

4.Apache配置文件中的命令不区分字母大小写。 (    )

5.ServerRoot命令用于设置网站的根目录。 (    )

6.Apache要以root身份运行才能提供WWW服务。 (    )

7.通过定义别名能把外部文件引入网站。 (    )

8.Order、Deny、Allow的权限策略默认禁止所有用户访问。 (    )

三、简述题

1.Apache配置文件中可定义哪些命令作用的范围？

2.试指出网页地址https://www.hws.com/info/entrance.html的URL要素。

3.说明网页访问授权的三种方式。

## 评价

| 序号 | 评价内容 | 识记 | 理解 | 应用 | 分析 | 评价 | 创造 | 问题 |
|---|---|---|---|---|---|---|---|---|
| 1 | WWW服务的工作过程 | | | | | | | |
| 2 | Apache服务的组成 | | | | | | | |
| 3 | Apache服务的配置文件及参数 | | | | | | | |
| 4 | Apache的授权访问 | | | | | | | |
| 5 | 密码认证文件创建与管理 | | | | | | | |
| 6 | 网页认证的实现 | | | | | | | |
| 7 | 虚拟主机的类型与实现 | | | | | | | |
| 8 | Apache服务常规管理 | | | | | | | |
| 教师诊断评语： | | | | | | | | |

# ［任务二］

NO.2

# 搭建FTP服务器

## 资讯 🔍

### 任务描述

　　四方科技有限公司经常有出差的员工要使用公司的文件，因此需要通过互联网来共享文件。信息中心需要搭建一台FTP服务器，这样员工就可以在任何能接入互联网的地方访问公司的文件。

本次任务需要你：

①认识FTP协议及FTP工作过程；

②安装配置FTP服务；

③培训使用FTP上传/下载文件。

## 知识准备

### 一、FTP服务

FTP（File Transfer Protocol，文件传输协议）提供了在服务器和客户端计算机之间传送文件的功能，是互联网上共享数据的主要形式。由于FTP服务的平台独立性，可以实现不同操作系统通过网络实现资源共享。FTP是企业服务器必备功能。

#### 1.FTP服务的工作过程

FTP协议采用客户/服务模式，它使用TCP协议来建立客户端和服务器端的连接。在连接建立后，用户可以通过客户端连接到FTP服务器进行文件的上传下载，并能直接管理服务器上的文件。FTP服务需要建立命令通道和数据传输通道两个连接，如图4-9所示。

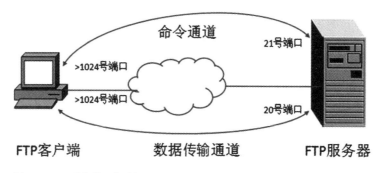

图 4-9　FTP 服务的工作过程

在默认情况下，FTP服务器启动后将在21号端口监听客户端发起的连接请求。

（1）建立命令通道

①客户端随机选择一个大于1024的端口（如1590）向FTP服务器的21号端口发送带SYN标志的连接请求数据段。

②FTP服务器收到客户端的连接请求后，从21号端口向客户端的1590端口回传带SYN和ACK标志的数据段以响应客户端的请求。

③客户端收到FTP服务器的响应后，通过1590端口向FTP服务器的21号端口返回一个带ACK标志的确认数据段，至此客户端与FTP服务器端的命令通道已经建立。

当有数据传输时，还需要在客户端和FTP服务器端建立数据传输通道。

（2）建立数据传输通道

①客户端启用另一个大于1024的端口（如1591）作为数据传输连接的端口，然后通过已经建立起的命令通道通知FTP服务器数据连接用的端口。

②FTP服务器默认通过20号端口主动向客户端启用的端口1591发送带SYN标志的连接请求数据段。

③客户端收到FTP服务的连接请求后，通过1591端口发送一个带ACK标志的确认数据段以响应FTP服务器的连接请求。至此完成了客户端与FTP服务器端数据传输通道的建立。

2.FTP的数据传输模式

FTP的数据传输有主动模式（Active FTP）和被动模式（Passive FTP）两种方式。

（1）主动模式

客户端在大于1024的端口中随机选择一个端口n（如2000）向服务器的21号端口发起控制连接请求，然后在n+1号端口（即2001）监听，并把n+1号端口通知服务器。服务器使用本地20号端口直接与客户端的n+1号端口建立数据连接并进行数据传输。服务器主动与客户端建立数据连接，如图4-10所示。

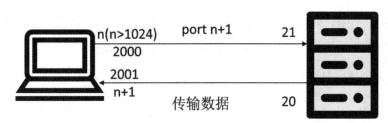

图 4-10　FTP 主动模式

（2）被动模式

客户端在大于1024的端口中随机选择一个端口n（如2000）向服务器的21号端口发起控制连接请求，并开启n+1号端口（即2001）并向服务器发送被动模式指令PASV。服务器接收到指令后，在大于1024的端口中随机选择一个端口m（如3000）作为数据连接端口并通知客户端。客户端接收到指令后，以n+1号端口与服务端的m端口建立数据连接并进行数据传输，服务器接受客户端的数据连接，如图4-11所示。

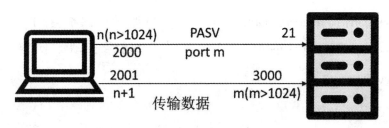

图 4-11　FTP 被动模式

### 3.FTP的用户

使用FTP文件传输服务，先必须通过FTP的用户认证，才能根据不同的权限访问服务器中的文件。FTP的用户类型见表4-4。

表4-4　FTP的用户类型

| 类型 | 说明 |
|---|---|
| 匿名用户 | 匿名用户（anonymous）是FTP对在FTP服务器上无账号的用户提供的有限使用FTP服务的账号。输入用户名anonymous和密码（用户自己的邮箱地址）登录，其工作目录为FTP服务器的根目录，默认为/var/ftp，只能下载文件，不能上传文件。也可以是由ftp_username设定的本地用户的主目录 |
| 虚拟用户 | 用户在FTP服务器上拥有只用于文件传输的账号，由参数guest_username指定的本地用户，这就是虚拟用户。使用虚拟用户登录需要输入用户自己的账户名和密码，登录后的工作目录对应本地用户的主目录或locale_root设置的目录，虚拟用户默认可以上传和下载文件 |
| 本地用户 | 本地用户是指在FTP服务器上，用户拥有的可登录的Shell账号。本地用户登录后，直接使用自己的工作目录，可上传和下载文件 |

## 二、Linux系统中的FTP服务

在Linux系统中有多种FTP服务器，如vsftpd、proftpd、pure-ftpd等。vsftpd是Linux中安全性比较高的FTP服务器。执行yum install vsftpd可安装vsftpd服务软件。

### 1.vsftpd的相关目录和文件

守护神进程：/usr/sbin/vsftpd

主配置文件：/etc/vsftpd/vsftpd.conf

用户认主PAM配置文件：/etc/pam.d/vsftpd

不能登录FTP的用户列表文件：/etc/vsftpd/ftpusers

限制用户登录的配置文件：/etc/vsftpd/user_list

匿名用户工作目录：/var/ftp

匿名用户下载目录：/var/ftp/pub

配置文件模块目录：/usr/share/doc/vsftpd-3.0.2/EXAMPLE

### 2.管理vsftpd服务

systemctl start|stop|restart|reload|status vsftpd　　　#启动、停止服务等操作

systemctl enable|disable vsftpd　　　　　　　　　#是否随系统启动而启动服务

### 3.配置vsftpd服务

（1）设置vsftpd服务器

vsftpd服务主配置文件/etc/vsftpd/vsftpd.conf中每行为一个配置命令。常用服务器配置

命令见表4-5。

表4-5　vsftpd服务器常用配置命令

| 配置命令 | 说明 |
|---|---|
| listen_port=<n> | 设置控制连接的监听端口，默认21 |
| listen_address=<IP> | 设置vsftpd运行的IP地址 |
| connect_from_port_20=YES\|NO | 是否强制使用20号端口用于数据连接，默认YES |
| pasv_enable=yes\|no | 是否使用被动数据传输模式 |
| pasv_min_port=<n> | 设置被动数据传输模式数据连接端口的最小值 |
| pasv_max_port=<n> | 设置被动数据传输模式数据连接端口的最大值 |
| connect_timeout=<n> | 设置用户连接FTP服务器超时，单位秒 |
| data_connection_timeout=<n> | 设置数据连接空闲超时 |
| accept_timeout=<n> | 被动模式下，服务器等待客户数据连接超时 |
| idle_session_timeout=<n> | 设置空闲用户会话超时 |
| use_localtime=YES\|NO | 是否使用本地时间 |
| background=YES\|NO | 设置是否运行在后台模式，默认YES |
| listen=YES\|NO | 设置是否以独立进程方式运行vsftpd |
| listen_ipv6=YES\|NO | 设置同时监听IPv4和IPv6地址 |
| max_clients=<n> | 限制vsftpd独立运行方式时的连接数，0为无限 |
| max_per_ip=<n> | 限制vsftpd独立运行方式时每IP连接数 |
| local_enable=YES\|NO | 是否支持本地用户登录 |
| write_enable=YES\|NO | 是否允许本地用户写入权限 |
| local_umask=<ooo> | 设置上传文件的权限掩码，八进制数。默认077 |
| local_max_rate=<n> | 设置本地用户上传速率，单位字节/秒 |
| chroot_local_user=YES\|NO | 本地用户是否可改变工作目录 |
| chroot_list_enable=YES\|NO | 当设为YES，而chroot_local_user为NO时，只有chroot_list_file指定文件中的用户可chroot |
| chroot_list_file=<文件名> | 指定可chroot的用户文件，默认文件名为/etc/vsftpd.chroot_list |
| allow_writeable_chroot=YES\|NO | 是否允许chroot用户写主目录 |
| guest_enable=YES\|NO | 设置为YES时，所有非匿名用户均视为虚拟用户 |
| pam_service_name=<文件名> | 设置虚拟用户登录使用的PAM配置文件 |

续表

| 配置命令 | 说明 |
|---|---|
| guest_username=<用户名> | 虚拟用户映射的本地用户名 |
| user_config_dir=<文件名> | 虚拟用户的配置文件目录 |
| anonymous_enable=YES\|NO | 是否允许匿名用户登录 |
| anon_max_rate=<n> | 匿名用户最大传输速率，0为不限制 |
| anon_upload_enable=YES\|NO | 是否允许匿名用户上传文件 |
| anon_umask=<ooo> | 设置匿名用户上传文件的权限掩码 |
| anon_mkdir_write_enable=YES\|NO | 是否允许匿名用户创建目录 |
| anon_other_write_enable=YES\|NO | 是否允许匿名用户其他写权限（删除、修改等） |
| chown_uploads=YES\|NO | 是否允许修改匿名用户上传文件的属主 |
| chown_username=<用户名> | 重置匿名用户上传文件的属主名 |
| no_anon_password=YES\|NO | 匿名用户是否不检验密码 |
| userlist_enable=YES\|NO | 是否启动用户登录列表文件 |
| userlist_deny=YES (NO) | 用户登录列表用于禁止（YES）或允许登录 |
| userlist_file=<文件名> | 指定用户登录列表，默认/etc/vsftpd/user_list |
| hide_ids=YES\|NO | 是否隐藏文件的用户及组，设置为YES时，用户及组均为显示为FTP |
| ls_recurse_enable=YES\|NO | 是否可以执行ls -R，默认NO |
| tcp_wrappers=YES\|NO | 是否支持TCP  Wrappers访问控制 |
| pam_service_name=vsftpd | 设置PAM模块名称 |
| xferlog_enable=YES\|NO | 是否启用上传和下载日志 |
| xferlog_file= | 设置日志文件，默认/var/log/xferlog |
| dual_log_enable=YES\|NO | 开启双份日志 |
| vsftpd_log_file=<文件名> | 指定日志文件名，如/var/log/vsftpd.log |

（2）限制本地用户登录FTP

限制本地用户登录FTP是通过用户列表文件结合配置命令实现的，有两种控制方式：一是允许指定的用户登录，二是禁止指定的用户登录。

● 允许指定的用户登录

把允许登录FTP的本地用户名添加到/etc/vsftpd/user_list文件中，一行一个用户名。然后设置：

userlist_deny=NO

userlist_file=/etc/vsftpd/user_list

● 禁止指定的用户登录

把需要禁止登录的用户名添加到/etc/vsftpd/ftpuser即可，或把要禁止登录的用户名添加到/etc/vsftpd/user_list中，并按以下方式配置。

userlist_deny=YES

userlist_file=/etc/vsftpd/user_list

（3）配置虚拟用户登录FTP

● 开启FTP服务器虚拟用户登录功能

guest_enable=YES

pam_service_name=vsftpd.vusr

guest_username=virtusr

user_config_dir=/etc/vsftpd/vconf

● 创建虚拟用户映射的本地用户

useradd –d "/home/virtusr" virtusr

● 创建虚拟用户密码数据库文件

创建虚拟用户名和密码的列表文件，如/etc/vsftpd/vusrpwd.txt，文件中奇数行为用户名，偶数行为前一个用户的登录密码。

jane

jane@0101

staff

staff@0102

……

然后执行以下命令生成密码数据库文件，并禁止组和其他人读写。

db_load –T –t hash –f /etc/vsftpd/vusrpwd.txt /etc/vsftpd/vusrpwd.db

chmod 600 /etc/vsftpd/vusrpwd.*

● 创建虚拟用户配置文件

为不同的虚拟用户创建不同要求的配置文件，以用户名为文件名，并保存到/etc/vsftpd/vconf目录中。

vi /etc/vsftpd/vconf/jane

vi /etc/vsftpd/vconf/staff

● 配置虚拟用户的PAM验证配置文件

vi /etc/pam.d/vsftpd.vusr

auth required pam_listfile.so item=user sense=deny file=/etc/vsftpd/ftpuser onerr=succeed

auth required pam_userdb.so db=/etc/vsftpd/vusrpwd

account required pam_userdb.so db=/etc/vsftpd/vusrpwd

（4）配置TCP Wrappers实现FTP访问控制

vsftpd内建对TCP Wrappers的支持，通过配置文件/etc/hosts.allow以及/etc/hosts.deny可方便实现对FTP服务的访问控制。

● 允许访问

在/etc/hosts.allow中添加命令允许本地、172.10.0.0/16和hws.com域访问。

vsftpd:LOCAL,172.10.,.hws.com

● 拒绝访问

在/etc/hosts.deny中添加命令拒绝199.21.99.101主机访问。

vsftpd:199.21.99.101

● 配置主机访问FTP使用不同的配置文件

在/etc/hosts.allow中添加命令，使本地用户访问时使用指定的配置文件。

vsftpd:LOCAL:setenv VSFTPD_LOAD_CONF <配置文件>

## 三、访问FTP服务

为使用FTP服务，需要FTP客户端工具，常用的是ftp和lftp。

### 1.使用ftp

ftp是经典的FTP客户端工具，默认使用用户名和密码登录FTP服务器，ftp启动后的用户界面是类Shell的命令行界面，输入？获得帮助，如图4-12所示。

ftp [–Apnd] [<FTP主机地址>]

–A：主动模式

–p：被动模式

–n：禁止自动登录

–d：允许调试

图4-12　ftp 客户工具界面

ftp的常用命令见表4-6。

表4-6　ftp的常用命令

| 命令 | 说明 | 命令 | 说明 |
|---|---|---|---|
| open <主机> | 连接到FTP服务器 | close | 断开连接 |
| lsldirlmdir | 列出FTP主机目录 | cd | 切换远程目录 |
| lcd | 切换本地工作目录 | cdup | 切换到远程父目录 |
| get | 下载远程文件 | mget | 下载多个远程文件 |
| put | 上传文件到远程主机 | mput | 上传多个文件到远程主机 |
| mkdir | 在远程主机上新建目录 | delete | 删除远程主机文件 |
| pwd | 显示远程主机当前目录 | reget | 断点继传 |
| rmdir | 删除远程目录 | quitlbye | 退出 |

## 2.使用lftp

lftp 是一个功能强大的FTP的客户端，它的界面是一个小型Shell，有命令补全、历史记录、允许多个后台任务执行等功能，使用起来非常方便，如图4-13所示。

lftp　[-fcup] [<FTP主机地址>]

-f <文件名>：执行文件中的命令后退出

-c <命令>：执行指定的命令后退出

-u <用户名> [<密码>]：指定登录FTP服务器的用户名及密码

-p <端口>：指定连接使用的端口

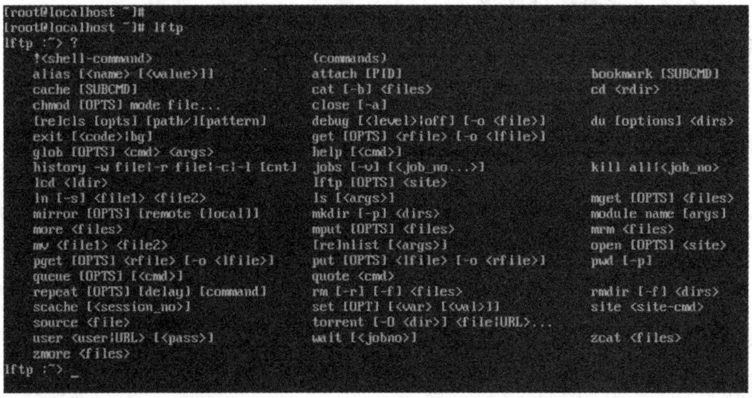

图 4-13　lftp 客户工具界面

lftp的命令使用方法与ftp类似，在lftp的Shell中输入help <命令>可以获得相关命令使用帮助。

**实施 🔍**

## 一、安装配置vsftpd服务器

### 1.安装vsftpd服务器

[root@localhost ~]#rpm –qa | grep ftp

[root@localhost ~]#yum instatll vsftpd

### 2.配置FTP服务

本FTP服务器以独立运行方式启动，允许匿名用户、本地用户和虚拟用户登录访问。

（1）设置FTP服务器特性

[root@localhost ~]#vi /etc/vsftpd/vsftpd.conf

###　　　　FTP服务器特性配置

#设置使vsftpd服务是否以独立进程方式启动

listen=YES

#设置监听本地的IPv4和IPv6地址，NO表示只监听IPv4地址

listen_ipv6=YES

#设置PAM认证配置文件名，存于/etc/pam.d目录

pam_service_name=vsftpd

#使用TCP Wrappers实现FTP主机访问控制

tcp_wrappers=YES

#设置主动模式工作下数据连接的端口号

connect_from_port_20=YES

#设置命令通道使用的端口号

listen_port=21

#设置是否使用主机时间，默认为GMT

use_localtime=YES

#设置客户端尝试连接FTP的命令通道的超时时间，超时强制断线，单位秒

connect_timeout=60

#设置数据传输的超时时间，在指定时间不能传输成功，连接被强制切断

data_connection_timeout=300

#客户端无操作的空闲等待超时

idle_session_timeout=300

#设置vsftpd以standalone方式启动时，允许同时接入的client数，0为不限制

max_clients=0

#设置同一个IP地址同时可允许的连接数，0为不限制

max_per_ip=0

#设置用户无法登录FTP主机时显示给用户的信息

ftpd_banner=信息串

#用户进入某个目录时显示的内容，显示的内容文件默认是.message

dirmessage_enable=YES

message_file=.message

### 　　　　　　被动连接设置

#启动被动连接方式，NO表示不启用

#pasv_enable=YES

#用户以被动（PASV）进行数据传输时，主机启动被动端口的等待超时

#accept_timeout=60

#设置被动连接方式的端口号，如使用32110~32119段作为被动连接的端口

#pasv_min_port=32110

#pasv_max_port=32119

（2）设置匿名用户登录

几乎所有的公有FTP服务器都允许匿名用户登录，出于安全考虑，匿名用户只允许下载文件，不能上传和修改文件。如果是单位内部的FTP服务器且以共享文件为目的，也可以开放匿名用户的上传功能。

[root@localhost ~]#vi /etc/vsftpd/vsftpd.conf

### 　　　设置匿名用户访问特性

#允许匿名用户登录，YES允许，NO禁止

anonymous_enable=YES

#设置匿名用户的登录名，默认为anonymous或ftp，登录目录为/var/ftp

ftp_username=ftp

#设置是否允许匿名用户下载可读权限的文件，默认YES允许，NO禁止

anon_world_readable_only=YES

#是否允许用户具有写入的权限，NO表示禁止

#write_enable=YES

#是否允许匿名用户具有文件更名、删除权限，默认是NO，YES表示允许

anon_other_write_enable=NO

#是否允许匿名用户具有建立目录的权限，默认是NO，YES允许

anon_mkdir_write_enable=NO

#是否允许匿名用户具有上传数据的功能，默认是NO

anon_upload_enable=NO

#改变匿名用户上传文件的拥有者，NO不改变

#chown_uploads=YES

#把上传文件的拥有者改为指定的账户

#chown_username=root

#设置匿名账户登录FTP主机是否使用密码，YES需要验证密码

no_anon_password=NO

#以annonymous登录时，要求输入email地址作为密码。是否拒绝某些email
#地址的匿名用户登录，YES启用

deny_email_enable=YES

#指定存放被拒绝登录的匿名用户的email地址的记录文件

banned_email_file=/etc/vsftpd.banned_emails

#限制annoymous的传输速率，单位字节/秒，0为没有限制

anon_max_rate=0

#设置annoymous上传文件的权限掩码

#anon_umask=077

（3）设置本地用户登录

配置本地用户登录需求，禁止本地用户scott、george访问FTP服务，kate、susan、dave可以进入其主目录之外的目录，其他用户限制在其主目录中。

● 配置本地用户访问特性

[root@localhost ~]#vi /etc/vsftpd/vsftpd.conf

###　　　　　　　　配置本地用户

#是否允许/etc/passwd中的实体用户账号登录FTP主机，NO表示禁止

local_enable=YES

#是否允许用户具有写入的权限，包括删除和修改，NO表示禁止

write_enable=YES

#检查userlist_file指定的文件（/etc/vsftpd/user_list）中的用户，禁止其登录

userlist_enable=YES

#设置限制登录的账号文件

userlist_file=/etc/vsftpd/user_list

#当userlist_enable=YES时，userlist_deny设置生效，NO表示写入userlist_file

#指定文件的账户可以登录，没在该文件中的账户不能登录

userlist_deny=YES

#限制实体用户传输速率，单位字节/秒，0为不限制

local_max_rate=0

#设置实体用户在FTP创建文件的默认权限，与系统的umask相似

local_umask=022

#将实体用户限制在它们的主目录中，NO不限制

#chroot_local_user=YES

#设置是否把列表文件中的实体用户限制在它们的主目录中，默认NO

chroot_list_enable=YES

#设置限制在主目录的账号文件

chroot_list_file=/etc/vsftpd/chroot_list

● 建立userlist_file文件

[root@localhost ~]#vi /etc/vsftpd/user_list

scott

George

● 建立chroot_list_file文件

[root@localhost ~]#vi /etc/vsftpd/chroot_list

kate

susan

dave

（4）配置虚拟用户登录

vsftpd可以使用独立于系统的用户认证登录，可以使用与登录系统不同的密码登录vsftpd服务器，有助于系统安全。虚拟用户映射的本地用户为vftp，主目录为/var/vftp，建立虚拟用户vkate和vdave，并为之建立独立的登录目录/var/vftp/vkate和/var/vftp/vdave，允许文件读写操作。

● 启用虚拟用户登录

[root@localhost ~]#vi /etc/vsftpd/vsftpd.conf

### 配置虚拟用户登录访问特性

\#是否把非匿名登录账户均视为虚拟账户，NO不是

guest_enable=YES

\#设置虚拟用户映射的本地用户名，默认为空

guest_username=vftp

\#设定虚拟用户登录目录，如果设置了guest_username，则为其主目录

\#local_root=/var/vftp

\#设置虚拟用户的PAM认证配置文件名

pam_service_name=vsftpd.virt

\#设置虚拟用户的配置文件目录

user_config_dir=/etc/vsftpd/vuser.conf

chroot_local_user=YES

\#启用chroot后，默认对主目录没有写权限。开放用户主目录可写权限

allow_writable_chroot=YES

● 建立虚拟用户对应的本地用户

[root@localhost ~]#useradd −d /var/vftp vftp

● 创建虚拟用户登录验证配置文件

[root@localhost ~]#vi /etc/pam.d/vsftpd.virt

auth   required  pam_listfile.so item=user sense=deny onerror=succeed
file=/etc/vsftpd/ftpusers

auth    required  pam_userdb.so  db=/etc/vsftpd/vlogins

account  required  pam_userdb.so  db=/etc/vsftpd/vlogins

● 创建虚拟用户密码文件

[root@localhost ~]#vi /etc/vsftpd/vlogins.txt

vkate                    \#奇数行用户名

Vkate9On                 \#偶数行密码

vdave

Vdave9On

● 生成用户认证数据库

db_load −T −t hash −f /etc/vsftpd/vlogins.txt  /etc/vsftpd/vlogins.db

● 建立虚拟用户登录目录

在本地用户vftp的主目录下建立对应虚拟用户登录目录。

[root@localhost ~]#su − vftp −c "mkdir vkate"

[root@localhost ~]#su − vftp −c "mkdir vdave"

● 创建虚拟用户专属配置文件

[root@localhost ~]#vi /etc/vsftpd/vuser.conf/vkate

local_root= /var/vftp/vkate

anon_other_write_enable=YES

anon_mkdir_write_enable=YES

anon_upload_enable=YES

anon_world_readable_only=NO

[root@localhost ~]#vi /etc/vsftpd/vuser.conf/vdave

local_root= /var/vftp/vsam

anon_upload_enable=YES

anon_world_readable_only=NO

## 3.启动vsftpd服务

[root@dbs001~]#systemctl start vsftpd

[root@dbs001~]#systemctl restart vsftpd   #修改配置后需要重启服务

# 二、使用FTP传输文件

## 1.匿名用户访问FTP服务

匿名用户访问使用的用户名为anonymous或ftp，密码为一个合格的邮箱地址，如图4-14所示。

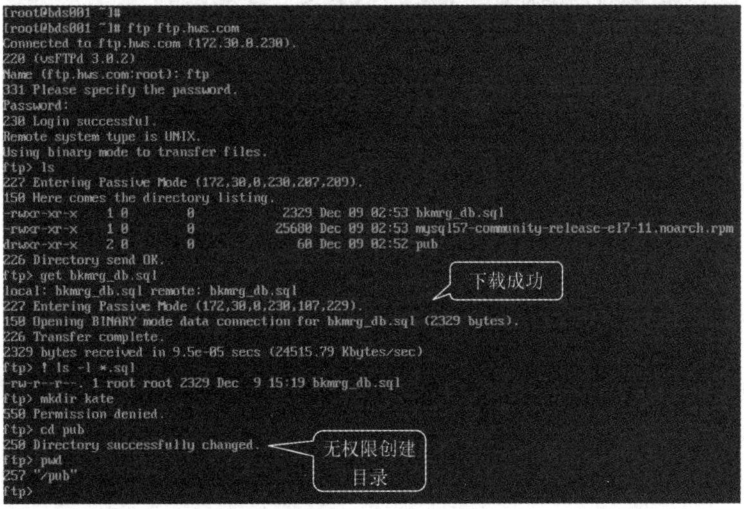

图 4-14    匿名用户访问 FTP 服务

## 2.本地用户访问FTP服务

本地用户是指FTP服务器系统中的实体用户，登录时需要提供与登录本地系统相同的密码。如图4-15所示，scott是userlist_file文件中列出的拒绝用户，用户hungws被限制在其主目录中。

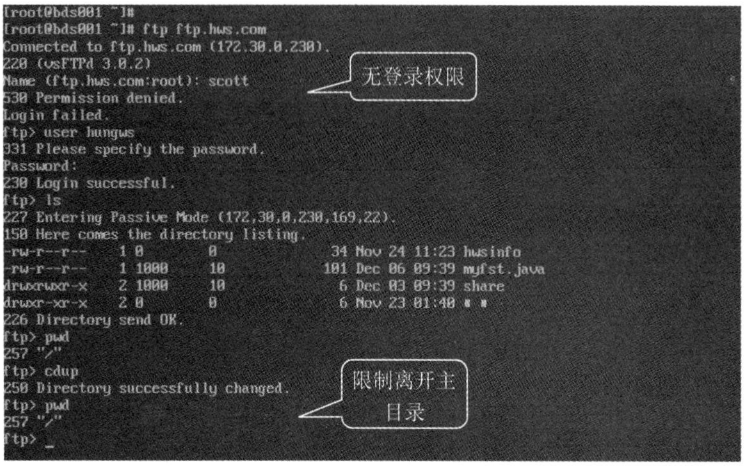

图 4-15　本地用户访问测试 userlist_file

对于在chroot_list_file文件中的用户可以离开主目录，如图4-16所示。

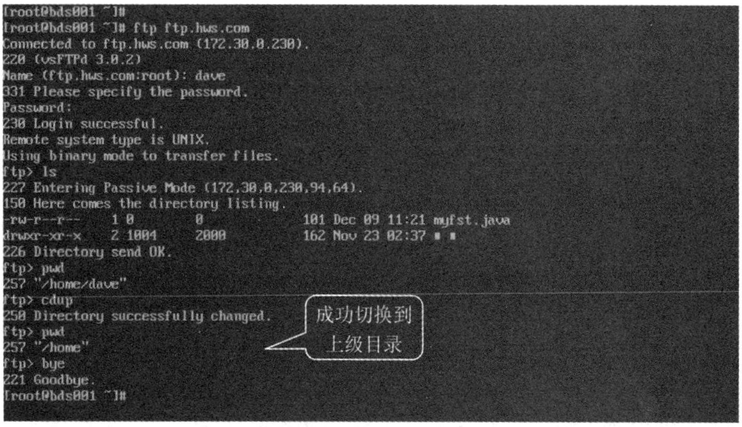

图 4-16　本地用户访问测 chroot_list_file

在CentOS 7中，本地用户登录必须开启PAM验证且允许登录的账户Shell必须在/etc/shells文件中登记。为了系统安全，可以创建不能在本地系统登录的账户来使用FTP服务，其Shell指定为/sbin/nologin，需要手动添加/sbin/nologin到/etc/shells文件中。

### 3.虚拟用户登录

虚拟用户FTP验证使用的密码数据库独立于本地系统的用户数据库，通过PAM的认证模块pam_userdb.so来执行用户认证，可以为不同的虚拟用户按需配置访问特性，比匿名用户的功能强，安全性也高。如图4-17所示，虚拟用户vkate具有创建、修改等权限。

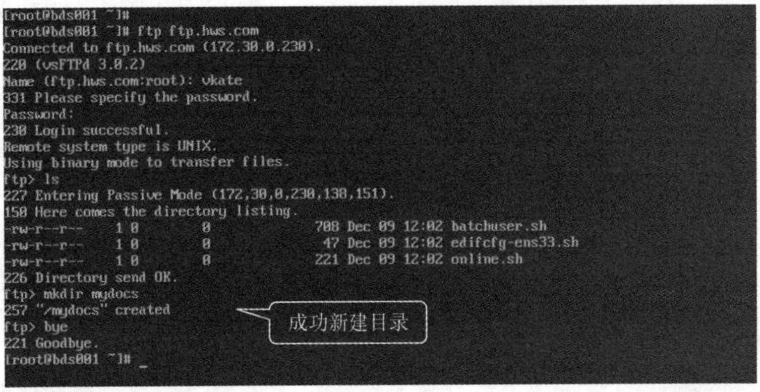

图 4-17 测试虚拟用户 vkate

虚拟用户vdave仅有上传权限，如图4-18所示。

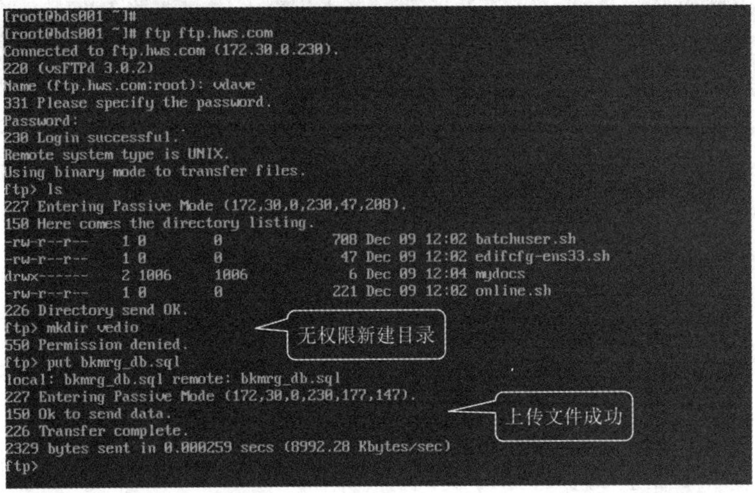

图 4-18 测试虚拟用户 vdave

# 检查

一、填空题

1.FTP是_____上共享数据的主要形式。

2.FTP服务要建立_____和_____连接。

3.FTP的数据传输有_____和_____两种方式。

4.FTP用户包括_____、_____、_____三种。

5.要让vsftpd以独立进程方式运行需要设置_____。

6.匿名用户的账户名默认是_____或_____。

二、判断题

1.FTP被动数据传输模式允许透过防火墙访问外部FTP服务器。 （    ）

2.userlist_file用于指定禁止登录FTP主机的用户。 （    ）

3.guest_enable=YES设置允许匿名用户登录。 （    ）

4.虚拟用户是指系统中不存在的用户。 （    ）

5.本地用户登录FTP后的目录是自己的主目录。 （    ）

三、简述题

1.描述被动数据传输模式的工作过程。

2.允许登录FTP的用户名添加到文件/etc/userallow_list，写出关键配置命令。

## 评价

| 序号 | 评价内容 | 识记 | 理解 | 应用 | 分析 | 评价 | 创造 | 问题 |
|------|----------|------|------|------|------|------|------|------|
| 1 | FTP的工作过程 | | | | | | | |
| 2 | FTP的数据传输模式 | | | | | | | |
| 3 | FTP的用户类型 | | | | | | | |
| 4 | vsftpd常用配置命令与功能 | | | | | | | |
| 5 | 配置本地用户登录 | | | | | | | |
| 6 | 配置匿名用户登录 | | | | | | | |
| 7 | 配置虚拟用户登录 | | | | | | | |
| 8 | 使用ftp访问FTP服务 | | | | | | | |

教师诊断评语：

# [任务三]

# 安装MySQL系统

## 资讯 ⊕

## 任务描述

数据库是实施信息化除操作系统外又一重要软件基础平台，所有的信息系统都依赖于数据库。在企业信息系统中需要部署数据库管理系统（DBMS）来管理各类生产、经营数据。

本任务需要你：

①选择适合企事业应用需求的DBMS平台；

②安装数据库管理系统软件；

③测试安装的正确性。

## 知识准备

### 一、认识数据库管理系统

在信息时代，任何一个组织都依赖数据库技术来管理组织活动产生的数据。数据库（DataBase，DB）就是按一定的结构组织起来，可持久存储的数据集合。从文件系统角度看，数据库其实是一系列数据文件的集合。由于数据库中存储的数据是组织开展事务活动和进行组织决策的基础，如何在数据库中科学地组织、存储数据以及高效地提供数据服务，是组织必须做出的选择。数据库管理系统（DataBase Management System，DBMS）是一套专门的管理数据库的软件系统，它能对数据库进行有效的管理，使用户能方便快速地定义、操作、管理、维护数据，并为组织的业务应用提供有效的数据服务。主流的DBMS产品见表4-7。

表4-7 主流的DBMS产品

| DBMS产品 | 说明 |
|---|---|
| Oracle | 甲骨文公司开发的DBMS，是一个跨平台产品，可在Unix、Linux以及Windows上运行，具有良好的可伸缩性和并行处理能力，保持业界性能和安全性最高纪录，对硬件要求高、价格昂贵、操作复杂，适合对性能和安全性要求苛刻的大型企业或组织使用 |
| DB2 | IBM公司的DBMS，跨平台，具有良好的可伸缩性，可支持单用户环境到大型机系统，提供了从小规模应用到大规模应用的执行能力。采用了数据分级技术，拥有完备的查询优化器和强大的网络支持能力，适用于构建大型分布应用系统 |
| SQL Server | 微软公司的DBMS，具有良好的易用性，仅能运行在Windows系统中，伸缩性、并行性受限，安全性未取得认证，适合数据量不大且处理不太繁忙的中小型企业使用 |
| MySQL | 开源DBMS，现托管于Oracle。软件规模小，速度快，开放源代码，成本低，跨平台，多存储引擎，支持大型数据库，适合互联网型无技术顾虑的新兴企业使用 |
| PostgreSQL | 加利福尼亚大学伯克利分校开发的开源DBMS。开源、跨平台，可完全免费使用，高度兼容SQL标准，开发性能优异，可靠性好，安全性高，是当前部署量仅次于MySQL的第二大开源DBMS |

## 二、认识MySQL

MySQL 在DB·Engines全球数据库榜居第二位，仅次于数据库霸主Oracle，全球前20大网站无一例外都使用了MySQL。

1996 年发行了MySQL 的第一个内部版本MySQL 1.0，在接下来的两年里MySQL移植到 Unix、Linux、Windows 等主流操作系统平台上。1999年，MySQL AB软件公司成立，并为MySQL 开发出了支持事务的存储引擎BDB。2001年，集成同样支持事务的存储引擎InnoDB。2005年MySQL 5.0发布，该版本加入了游标、存储过程、触发器、视图和事务的支持，从此 MySQL明确地向高性能数据库发展。2017年MySQL8.0发布，它扩展了对文档型数据库的支持，也就说它具备了大数据的存储和处理能力。

使用MySQL的优势在于：

- 软件规模小，复杂程序低，易学易用；
- 开源软件系统，使用成本低；
- 支持多线程，CPU资源利用充分，运行速度快；
- 跨平台，移植性好，能在多种操作系统中运行；
- 多存储引擎支持，灵活性、适应性好；
- 拥有丰富的管理、检查、优化数据库操作的实用工具，易用而高效；
- 提供了丰富的前端编程接口，支持C/C++、Java、Python、PHP、Ruby等主流程序设计语言；

● 兼容SQL标准，支持 JDBC、ODBC的应用程序访问数据，通用性好；

● 完全网络化连接，支持多客户机同时连接到服务器并使用多个数据库，有良好的连接性和数据共享性；

● 完备权限管理，系统实现精准的数据访问控制，提升了数据库安全性；

● 采用InnoDB存储引擎，其最大表空间容量为64TB，单个数据表容量可达10GB，支持大型数据库。

### 计划&决策

数据库管理系统平台产品丰富，著名的有Oracle、DBII、SQL Server、MySQL、Postgre SQL等。四方科技有限公司信息中心经对比分析决定采用MySQL作为公司信息的数据库平台。MySQL是开源的自由软件，功能强大、技术开放，能满足企业信息系统运行的各项需求。为此，四方科技公司制订了如下执行计划：

①卸载Linux系统默认安装的DBMS；

②使用yum安装MySQL；

③登录测试MySQL。

## 实施 🔍

## 一、安装MySQL服务器

### 1.卸载Mariadb数据库

CentOS 7系统默认安装的是Mariadb数据库，先卸载它，再安装MySQL。

[root@localhost ~]#rpm –qa | grep mariadb

[root@localhost ~]#rpm –e ––nodeps mariadb–libs

### 2.安装MySQL服务器

（1）安装MySQL的仓库

以yum方式在线安装MySQL，先安装MySQL的仓库，从repo.mysql.com下载所需版本的MySQL仓库文件，如mysql57–community–release–el7–11.noarch.rpm到/usr/local/src目录中，然后安装MySQL仓库配置文件，该仓库配置文件将复制到/etc/yum.repo.d目录中。

[root@localhost ~]# cd  /usr/local/src/

[root@localhost ~]#rpm  –i  mysql57–community–release–el7–11.noarch.rpm

（2）在线安装MySQL

安装MySQL过程中，在需要确认时，输入"y"，如图4–19所示。

[root@bds001 ~]# yum install mysql–community–server.x86_64

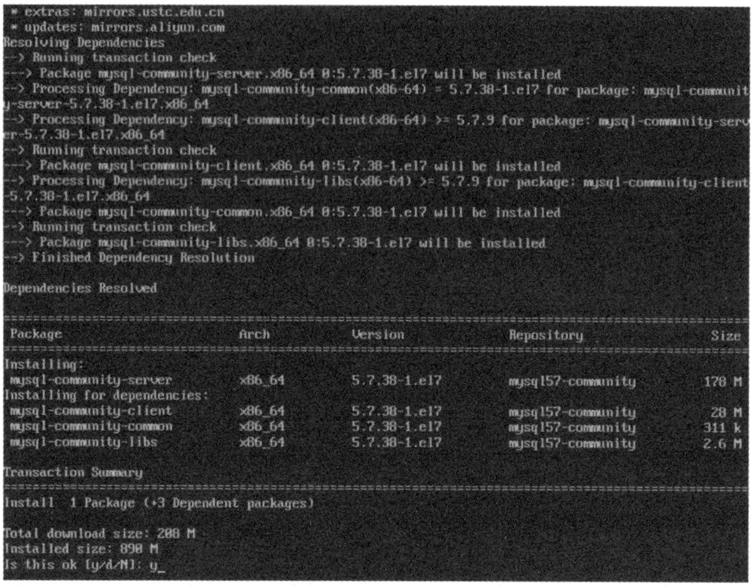

图 4-19  yum 安装 MySQL

## 二、连接MySQL服务器

### 1.启动MySQL服务

[root@localhost ~]#systemctl start mysqld.service

### 2.获得root账户的初始密码

在安装日志文件/var/log/mysqld.log中查看root的初始密码，记录下来，以备MySQL登录时使用，如图4–20所示。

[root@localhost ~]#grep "password" /var/log/mysqld.log

图 4-20  查看 root 账户的初始密码

### 3.登录MySQL服务器

使用客户端程序mysql登录MySQL服务器，然后立即更改root账号密码，使用初始密码没有管理操作MySQL数据库的权限，如图4-21所示。

[root@localhost ~]#mysql –uroot –p

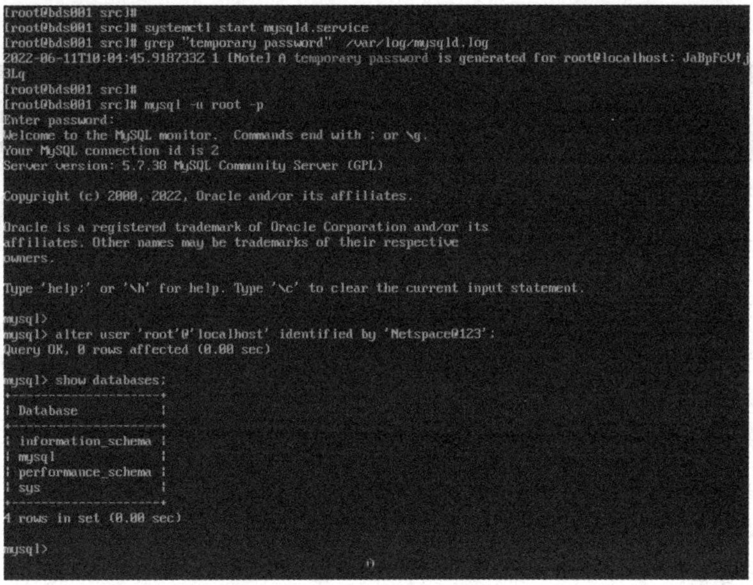

图 4-21　连接 MySQL 服务器

登录MySQL服务器后，就可以执行数据库创建、维护、管理等日常操作。

## 检查

一、填空题

1.MySQL是一款开源的_____。

2.MySQL的客户端程序是_____。

3.MySQL安装后root账户的初始密码在_____文件中。

4.MySQL可以通过_____连接到MySQL服务器。

5.用户可以_____拥有MySQL。

二、判断题

1.MySQL适合不担心技术支持的新兴企业选用。　　　　　　　　　　（　　　）

2.MySQL支持大规模数据库。 （　　　）

3.MySQL是固定存储引擎的DBMS。 （　　　）

4.安装MySQL后其root账户的密码为空。 （　　　）

5.使用初始密码的root账户没有MySQL的管理权限。 （　　　）

# 评价

| 序号 | 评价内容 | 识记 | 理解 | 应用 | 分析 | 评价 | 创造 | 问题 |
|---|---|---|---|---|---|---|---|---|
| 1 | 主流DBMS的特性 | | | | | | | |
| 2 | MySQL的优势 | | | | | | | |
| 3 | MySQL的yum安装方法 | | | | | | | |
| 4 | 获取MySQL的root账户初始密码 | | | | | | | |
| 5 | 登录MySQL服务器修改root初始密码 | | | | | | | |
| 教师诊断评语： | | | | | | | | |